普通高等教育"十三五"规划教材

# 大学计算机基础

主 编 陈 炼 邱睿韫

中国水利水电出版社
www.waterpub.com.cn
·北京·

## 内 容 提 要

本书以培养学生的计算思维为出发点，结合全国计算机等级考试二级考试大纲较全面地介绍了计算机工作原理，以人工智能时代使用最普遍的程序设计语言 Python 为例介绍程序设计方法，从数据结构、软件工程、数据库基础知识几方面介绍计算机软件开发工作原理，介绍了计算机网络基本原理、多媒体音频/视频的处理方法，以及智能时代的大数据技术、云计算、人工智能技术，从而为读者深入了解计算机系统、理解计算机工作原理、跟踪计算机技术发展、使用计算思维解决专业问题奠定了良好的基础。

全书共 9 章：计算机基础知识、计算机系统组成、程序设计基础（以 Python 为例）、数据结构与算法、软件工程基础、数据库设计基础、计算机网络基础、多媒体技术基础、计算机发展新技术。本书在编写上力求内容新颖、概念准确、深入浅出、文字流畅、取材精炼、实用性强。

本书既可作为高等院校非计算机专业学生学习计算机基础课程的教材，也可作为计算机培训、计算机等级考试的参考书。本书可与《大学计算机基础实验教程》配合使用。

## 图书在版编目（CIP）数据

大学计算机基础 / 陈炼，邱睿韫主编. -- 北京：中国水利水电出版社，2019.9（2021.8 重印）
普通高等教育"十三五"规划教材
ISBN 978-7-5170-7964-4

Ⅰ. ①大… Ⅱ. ①陈… ②邱… Ⅲ. ①电子计算机－高等学校－教材 Ⅳ. ①TP3

中国版本图书馆CIP数据核字(2019)第186790号

策划编辑：陈红华  责任编辑：陈红华  封面设计：李 佳

| 书　　名 | 普通高等教育"十三五"规划教材<br>大学计算机基础  DAXUE JISUANJI JICHU |
| --- | --- |
| 作　　者 | 主编 陈 炼 邱睿韫 |
| 出版发行 | 中国水利水电出版社<br>（北京市海淀区玉渊潭南路 1 号 D 座　100038）<br>网址：www.waterpub.com.cn<br>E-mail：mchannel@263.net（万水）<br>　　　　sales@waterpub.com.cn<br>电话：（010）68367658（营销中心）、82562819（万水） |
| 经　　售 | 全国各地新华书店和相关出版物销售网点 |
| 排　　版 | 北京万水电子信息有限公司 |
| 印　　刷 | 三河市鑫金马印装有限公司 |
| 规　　格 | 184mm×260mm　16 开本　14.5 印张　300 千字 |
| 版　　次 | 2019 年 9 月第 1 版　2021 年 8 月第 4 次印刷 |
| 印　　数 | 15001—20000 册 |
| 定　　价 | 37.00 元 |

凡购买我社图书，如有缺页、倒页、脱页的，本社营销中心负责调换

**版权所有·侵权必究**

# 前　　言

"大学计算机基础"是大学本科教育的第一门计算机公共基础课程，随着社会信息技术应用水平的迅速提高，该课程的改革越来越受到人们的关注。当前，国家推动创新驱动发展，以新技术、新业态、新模式、新产业为代表的新经济蓬勃发展，对大学生的信息技术能力培养提出了更高要求，迫切需要加快大学计算机基础课程的改革创新，以信息化技术的提升带动人才培养，培养创新能力强、能使用信息技术解决复杂问题、具备国际竞争力的高素质复合型新时代人才。

同时，物联网、大数据、云计算、人工智能、脑认知等新技术出现，传统的计算机基础知识需要重构，迫切需要基于新理念、新模式、新质量、新方法的融合创新范式对大学计算机基础知识体系进行改革，培养学生在智能时代的计算思维能力。

基于这种认识，本书对原有的计算机基础教材进行了较大幅度的修改，以培养学生的计算思维为出发点，结合全国计算机等级考试二级考试大纲较全面地介绍了计算机工作原理，以人工智能时代使用最普遍的程序设计语言 Python 为例介绍程序设计思想，从数据结构、软件工程、数据库基础知识几方面介绍计算机软件开发工作原理，介绍了计算机网络和多媒体技术知识，同时对智能时代的大数据技术、云计算、人工智能技术进行了介绍，为深入了解计算机系统、理解计算机工作原理、跟踪计算机技术发展、使用计算思维解决专业问题奠定了良好的基础。

本书强调对计算思维能力的培养，偏重于对计算机系统工作原理的理解，立足于计算机技术和网络技术的最新发展，根据智能时代对人才培养的新需求，为本科各专业学生的计算机应用基础能力培养提供了一个完整可行的解决方案。

全书共 9 章，第 1 章和第 2 章由陈炼编写，第 3 章由周兴斌编写，第 4 章由陈悦编写，第 5 章由邱睿韬编写，第 6 章由邹华兴编写，第 7 章由徐知海编写，第 8 章由王昊编写，第 9 章由涂荣军编写。陈炼负责（邱睿韬协助）全书的组织和统稿工作。

在本书编写和出版过程中，编者得到了中国水利水电出版社、南昌大学教务处和南昌大学计算中心的大力支持与帮助，在此表示衷心感谢。

由于编者水平有限，加之时间仓促，书中难免有疏漏甚至错误之处，恳求读者和专家批评指正。

编者

2019 年 6 月

# 目 录

前言

## 第1章 计算机基础知识 … 1
### 1.1 计算机的基本概念 … 1
#### 1.1.1 计算机的发展阶段 … 1
#### 1.1.2 计算机的特点 … 5
#### 1.1.3 计算机的应用领域 … 6
#### 1.1.4 计算机的分类 … 9
#### 1.1.5 计算机的发展趋势 … 11
### 1.2 计算机数据表示 … 12
#### 1.2.1 进位计数制 … 12
#### 1.2.2 数制间的转换 … 14
#### 1.2.3 二进制数的逻辑运算 … 16
#### 1.2.4 数值的编码表示 … 17
#### 1.2.5 字符 ASCII 码 … 18
### 1.3 汉字信息处理技术 … 19
#### 1.3.1 汉字输入技术分类 … 20
#### 1.3.2 汉字编码与国标 … 20
#### 1.3.3 汉字字模与汉字字库 … 22

## 第2章 计算机系统组成 … 24
### 2.1 计算机硬件系统组成 … 25
#### 2.1.1 计算机系统工作原理 … 25
#### 2.1.2 计算机系统的设备及其功能 … 26
### 2.2 计算机软件系统 … 26
#### 2.2.1 系统软件 … 27
#### 2.2.2 应用软件 … 29
### 2.3 微型计算机基本配置 … 29
#### 2.3.1 微型计算机的主要设备 … 30
#### 2.3.2 微型计算机的基本输入设备 … 36
#### 2.3.3 微型计算机的基本输出设备 … 40
#### 2.3.4 微型计算机的软件配置 … 43
#### 2.3.5 微型计算机的主要性能指标 … 43
#### 2.3.6 微型计算机的组装 … 45

## 第3章 程序设计基础（以 Python 为例） … 47
### 3.1 Python 基本语法 … 48
#### 3.1.1 Python 基础 … 48
#### 3.1.2 基本输入输出 … 56
#### 3.1.3 集合类型 … 56
#### 3.1.4 缩进与注释 … 59
#### 3.1.5 Python 文件名 … 60
#### 3.1.6 模块导入与使用 … 60
### 3.2 结构化程序设计 … 61
#### 3.2.1 单分支结构 … 61
#### 3.2.2 双分支结构 … 62
#### 3.2.3 多分支结构 … 63
#### 3.2.4 循环结构 … 64
#### 3.2.5 break 语句和 continue 语句 … 64
#### 3.2.6 综合应用 … 65
#### 3.2.7 函数 … 66
### 3.3 面向对象的程序设计 … 75
#### 3.3.1 类定义 … 76
#### 3.3.2 类成员与实例成员 … 76
#### 3.3.3 私有成员与公有成员 … 77
#### 3.3.4 方法 … 78
#### 3.3.5 继承和多态 … 79
#### 3.3.6 多态原理与实现 … 81

## 第4章 数据结构与算法 … 83
### 4.1 算法的概念 … 83
#### 4.1.1 算法的基本概念 … 83
#### 4.1.2 算法的复杂度 … 84
### 4.2 数据结构的基本概念 … 85
#### 4.2.1 数据结构的定义 … 85
#### 4.2.2 线性结构和非线性结构 … 86
### 4.3 栈及线性链表 … 87
#### 4.3.1 栈及其基本操作 … 87
#### 4.3.2 线性链表的基本概念 … 88
### 4.4 树与二叉树 … 91
#### 4.4.1 树与二叉树及其基本性质 … 91

|     4.4.2   二叉树的遍历 ················· 94
| 4.5 排序技术 ······················ 95
|     4.5.1   插入排序 ··················· 95
|     4.5.2   冒泡排序 ··················· 96
|     4.5.3   选择排序 ··················· 96
|     4.5.4   归并排序 ··················· 96
|     4.5.5   快速排序 ··················· 97
|     4.5.6   希尔（shell）排序 ·········· 98
|     4.5.7   堆排序 ····················· 98
|     4.5.8   基数排序 ··················· 99
|     4.5.9   计数排序 ·················· 100
|     4.5.10  桶排序 ···················· 100
| 4.6 查找技术 ····················· 101
|     4.6.1   顺序查找 ·················· 101
|     4.6.2   二分查找 ·················· 101

## 第5章 软件工程基础 ················· 102
- 5.1 软件工程的基本概念 ············ 102
- 5.2 软件的生命周期 ················ 105
- 5.3 软件定义 ······················ 109
- 5.4 软件设计 ······················ 112
- 5.5 软件测试 ······················ 116
- 5.6 程序调试 ······················ 118

## 第6章 数据库设计基础 ··············· 119
- 6.1 数据库系统的基本概念 ·········· 119
  - 6.1.1 基本概念 ··················· 119
  - 6.1.2 数据库系统的发展 ··········· 124
  - 6.1.3 数据库系统的基本特点 ······· 126
  - 6.1.4 数据库系统的内部结构体系 ··· 127
- 6.2 数据模型 ······················ 129
  - 6.2.1 数据模型的基本概念 ········· 129
  - 6.2.2 E-R模型 ···················· 130
  - 6.2.3 层次模型 ··················· 134
  - 6.2.4 网状模型 ··················· 135
  - 6.2.5 关系模型 ··················· 136
- 6.3 关系代数 ······················ 139
- 6.4 数据库设计与管理 ·············· 146
  - 6.4.1 数据库设计概述 ············· 146
  - 6.4.2 数据库设计的需求分析 ······· 147
  - 6.4.3 数据库概念设计 ············· 148

|   6.4.4   数据库逻辑设计 ············· 152
|   6.4.5   数据库物理设计 ············· 154
|   6.4.6   数据库管理 ················· 154

## 第7章 计算机网络基础 ··············· 156
- 7.1 计算机网络概述 ················ 156
  - 7.1.1 计算机网络的形成 ··········· 156
  - 7.1.2 计算机网络的发展 ··········· 157
  - 7.1.3 计算机网络的定义 ··········· 159
- 7.2 计算机网络的组成与分类 ········ 160
  - 7.2.1 计算机网络的组成 ··········· 160
  - 7.2.2 计算机网络的分类 ··········· 160
  - 7.2.3 计算机网络的拓扑结构 ······· 162
- 7.3 计算机网络体系结构 ············ 164
  - 7.3.1 ISO/OSI 分层体系结构 ······· 164
  - 7.3.2 TCP/IP 分层体系结构 ········ 166
  - 7.3.3 TCP/IP 协议和 IP 地址 ······ 168
  - 7.3.4 IPv6 协议 ·················· 172
- 7.4 局域网基础 ···················· 173
  - 7.4.1 局域网概述 ················· 173
  - 7.4.2 网络的传输介质 ············· 174
  - 7.4.3 常用的网络设备 ············· 176
  - 7.4.4 高速局域网 ················· 178
  - 7.4.5 无线局域网 ················· 179
- 7.5 Internet 基础 ················· 179
  - 7.5.1 Internet 概述 ·············· 179
  - 7.5.2 Internet 接入 ·············· 180
  - 7.5.3 Internet 应用 ·············· 182
- 7.6 计算机网络安全 ················ 184
  - 7.6.1 计算机网络安全基础知识 ····· 184
  - 7.6.2 计算机网络攻击及防范技术 ··· 187
  - 7.6.3 计算机网络病毒及反病毒技术·· 189
  - 7.6.4 计算机网络安全防黑措施 ····· 191

## 第8章 多媒体技术基础 ··············· 193
- 8.1 多媒体技术 ···················· 193
  - 8.1.1 媒体 ······················· 193
  - 8.1.2 多媒体 ····················· 194
  - 8.1.3 多媒体数据的特点 ··········· 194
  - 8.1.4 多媒体技术及其特性 ········· 195
  - 8.1.5 多媒体技术的发展 ··········· 196

|       8.1.6   多媒体技术的应用 ·················· 196
| 8.2   媒体的分类 ······························ 198
|       8.2.1   文本（Text）······················ 198
|       8.2.2   图形（Graphic）··················· 198
|       8.2.3   图像（Image）····················· 198
|       8.2.4   音频（Audio）····················· 199
|       8.2.5   动画（Animation）················· 200
|       8.2.6   视频（Video）····················· 200
| 8.3   多媒体计算机系统的组成 ··············· 201
|       8.3.1   多媒体计算机的硬件组成 ········· 201
|       8.3.2   多媒体计算机的软件系统 ········· 202
| 8.4   多媒体技术的应用 ···················· 203
|       8.4.1   数字媒体——声音 ················ 203
|       8.4.2   数字媒体——图像与图形 ········· 205
|       8.4.3   数字媒体——视频 ················ 208
| 第 9 章   计算机发展新技术 ·················· 211
| 9.1   云计算 ································· 211
|       9.1.1   云计算的定义 ····················· 211
|       9.1.2   云计算的特征 ····················· 212
|       9.1.3   云计算的服务层次 ················ 213
|       9.1.4   云计算的应用 ····················· 213
| 9.2   大数据 ································· 215
|       9.2.1   大数据的定义 ····················· 215
|       9.2.2   大数据的特征 ····················· 215
|       9.2.3   大数据的相关技术 ················ 216
|       9.2.4   大数据的应用 ····················· 217
| 9.3   物联网 ································· 218
|       9.3.1   物联网的定义 ····················· 218
|       9.3.2   物联网的主要技术与特点 ········· 219
|       9.3.3   物联网的应用 ····················· 220
|       9.3.4   物联网的发展前景 ················ 221
| 9.4   人工智能 ······························ 222
|       9.4.1   人工智能的定义 ·················· 222
|       9.4.2   人工智能的发展历程 ·············· 222
|       9.4.3   人工智能的研究范畴 ·············· 223
|       9.4.4   人工智能的应用 ·················· 224
| 参考文献 ······································ 226

# 第 1 章　计算机基础知识

本章主要介绍计算机的基础知识，内容包括计算机的发展和分类；计算机的特点与应用；计算机中数据的表示和存储及常用数制与数制之间的相互转换；计算机中西文、汉字和图形的信息编码。

- 计算机的发展及特点。
- 计算机的应用领域及分类。
- 计算机中信息的表示。

现代电子计算机的诞生是科学技术发展史上重要的里程碑，也是 20 世纪人类最大的发明创造之一。它的出现使社会生产技术和社会生活发生了划时代变化。与 1840 年蒸汽机的发明导致第一次工业革命相似，电子计算机的出现和迅猛发展，使人类的科学技术和工业革命产生了质的飞跃。经过 70 多年的发展，计算机技术的应用已经十分普及，从国民经济的各个领域到个人生活、工作的各个方面，可谓无所不在。特别是微型计算机技术和网络技术的高速发展，使计算机走进了家庭，改变着人们的生活方式，成为生活、学习和工作中不可缺少的工具，掌握计算机的使用方法也成为人们必不可少的技能。

## 1.1　计算机的基本概念

### 1.1.1　计算机的发展阶段

要了解电子计算机，首先要了解电子计算机的定义及计算机的发展简史。

1. 电子计算机的定义

什么是电子计算机呢？我们不妨给它下个定义。电子计算机是一种能够自动高速而精确地进行信息处理的现代化电子设备，是一种具有计算能力和逻辑判断能力的机器。由于计算机可以进行自动控制并具有记忆能力，而且可以像人脑一样具有逻辑判断能力，因此计算机又称为"电脑"。

当用计算机进行数据处理时，首先把要解决的实际问题用计算机可以识别的语言编写成计算机程序，然后将程序送入计算机中，计算机按程序的要求一步一步地进行各种运算或加工，直到整个程序执行完毕为止。

当今，科学技术发展迅猛，各行各业、随时随处都会产生大量的信息，而人们为了获取、传送、检索信息以及从信息中产生各种报表数据，就必须将信息进行有效的组织和处理，这一切都必须在计算机的控制下才能实现。计算机的广泛应用，推动了社会的发展与进步，对人类社会生产、生活的各个领域产生了极其深刻的影响。计算机知识已融入到人类文化之中，成为人类文化不可缺少的一部分。

2. 计算机的发展阶段

（1）近代计算机的发展。

近代计算机的发展经历了大约 120 年的历史，其中最重要的代表人物是英国数学家查乐斯·巴贝奇。他为了解决当时人工计算数学用表所产生的误差，在 1822 年开始设计差分机，希望能用它计算六次多项式并能有 20 位有效数字。1834 年他又转向设计一台更完善的分析机，分析机的重要贡献在于它已具有计算机的五个基本部分：输入装置、处理装置、存储装置、控制装置、输出装置。

1936 年美国哈佛大学数学教授霍华德·艾肯在读了巴贝奇的文章后，提出用机电方法而不是纯机械的方法来实现分析机的想法，并设计制造了 Mark I 计算机，这台机器使用了大量继电器作为开关部件，使巴贝奇的想法变成现实。但这台机器还不属于真正的电子计算机，它还是一般意义上的计算机器。

（2）电子计算机的发展。

电子计算机的发展已有 70 多年的历史，最重要的奠基人是英国科学家阿兰·图灵和美籍匈牙利科学家冯·诺依曼。图灵建立了图灵机的模型，发展了可计算性理论，奠定了人工智能的基础。1946 年，冯·诺依曼撰写了一份《关于电子计算机逻辑结构初探》的报告。该报告第一次提出了"存储程序"这个全新的概念，奠定了存储程序式计算机的理论基础，确立了现代电子计算机的基本结构，后来这种结构被称为冯·诺依曼体系结构。

20 世纪 40 年代中期，导弹、火箭、原子弹等现代科技的发展，迫切需要解决很多复杂的数学问题，原有的计算工具已经满足不了要求；另一方面电子学和自动控制技术的迅速发展也为研制电子计算机提供了技术条件。1946 年 2 月，在美国宾西法尼亚大学莫尔电气工程学院由 J.W.Mauchly 和 J.P.Eckert 领导的科技人员研制成功了世界第一台电子数字计算机（Electronic Numerical Integrator And Computer，ENIAC）。这台计算机主要用于解决第二次世界大战时军事上弹道的高速计算问题。这台计算机从 1946 年 2 月使用到 1955 年 10 月最后切断电源，服役长达 9 年。它可以进行每秒 5000 次加法运算，使用了 18000 个电子管、1500 多个继电器，占地面积 170 平方米，重达 30 吨，耗电 140 千瓦，价值 40 多万美元，是个"庞然大物"，这是公认的现代电子计算机的始祖。它的出现，是计算工具发展史上一个重要的里程碑，使人类进入了一个崭新时代——电子计算机时代。

70 多年来，随着电子技术的不断发展，计算机先后以电子管、晶体管、集成电路、大规模和超大规模集成电路为主要元器件，共经历了四代变革。每一代变革在技术上都是一次新的突破，在性能上都是一次质的飞跃。目前使用的计算机都属于第四代计算机。

第一代（1946—1958）是电子管计算机时代。特征是采用电子管作为逻辑元件，用阴极射线管或声汞延迟线作为主存储器，结构上以 CPU 为中心，速度慢、存储量小。这一代计算机使用机器语言编程，后来又产生了汇编语言。

第二代（1959—1964）是晶体管计算机时代。特征是用晶体管代替了电子管，用磁芯作为主存储器，引入了变地址寄存器和浮点运算部件，利用 I/O（Input/Output）处理机提高输入输出操作能力等。这一代出现了管理程序和 COBOL、FORTRAN 等高级编程语言，简化了编程过程，建立了子程序库和批处理管理程序，应用范围扩大到数据处理和工业控制。

第三代（1965—1970）是集成电路计算机时代。特征是用集成电路（Integrated Circuit，IC）代替了分立元件晶体管。这一代出现了操作系统和诊断程序，高级语言更加流行，如 BASIC、Pascal、APL 等。

第四代（1971 年至今）是超大规模集成电路计算机时代。特征是以大规模集成电路（LSI）和超大规模集成电路（VLSI）为计算机主要功能部件，用 16KB、64KB 或集成度更高的半导体存储器部件作为主存储器。这一代计算机采用的元件是微处理器和其他芯片，主要特点包括速度快、存储容量大、外部设备种类多、用户使用方便、操作系统和数据库技术进一步发展。1971 年，美国 Intel 公司首次把中央处理器（CPU）制作在一块芯片上，研究出了第一个 4 位单片微处理器，这标志着微型计算机的诞生。

计算机发展的演变过程如表 1-1 所示。

表 1-1 计算机发展的演变过程

| 性能 \ 代 | 第一代<br>（1946—1958） | 第二代<br>（1959—1964） | 第三代<br>（1965—1970） | 第四代<br>（1971 年至今） |
| --- | --- | --- | --- | --- |
| 电子器件 | 电子管 | 晶体管 | 中小规模集成电路 | 大规模和超大规模集成电路 |
| 主存储器 | 磁芯、磁鼓 | 磁芯、磁鼓 | 磁芯、磁鼓、半导体存储器 | 半导体存储器 |

续表

| 代<br>性能 | 第一代<br>（1946—1958） | 第二代<br>（1959—1964） | 第三代<br>（1965—1970） | 第四代<br>（1971年至今） |
| --- | --- | --- | --- | --- |
| 外部辅助存储器 | 磁带、磁鼓 | 磁带、磁鼓 | 磁带、磁鼓、磁盘 | 磁带、磁盘、光盘 |
| 操作系统 |  | 监控程序<br>连续处理作业 | 多道程序<br>实时处理 | 实时、分时处理<br>网络操作系统 |
| 程序语言 | 机器语言<br>汇编语言 | 高级语言 | 高级语言 | 高级语言 |
| 运算速度 | 5千～3万次/秒 | 几万～几十万次/秒 | 百万～几百万次/秒 | 几百万～万亿次/秒 |

第五代是正在研制中的新型电子计算机。有关第五代计算机的设想，是1981年在日本东京召开的第五代计算机国际会议上正式提出的。第五代计算机的研究目标是能够打破以往计算机固有的体系结构，使计算机能够具有像人一样的思维、推理、学习和判断能力，向智能化方向发展，实现接近人的思考方式。未来将可能在以下几个方面取得革命性的突破：

1）光子计算机。光子计算机是用光子取代电子进行数据运算、传输和存储，以光互联代替导线而制造的数字计算机。在光子计算机中，不同波长的光代表不同的数据，这远胜于电子计算机中通过电子0和1两种状态变化进行的二进制运算，可以对复杂度高、计算量大的任务实现快速的并行处理。

2）生物计算机（分子计算机）。生物计算机就是主要以生物元件构建的计算机。用蛋白质分子作元件制成的生物芯片，其性能是由元件与元件之间电流启闭的开关速度来决定的。用蛋白质制成的计算机芯片，它的一个存储点只有一个分子大小，所以它的存储容量可以达到普通计算机的十亿倍，存储能力是巨大的。由蛋白质构成的集成电路，其大小只相当于硅片集成电路的十万分之一，而且运行速度更快，比当今最新一代计算机快10万倍，能量消耗仅相当于普通计算机的十万分之一。由于蛋白质分子能自我组合，从而有可能使生物计算机具有自调节能力、自修复能力和自再生能力，还能模仿人脑的思考机制。

3）量子计算机。量子计算机是指利用处于多现实态的原子进行运算的计算机。这种多现实态是量子力学的标志。与传统的电子计算机相比，量子计算机有以下优势：解题速度快、存储容量大、搜索功能强、安全性较高。

（3）微型计算机和网络的发展阶段。

微型计算机，简称微机或PC机，是1971年出现的，属于第四代电子计算机。它的一个突出特点是将运算器和控制器做在一块集成电路芯片上，一般称为微处理器，简称MPU。一般以字长和典型的微处理器芯片作为划分标志，将微型计算机的发展划分为五个阶段。

第一个阶段（1971—1973）主要是字长为4位的微型机和字长为8位的低档微型机。

这一阶段的典型微处理器有世界上第一个微处理器芯片 4004 和随后的改进版 4040，它们的字长都是 4 位。随后 Intel 又研制出了字长为 8 位的处理器芯片 8008，集成度和性能都有所提高。

第二个阶段（1973－1978）主要是字长为 8 位的中高档微型机。这一阶段典型的微处理器芯片有 Intel 公司的 I8080 和 I8085、Motorola 公司的 M6800、Zilog 公司的 Z80 等。

第三个阶段（1978－1985）主要是字长为 16 位的微型机。这一阶段典型的微处理器芯片有 Intel 公司的 8086/8088/80286、Motorola 公司的 M68000、Zilog 公司的 Z8000 等。

这一时期比较著名的微型机有 IBM 公司生产的 PC 系列机，包括 IBM PC、PC/XT 和 PC/AT 三个具体型号。

1981 年，美国 IBM 公司选用 Intel 8088 作 CPU 开发了微型机 IBM PC，并配备了微软的 MS-DOS 操作系统，这是最初级的个人微机，内存容量很小，而且没有硬盘。它很快就被第二年年底推出的扩展型 IBM PC/XT 所取代，扩充了内存容量，并且新增了一个 10MB 的硬盘。1984 年，IBM 选用 Intel 80286 作为 CPU，推出了新一代增强型个人计算机 IBM PC/AT，它与早期 8086/8088 的指令系统兼容，速度等性能有了很大提高。

这一时期比较著名的其他微机产品还有 1984 年由 Apple 公司推出的 Macintosh 机（CPU 为 M68000），该机使用图形用户界面，并初步具备了多媒体功能。

第四个阶段（1985－2000）主要是字长为 32 位的微型机。这一阶段典型的微处理器芯片有 Intel 公司的 80386/486/Pentium/Pentium II/Pentium III /Pentium IV 等。

在通用微处理器的研发领域，Intel 公司一直处于领先位置。与此同时，作为它的竞争对手，AMD 公司也先后推出了 K5、K6、Duron、Athlon XP、VIA C3 等微处理器芯片。它们的共同特点是，都采用 IA-32（Intel Architecture-32）指令架构，并逐步增加了面向多媒体数据处理和网络应用的扩展指令，如 Intel 的 MMX、SSE 等指令集和 AMD 的 3Dnow!等。一般将自 8086 以来一直延续的这种指令体系通称为 x86 指令体系。

第五个阶段（2000 年以后）出现了字长为 64 位的微处理器芯片。主要是面向服务器和工作站等一些高端应用场合。如 2000 年 Intel 推出的微处理器 Itanium（安腾），它采用全新指令架构 IA-64。而 AMD 公司的 64 位微处理器 Athlon 64 仍沿用 x86 指令体系，能够很好地兼容原来的 IA-32 结构的个人微机系统，具有一定的普及性。

总之，从 20 世纪 70 年代初至今，微型计算机技术得到突飞猛进的发展，这是其他许多技术领域望尘莫及的；同时，它也促进了其他技术的迅速发展。

### 1.1.2　计算机的特点

计算机的主要特点是运算速度快、精度高、整个控制过程高度自动化、应用范围非常广泛。

1. 运算速度快

计算机的运算速度主要受限于电信号传输延迟时间和门电路延迟时间。随着计算机元件集成度的提高，器件速度越高，运算速度也越高。世界上第一台数字计算机的运行速度为每秒做 5000 次加法，到目前每秒运算上万万亿次加法的计算机已投入使用。运算的高速性是处理复杂问题的前提，因而运算速度一直是衡量计算机性能的重要指标之一。

2. 精度高

在计算机内表示一个数据的二进制位数越多（即机器字长越长），计算的精度就越高。由于软件技术的发展，在原理上字长可以成倍增加，因而可满足任意精度要求。但是，精度越高，势必会影响它的运算速度。因此，除有特殊场合（例如尖端科学技术领域等），普通 32 位、64 位字长的计算机的精度完全可以满足一般科学计算和数据处理的要求。

3. 自动化程度好

由于计算机采取了存储程序的方法，即把计算处理过程表示为许多条指令组成的程序，和数据一起事先存入计算机的存储器。只要启动这些事先编制的程序，计算机就可自动地完成计算过程控制、设备调度和管理、计算结果的输出等。整个过程是高度自动化的，不需人的干预。

4. 通用性强

计算机采用数字化形式来表示数和各种形式与内容都十分丰富多样的信息，如语言、文字、图像、音乐等。这使计算机的应用范围越来越广，早已超出了数值计算的范围而深入到各个领域和人们的日常生活中。从基本粒子的研究到宇宙空间的探索，从商业计算到整个国民经济的综合平衡，从文化教育到服务行业都广泛地使用了计算机。

### 1.1.3　计算机的应用领域

1. 科学计算

科学计算是计算机最早的应用领域。第一批问世的计算机最初取名 Calculator，以后又改称 Computer，就是因为它们当时全都用作快速计算的工具。同人工计算相比，计算机不仅速度快，而且精度高。例如，美国一位数学家 1873 年宣布，他花了 15 年才把圆周率 π 的值计算到 707 位。111 年之后，即 1984 年，日本有人宣称用计算机将 π 值计算到 1000 万位，只用了 24 小时。

今天，科学计算在计算机应用中的比重虽不断下降，但是在天文、地质、生物、数学等基础科学研究以及空间技术、新材料研制、原子能研究等高新技术领域中，仍然占有重要的地位。在某些应用领域，对计算的速度和精度仍不时提出更高的要求。

2. 数据处理

数据处理也称为非数值运算，指对大量的数据进行加工处理，例如分析、合并、分类、统计等，形成有用的信息。早在 20 世纪 50 年代，人们就开始把登记账目等单调的事务交给计算机处理。20 世纪 60 年代初期，大银行、大企业和政府机关纷纷用计算机来处理账册、管理仓库或统计报表，从数据的收集、存储、整理到检索统计，应用的范围日益扩大，很快就超过了科学计算，成为最大的计算机应用领域。直到今天，数据处理在所有计算机应用中仍稳居第一位，约占全部应用的 2/3。

目前，数据处理已广泛地应用于办公自动化、企事业计算机辅助管理与决策、情报检索、图书管理、电影电视动画设计、会计电算化等各行各业。信息正在形成独立的产业，多媒体技术使信息展现在人们面前的不仅是数字和文字，还有声情并茂的声音和图像信息。

3. 实时控制

由于计算机不仅支持高速运算，而且具有逻辑判断能力，因此从 20 世纪 60 年代起，就在冶金、机械、电力、石油化工等产业中用计算机进行实时控制。实时控制也称为过程控制，指用计算机及时采集数据，将数据处理后，按最佳值迅速对控制对象进行调节或控制。过程控制不但能够通过连续监控提高生产的安全性和自动化水平，而且也提高了产品的质量，降低了成本，减轻了劳动强度。

4. 计算机辅助系统

计算机辅助系统包括 CAD、CAM、CIMS、CAI 等。

计算机辅助设计（Computer Aided Design，CAD），就是用计算机帮助各类设计人员进行设计。早期的 CAD 主要是利用计算机代替人工绘图，以提高绘图的质量和效率。后来发展了三维图形显示，只要快速改变投影的角度，便可在显示器上看到迅速转动的动态立体图，使设计人员能在屏幕上直接用光笔修改设计图。现在，CAD 已广泛应用于机械、电子、航空、船舶、汽车、纺织、服装、化工、建筑等行业，成为现代计算机应用中最活跃的领域之一。

计算机辅助制造（Computer Aided Manufacturing，CAM），是指用计算机进行生产设备的管理、控制和操作。数控机床是 CAM 的一个例子。实际上数控机床就是一种由专用计算机来控制的机床，其特点是用事先编好的"数据加工程序"代替人工来控制机床操作。使用 CAM 可以提高产品质量、降低成本、缩短生产周期、减轻劳动强度。

计算机集成制造系统（Computer Integrated Manufacturing System，CIMS），是集设计、制造、管理三大功能于一体的现代化工厂生产系统。它是从 20 世纪 80 代发展起来的一种新型的生产模式，具有生产率高、生产周期短等特点，可能成为本世纪制造工业的主要生产模式。CIMS 是一个综合性的信息处理系统，包括工程设计系统、柔性制造系统和事务数据处理系统。

计算机辅助教学（Computer Aided Instruction，CAI），是一种计算机和学科课程整合的新型教学模式。CAI 所使用的教学软件叫课件，它相当于传统教学中的教材。CAI 最大的特点是交互性和个性化。由于 CAI 教学是在对话过程中进行的，系统与学生可以互相提问和回答；

另一方面，课件内部的超文本结构允许学生根据自己的需要选择不同的教学内容和顺序，即学生自主确定学习内容。

5. 人工智能（Artificial Intelligence，AI）

人工智能是指计算机模拟人脑进行演绎推理和采取决策的思维过程，是计算机应用研究最前沿的学科，主要应用于机器人、专家系统、模式识别、智能检索、自然语言处理、机器翻译、定理证明等方面。

（1）机器人（Robots）。

机器人诞生于美国，但发展最快的是日本。一类叫"工业机器人"，它由事先编好的程序控制，通常用于完成重复性的规定操作；另一类是"智能机器人"，具有感知和识别能力，能说话和回答问题。

（2）专家系统（Expert System）。

专家系统是用于模拟专家智能的一类软件。专家的丰富知识和经验是社会的宝贵财富，把它们总结出来预先存入计算机，配上相应的软件，需用时只须由用户输入要查询的问题和有关的数据，上述软件便能通过推理和判断向用户作出解答。因这类软件既能保存专家们的知识经验，又能模仿专家的思想与行为，所以称为专家系统。著名的"关幼波肝病诊疗程序"就是根据我国著名中医关幼波的经验研制成功的一个医疗专家系统。

（3）模式识别（Pattern Recogrition）。

这是 AI 最早的应用领域之一。重点是研究图形（包括符号和图像）识别和语言识别。例如机器人的视觉器官和听觉器官、公安机关的指纹分辨器，乃至能够识别手写邮政编码的自动分信机，都是模式识别的应用实例。

除以上几方面外，AI 还可包括智能检索、自然语言处理、机器翻译、定理证明等应用，就不一一说明了。

6. 计算机模拟（Computer Simulation）

在传统的工业生产中，常使用模型对产品或工程进行分析或设计。例如，在制造飞机前先作一个飞机模型，建筑水库前先作一个水库模型。今天，计算机模拟方法愈趋成熟，诸如飞机、汽车等产品，已能完全在计算机上进行模拟设计。例如，长 63.7m、宽 60.9m 的波音 777，是世界第一架不用大型模型制造成功的客机。

计算机模拟也适用于社会科学领域。诸如城市规划、军事演习、人口控制、国民经济计划等项目，都可以先在计算机上建立相应的动态模型，然后改变其中的某些参数，来观察对计划产生的影响。

值得一提的是，国外在 20 世纪 80 年代末期出现了一种称为"虚拟现实（Virtual Reality，VR）"的新技术。简言之，这是一种模拟人在自然环境中的视、听、动作等行为的人－机界面技术。把 VR 技术应用于飞行模拟器，飞行员只要在训练座舱中戴上一个头盔显示器，便能看到一个高度逼真的空中环境，产生身临其境的感觉。在短短数年中，VR 技术已经显示出它的巨大魅力，吸引了国内外众多学者的注意。有人预言，VR 可能成为 21 世纪初期最有前途的一种新技术。

7. 电子商务

所谓"电子商务"，是指通过计算机和网络进行商务活动。在目前的条件下，因网上支付手段的不完善而最后交付款采取其他形式的，可以认为是初级的"电子商务"。电子商务是在 Internet 的广阔联系与传统信息技术系统的丰富资源相结合的背景下应运而生的一种网上相互关联的动态商务活动，在 Internet 上开展电子商务发展前景广阔，可为你提供众多的机遇。世界各地的许多公司已经开始通过 Internet 进行商业交易。他们通过网络方式与顾客联系、与批发商联系、与供货商联系、与股东联系，并且进行相互间的联系。他们在网络上进行业务往来，业务量往往超出正常方式。同时，电子商务系统也面临诸如保密性、可测性和可靠性等挑战。但随着技术的发展和社会的进步这些挑战终将被战胜。电子商务旨在通过网络完成核心业务，改善售后服务，缩短周转时间，从有限的资源中获取更大的收益从而达到销售商品的目的。它向人们提供新的商业机会和市场需求，也对有关政策和规范提出挑战。电子商务始于 1996 年，起步时间虽然不长，但其有高效率、低支付、高收益和全球性的优点。电子商务的运行模式按照电子商务交易主体之间的差异可以有多种，其中最典型的运行模式有商家－商家模式（Business to Business，B2B）、商家－消费者模式（Business to Customer，B2C）、消费者－消费者模式（Customer to Customer，C2C）。

### 1.1.4 计算机的分类

关于计算机分类，可用各种不同的方法，下面具体讲述。

1. 按信息的表示形式和处理方式分类

按信息的表示形式和处理方式可分为数字计算机、模拟计算机、数模混合计算机。

（1）数字计算机。

数字计算机处理的是非连续变化的数据，这些数据在时间上是离散的，输入是数字量，输出也是数字量，如职工编号、年龄、工资数据等。基本运算部件是数字逻辑电路，因此其运算精度高、通用性强。

（2）模拟计算机。

模拟计算机处理和显示的是连续的物理量，所有数据用连续变化的模拟信号来表示，其基本运算部件是由运算放大器构成的各类运算电路。模拟信号在时间上是连续的，通常称为模拟量，如电压、电流、温度都是模拟量。一般说来，模拟计算机不如数字计算机精确，通用性不强，但解题速度快，主要用于过程控制和模拟仿真。

（3）数模混合计算机。

数模混合计算机兼有数字和模拟两种计算机的优点，既能接收、输出和处理模拟量，又能接收、输出和处理数字量。

**2. 按计算机的用途分类**

按计算机的用途可分为通用计算机和专用计算机。通用计算机根据不同的计算机型号配有一定存储容量、一定数量的外围设备，也配有多种系统软件和数据库管理系统，通用性强，功能齐全，现在一般讲的计算机就是指通用计算机。

专用计算机是专为某些特定问题设计的计算机，因此功能单一、可靠性高、成本低、结构较简单，如银行系统、商业系统、军事系统的专用计算机。

**3. 按计算机的规模分类**

（1）巨型计算机。

巨型计算机又称超级计算机，是指运算速度快（每秒可达万亿次以上浮点运算）、主存容量大（高达几百万兆字节甚至几千万兆字节）、字长长（可达32位甚至64位）的机器。这类机器价格相当昂贵，主要用于复杂的、尖端的科学研究领域，特别是军事科学计算领域。由国防科技大学研制的"银河"系列和国家智能中心研制的"曙光"系列都属于这类机器。2010年11月，由国防科技大学与天津滨海新区共同研制的超级计算机"天河一号A"在第36届全球最权威的超级计算机排名榜TOP500中名列第一，成为当时世界上运算速度最快的超级计算机。这也是我国的超级计算机首次荣登TOP500榜首。

（2）大/中型计算机。

大/中型计算机是指通用性能好、外部设备负载能力强、处理速度快的一类机器。运算速度在100万次至几千万次/秒，字长为32位至64位，主存容量在几百兆字节至几千兆字节。它有完善的指令系统、丰富的外部设备和功能齐全的软件系统，并允许多个用户同时使用。这类机器主要用于科学计算、数据处理或用作网络服务器，主要应用单位为银行、大公司、规模较大的高校和科研院所。

（3）小型计算机。

小型计算机具有规模较小、结构简单、成本较低、操作简单、易于维护、与外部设备连接容易等特点，是在20世纪60年代中期发展起来的一类计算机。当时的小型计算机字长一般为16位，存储容量在32KB～64KB之间。DEC公司的PDP 11/20到PDP 11/70是这类机器的代表。当时微型计算机还未出现，因而得以广泛推广应用，许多工业生产自动化控制和事务处理都采用小型计算机。目前的小型计算机，像IBM AS/400，性能已大大提高，主要用于事务处理。

（4）微型计算机。

微型计算机（简称微机）是以运算器和控制器为核心，加上由大规模集成电路制作的存储器、输入/输出接口和系统总线构成的体积小、结构紧凑、价格低但又具有一定功能的计算机。如果把这种计算机制作在一块印刷线路板上，就称为单板机。如果在一块芯片中包含运算器、控制器、存储器和输入/输出接口，就称为单片机。以微机为核心，再配以相应的外部设备（例如键盘、显示器、鼠标器、打印机等）、电源、辅助电路和控制微机工作的软件就构成了一个完整的微型计算机系统。

（5）工作站。

这是介于微型计算机和小型计算机之间的一种高档微型计算机，其运算速度比微型计算机快，并且有较强的联网功能，主要用于特殊的专业领域，例如图像处理、计算机辅助设计等。它与网络系统中的"工作站"，在用词上相同，但含义不同。因为网络上"工作站"这个词常被用于泛指联网用户的节点，以区别于网络服务器。网络上的工作站常常只是一般的 PC 机。

（6）服务器。

服务器是在网络环境下为多用户提供服务的共享设备，一般分为文件服务器、打印服务器、计算服务器和通信服务器等。该设备连接在网络上，供网络用户在通信软件的支持下远程登录以共享各种服务。

目前，微型计算机与工作站、小型计算机乃至中/大型计算机之间的界限已经越来越模糊。无论按哪一种方法分类，各类计算机之间的主要区别是运算速度、存储容量和机器体积等。

### 1.1.5 计算机的发展趋势

与计算机应用领域的不断拓宽相适应，计算机的应用发展趋势也从单一化向多元化转变，计算机的发展表现为巨型化、微型化、多媒体化、网络化和智能化 5 种趋势。

（1）巨型化：是指发展高速、大存储容量和强功能的超大型计算机。这既是诸如天文、气象、宇航、核反应等尖端科学以及进一步探索新兴科学，诸如基因工程、生物工程的需要，也是为了能让计算机具有人脑学习、推理的复杂功能。

（2）微型化：因大规模、超大规模集成电路的出现，计算机微型化迅速，因为微型计算机可以渗透到诸如仪表、家用电器、导弹弹头等中小型计算机无法进入的领地。当前微型计算机的标志是运算部件和控制部件集成在一起，今后将逐步发展到对存储器、通道处理机、高速运算部件、图形卡、声卡的集成，进一步将系统的软件固化，达到整个微型计算机系统的集成。

（3）多媒体化：是"以数字技术为核心的图像、声音与计算机、通信等融为一体的信息环境"的总称。多媒体技术的目标是：无论在什么地方，只需要简单的设备就能自由自在地以交互和对话方式收发所需要的信息。多媒体技术的实质就是让人们利用计算机以更接近自然的方式交换信息。

（4）网络化：计算机网络是计算机技术发展中崛起的又一重要分支，是现代通信技术与计算机技术结合的产物。所谓计算机网络，就是在一定的地理区域内，将分布在不同地点的不同机型的计算机和专门的外部设备用通信线路互联起来，组成一个规模大、功能强的网络系统，实现互通信息、共享资源。

（5）智能化：智能化是建立在现代化科学基础之上、综合性很强的边缘学科。它是让计算机来模拟人的感觉、行为、思维过程的机理，使计算机具备"视觉""听觉""语言""行为""思维"、逻辑推理、学习、证明等能力，形成智能型、超智能型计算机。

## 1.2　计算机数据表示

计算机可以通过输入设备接收各种形式的信息，然而在计算机内部处理的并不是输入的信息形式，而是将它们转换为计算机中的数。所以，计算机中的数是信息在计算机内部的表达方式（载体），这种表达方式是信息处理的基础，是学习和使用计算机的基本知识。本节主要介绍计算机所使用的数制和字符编码。

### 1.2.1　进位计数制

进位计数制是一种计数方法。顾名思义，所谓进位计数制，就是按进位方式实现计数制度。在进位计数制中包含有基数和位权两个要素。

基数是进位计数制中所用的数字符号的个数。如十进制中基数等于 10，不同的基数对应有不同的进位制。在日常生活中，除十进制外，还有其他的进制，例如时间的时、分、秒制，即 60 秒为 1 分，60 分为 1 小时，是"逢六十进一"的六十进制；又如，12 个月为 1 年，12 支铅笔为 1 打等，是"逢十二进一"的十二进制。从理论上讲，可以用任意的正整数 b 为基数进行计数，其规则是"逢 b 进一"，称为 b 进制的数。

在进位计数制中，把基数的若干次幂称为"位权"，幂的值与该位数字所在的位置有关。任何一种用进位计数制表示的数，其数值可写成按位权展开的多项式之和：

$$(N)_b = (a_n a_{n-1} \ldots a_1 a_0 a_{-1} \ldots a_{-m})_b$$

$$= a_n \times b^n + a_{n-1} \times b^{n-1} + \ldots + a_1 \times b^1 + a_0 \times b^0 + a_{-1} \times b^{-1} + \ldots + a_{-m} \times b^{-m} = \sum a_j b^j \quad (j=n, n-1, \ldots, 1, 0, -1, \ldots, -m)$$

其中，b 是基数，$a_j$ 是第 j 位上的数字符号（或称系数），$b^j$ 是权数，n 和 m 分别是数的整数部分和小数点以后的位数。

1. 十进制数

日常生活中，人们通常采用十进制来计数。十进制数的基数为 10，有 0、1、2、3、4、5、6、7、8、9 十个数字符号，它的计数特点为"逢十进一"，各位权用 $10^j$ 表示。一个任意的十进制数也可以表示成上式形式，只不过上式中的 b 即为十进制数中的 10，$a_j$ 是 0、1、2、3、4、5、6、7、8、9 十个数码中的一个，其余均相同。例如：

$$(23.45)_{10}=2\times10^1+3\times10^0+4\times10^{-1}+5\times10^{-2}$$

2. 二进制数

二进制数是最简单的计数制，基数为 2，只有 0 和 1 两个数字符号，计数规则是"逢二进一"，各位权用 $2^j$ 表示。因此，一个任意的二进制数也可以表示成上式形式，只是上式中的 $a_j$ 为 0、1 两个数码中的一个。由于二进制的位权是 $2^j$，从最低整数位第 0 位开始，逐位的位权是 $2^0,2^1,2^2,2^3,2^4,2^5,2^6,\ldots,2^n$。例如：

$$(10110.11)_2=1\times2^4+1\times2^2+1\times2^1+1\times2^{-1}+1\times2^{-2}=(22.75)_{10}$$

二进制数的特点如下：

（1）二进制数的物理表示容易实现。二进制数中只有 0 和 1 两个数字符号，很容易利用具有两种稳定物理状态的元件和电路来表示。如开关的"接通"与"断开"，位的"高"与"低"，脉冲的"有"与"无"，磁化方向的"正"与"反"等。二进制数只需用两种物理状态表示，容易被计算机识别，抗干扰性强，可靠性高。

（2）二进制数的运算规则很简单。二进制数由于只有 0 和 1 两个数字参加运算，其运算规则非常简单，加法与乘法都只有 4 种情况。

加法：0+0=0；0+1=1；1+0=1；1+1=0（向前进位 1）

乘法：0×0=0；0×1=0；1×0=0；1×1=1

这些运算规则很容易在计算机中实现，并使运算电路大大简化。

（3）算术运算与逻辑运算容易沟通。计算机中的逻辑运算是以"真"与"假"的二值逻辑为基础的，使得算术运算和逻辑运算具有某些相似性，算术运算的过程可以用逻辑运算来描述，计算机的电路设计也可借助于逻辑代数。

3. 十六进制数

采用二进制数书写起来位数很多，读写不方便，因此在书写某些较大的数据（如存储器的地址）时，采用十六进制数比较方便。

在十六进制数中，基数为 16，需要用 16 个数字符号来计数，为此通常借用 A、B、C、D、E、F 六个英文字母分别代表 10、11、12、13、14、15 这六个数，因此十六进制所用的数字符号是 0、1、2、3、4、5、6、7、8、9、A、B、C、D、E、F。

计数规则是"逢十六进一"，即 F+1=10，FF+1=100，…，各位权用 $16^j$ 表示。

任何一个十六进制数的值都可以用它的按位权展开求和得到。

例如十六进制数 2B9 的数值是：

$$(2B9)_{16}=2\times16^2+11\times16^1+9\times16^0=(697)_{10}$$

在书写十六进制数时，除一般的表示方法外，通常在十六进制数的最后加上大写英文字母"H"来表示，以免与其他进制数混淆，如 101H、368H 等均是指十六进制数。

4. 八进制数

在八进制数中，基数为 8，需要用 8 个数字符号来计数，即用 0、1、2、3、4、5、6、7 八个数字符号来计数，计数规则是"逢八进一"，各位权用 $8^j$ 表示。

为了熟悉各种进制数之间的关系，表 1-2 列出了 0～16 之间各种数制表示的对照。

表 1-2  0～16 数值的各种数制表示

| 十进制 | 二进制 | 八进制 | 十六进制 | 十进制 | 二进制 | 八进制 | 十六进制 |
| --- | --- | --- | --- | --- | --- | --- | --- |
| 0 | 0000 | 0 | 0 | 9 | 1001 | 11 | 9 |
| 1 | 0001 | 1 | 1 | 10 | 1010 | 12 | A |
| 2 | 0010 | 2 | 2 | 11 | 1011 | 13 | B |
| 3 | 0011 | 3 | 3 | 12 | 1100 | 14 | C |
| 4 | 0100 | 4 | 4 | 13 | 1101 | 15 | D |
| 5 | 0101 | 5 | 5 | 14 | 1110 | 16 | E |
| 6 | 0110 | 6 | 6 | 15 | 1111 | 17 | F |
| 7 | 0111 | 7 | 7 | 16 | 10000 | 20 | 10 |
| 8 | 1000 | 10 | 8 | | | | |

### 1.2.2 数制间的转换

不同数制间的转换，就是对同一数值的数，从一种数制的表示形式换算成另一种数制的表示形式。下面对十进制、二进制、十六进制、八进制之间的相互转换方法作些介绍。

1. 十进制数与二进制数之间的转换

（1）二进制数转换为十进制数。将二进制数的各位数字（0 和 1）乘以该位的位权，乘积相加，其和就是对应的十进制数。例如，求$(110110.11)_2$对应的十进制数。

$$(110110.11)_2=1\times2^5+1\times2^4+1\times2^2+1\times2^1+1\times2^{-1}+1\times2^{-2}=(54.75)_{10}$$

（2）十进制数转换为二进制数。将整数部分和小数部分分别进行转换，然后用小数点将两部分连接起来。

1）整数部分的转换采用"除 2 取余"法。将被转换的十进制数连续除以 2，直至商为 0，每次相除所得的余数按相反的次序排列起来就是对应的二进制数。即第一次除以 2 所得的余数排在整数的最低位，最后一次相除所得的余数是最高位。

例如将十进制数 53 转换成二进制数。按"除 2 取余"法进行如下：

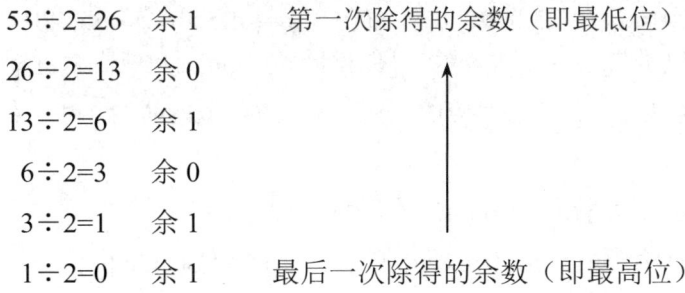

所以$(53)_{10}=(110101)_2$。

2）小数部分的转换采用"乘 2 取整"法。将被转换的十进制数连续乘以 2，每次相乘后所得乘积的整数部分就是对应的二进制数。第一次乘积所得的整数部分是二进制小数的最高位，以下依次类推，直到剩下的纯小数为 0 或达到所要求的精度为止。

例如将十进制小数 0.688 转换为二进制小数。按"乘 2 取整"法进行如下：

$0.688×2=1.376$　　整数部分为 1（即二进制小数的最高位）
$0.376×2=0.752$　　0
$0.752×2=1.504$　　1
$0.504×2=1.008$　　1
……

若最后的纯小数部分不为 0，则所得的二进制小数的值是近似的。若精度不满足还可继续做下去，直到所需的精度为止。

所以$(0.688)_{10}≈(0.1011)_2$。

对具有整数和小数两部分的十进制数，分别按上述方法求出二进制的整数部分和小数部分，然后用小数点把它们连接起来。

综合上面两个例题可得 $(53.688)_{10}≈(110101.1011)_2$。

2. 二进制数与八进制数、十六进制数之间的转换

因为二进制数与八进制数、十六进制数存在特定的关系，三位二进制数正好相当于一位八进制数，四位二进制数正好相当于一位十六进制数，所以它们之间的转换很容易实现。

（1）二进制数转换为八进制数。将二进制数从小数点起，向左和向右每三位分为一组（不足三位的补 0），然后分别写出每组相对应的八进制数，即可得到所求的结果。

例如将二进制数 10010110101.011110 转换为八进制数。

$(10010110101.011110)_2=((010)(010)(110)(101).(011)(110))_2=(2265.36)_8$

（2）二进制数转换成十六进制数。与前述类似，从小数点两边开始向左和向右每四位分成一组（不足四位的补 0），然后分别写出每组相对应的十六进制数，即可得到所求的结果。

例如将上题中的二进制数转换成十六进制数。

$(10010110101.011110)_2=((0100)(1011)(0101).(0111)(1000))_2=(4B5.78)_{16}=4B5.78H$

（3）八进制数、十六进制数转换为二进制数。只需将每位八进制数或十六进制数写成三位二进制数或四位二进制数连接在一起就是对应的二进制数。整数最前面的 0 和小数最后面 0 可以去掉。例如：

$(237.13)_8=((010)(011)(111).(001)(011))_2=(10011111.001011)_2$

$3E3.29H=((0011)(1110)(0011).(0010)(1001))_2=(1111100011.00101001)_2$

3. 十进制数与八进制数、十六进制数之间的转换

（1）十进制数转换为八进制数、十六进制数。方法与十进制数转换成二进制数类似。它是对整数部分采用"除 8 或 16 取余"法，小数部分采用"乘 8 或 16 取整"法，再通过小数点连接起来。

（2）八进制数、十六进制数转换为十进制数。方法与二进制数转换成十进制数类似，也是将八进制数或十六进制数的各位数字乘以该位位权，乘积相加，其和就是对应的十进制数。

### 1.2.3 二进制数的逻辑运算

逻辑运算是指对因果关系进行分析的一种运算。逻辑运算的结果并不表示数值大小，而是表示一种逻辑概念，若成立用真或 1 表示，若不成立用假或 0 表示。二进制数的逻辑运算有"与""或""非""异或"和"同或"等，常见的是前 3 种。

1. "与"运算（AND）

"与"运算又称逻辑乘，用符号"&"或"∧"来表示。运算规则如下：

$0 \wedge 0 = 0 \quad 0 \wedge 1 = 0 \quad 1 \wedge 0 = 0 \quad 1 \wedge 1 = 1$

即两个参与运算的数的对应码位中有一个数为 0，则运算结果为 0，只有两码位对应的数都为 1，结果才为 1。

例如，求二进制数 101101 与 1010 的逻辑与运算。

```
    101101
  ∧ 001010      ←—— 左端对齐，若数位不等高端补 0
    001000
```

二进制数 101101 与 1010 的逻辑与运算结果为二进制数 1000。

2. "或"运算（OR）

"或"运算又称逻辑加，用符号"+"或"∨"表示。运算规则如下：

$0 \vee 0 = 0 \quad 0 \vee 1 = 1 \quad 1 \vee 0 = 1 \quad 1 \vee 1 = 1$

即两个参与运算的数的相应码位只要有一个数为 1，则运算结果为 1，只有两码位对应的数均为 0，结果才为 0。

例如，求二进制数 101101 与 1010 的逻辑或运算。

$$
\begin{array}{r}
101101 \\
\vee\,001010 \\
\hline
101111
\end{array}
$$
← 左端对齐，若数位不等高端补 0

二进制数 101101 与 1010 的逻辑或运算结果为二进制数 101111。

3. "非"运算（NOT）

"非"运算实现逻辑否定，即进行求反运算，用符号"-"表示。运算规则如下：

$-0 = 1 \qquad -1 = 0$

注意"非"运算只是针对一个数所进行的"运算"，这与前面的"与"和"或"运算不同。

例如，求二进制数 101101 的逻辑非运算。

$$
\begin{array}{r}
-101101 \\
\hline
010010
\end{array}
$$

二进制数 101101 的逻辑非运算结果为二进制数 10010。

### 1.2.4 数值的编码表示

在计算机内表示数值的时候，以最高位作为符号位，最高位为 0 表示数值为正，为 1 表示数值为负。表示数值可以采用不同的编码方法，最常见的有 3 种：原码、反码和补码。

1. 原码

最高位作为符号位来表示数的符号：最高位为 0 代表正数，最高位为 1 代表负数，其余各位代表数值本身的绝对值。例如：

+10 的原码是：00001010（最高位 0 表示该数为正）

-10 的原码是：10001010（最高位 1 表示该数为负）

为简化起见，这里假设用一个字节（8 个二进制位）表示整数。如果用两个字节存放一个整数，情况是一样的，只是把+10 表示成 00000000 00001010 而已。

+0 的原码是：00000000

-0 的原码是：10000000

显然，+0 和-0 表示的是同一个数 0，而在计算机内却有两种不同的表示。由于 0 的表示方法不唯一，不适合计算机的运算，所以在计算机内部一般不使用原码来表示数。

2. 反码

正数的反码与原码相同，如+10 的反码也是 00001010；而负数的反码是原码除符号位外（仍为 1）各位取反。例如：

-10 的反码是：11110101

+0 的反码是：00000000

-0 的反码是：11111111

同样，0 的表示方法不唯一，所以在计算机内部一般也不使用反码来表示数。

3. 补码

正数的补码与原码相同，如+10 的补码同样是 00001010；而负数的补码是除最高位仍为 1 外，其余各位求反，最后再加 1。例如：

-10 的原码是 10001010，求反（除最高位外）后得到 11110101，再加 1，结果是 11110110。或者说，负数的补码是其反码加 1。

+0 的补码是：00000000

-0 的补码是：11111111

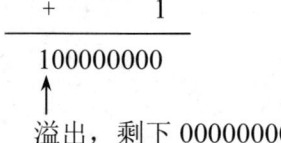

溢出，剩下 00000000

所以，用补码形式表示数值 0 时是唯一的，都是 00000000。

现在计算机通常都是以补码的形式存放数据，因为采用补码形式不仅数值表示唯一，而且能将符号位与其他位进行统一而加以处理，为硬件实现提供了方便。

### 1.2.5 字符 ASCII 码

目前国际上最流行的字符编码是"美国信息交换标准码"（American Standard Code for Information Interchange），简称 ASCII 码。它也是通信领域中使用的一种编码。

ASCII 码有 7 位版本的 ASCII 码和 8 位版本的 ASCII 码两种。

国际上通用的 ASCII 码是一种 7 位码，即每个字符的 ASCII 码由七位二进制数组成。这种 ASCII 码版本包括 10 个阿拉伯数字、52 个英文大小写字母、32 个标点符号和运算符、34 个控制码共 128 个字符，如表 1-3 所示。

表 1-3 中，上横栏为 ASCII 码的前 3 位（即高位），左竖栏为 ASCII 码的后 4 位（即低位）。要确定一个字符的 ASCII 码，可先在表中查出它的位置，然后确定它所在位置对应的行和列。根据行数可确定被查字符的低位的四位编码，根据列数可确定被查字符的高位的三位编码，由此组合起来可确定被查字符的 ASCII 码。例如字符 A 的 ASCII 码是 1000001，十进制码值为 65，十六进制码值为 41。在以后的程序设计语言中，有的场合将要用到以 ASCII 码的值来表示字符。

当微型计算机采用 7 位 ASCII 码作机内码时，每个字节的 8 位只占用了 7 位，而把最高位置 0。由此可见，7 位 ASCII 码在作机器的内码时，表示每个字符的字节的最高位都是 0。

表 1-3  ASCII 码

| 后 4 位 $B_3b_2b_1b_0$ \ 前 3 位 $b_6b_5b_4$ | 000 | 001 | 010 | 011 | 100 | 101 | 110 | 111 |
|---|---|---|---|---|---|---|---|---|
| 0000 | NUL | DLE | SP | 0 | @ | P | ` | p |
| 0001 | SOH | DC1 | ! | 1 | A | Q | a | q |
| 0010 | STX | DC2 | " | 2 | B | R | b | r |
| 0011 | ETX | DC3 | # | 3 | C | S | c | s |
| 0100 | EOT | DC4 | $ | 4 | D | T | d | t |
| 0101 | ENQ | NAK | % | 5 | E | U | e | u |
| 0110 | ACK | SYN | & | 6 | F | V | f | v |
| 0111 | BEL | ETB | ' | 7 | G | W | g | w |
| 1000 | BS | CAN | ( | 8 | H | X | h | x |
| 1001 | HT | EM | ) | 9 | I | Y | i | y |
| 1010 | LF | SUB | * | : | J | Z | j | z |
| 1011 | VT | ESC | + | ; | K | [ | k | { |
| 1100 | FF | FS | , | < | L | \ | l | \| |
| 1101 | CR | GS | - | = | M | ] | m | } |
| 1110 | SO | RS | . | > | N | ↑ | n | ~ |
| 1111 | SI | VS | / | ? | O | ↓ | o | Del |

采用八位二进制的 ASCII 码表示 256 个字符，十进制码 128～255 称为扩展的 ASCII 码。

采用 ASCII 码来表示具有一定形状和意义的字符，便于在计算机或其他设备中存储、传送和进行处理。当需要恢复它原来的形状（如显示、打印等）或产生其作用时，可通过相应的设备再变成字符或产生相应的控制作用。

需要指出，ASCII 码字符集中，数字字符 0～9，它们的 ASCII 码值并不是数字的数值。例如，数字 8 的 ASCII 码是 0111000，并不是 8 的数值。

从以上的介绍可以看到，在计算机内部，数值、字符都是用二进制数或代码来表示的。其实计算机内所有的信息，包括数据、程序以至汉字、图像和声音等，也都是以二进制数或代码的形式来表示的。我们使用计算机虽不一定常和二进制数打交道，但必须知道用二进制数来表示信息是计算机的重要特点。

## 1.3  汉字信息处理技术

在我国，要普及和推广计算机的应用，就必须解决汉字信息的处理问题。通过许多专家多年的努力，汉字信息处理技术取得了很大的发展，有力地推动了我国计算机应用事业的进展。

学习汉字信息处理技术知识及学会一种汉字输入法是中国人学习计算机的必备知识。

### 1.3.1 汉字输入技术分类

汉字信息处理的对象是汉字，而汉字与西方语言文字相比有很多不同之处，给汉字处理带来了一些独特的问题。英文只有 26 个字母，用它们可以组合成所有单词，最后组成文字。因此，计算机对西文进行处理很容易。而在我国，要求计算机能像处理英文稿一样处理汉字信息，能方便地输入输出汉字就比较困难。计算机文字信息处理的首要问题是如何把汉字作为一种信息输入到计算机中去，并让计算机完成处理和分析并输出结果。到目前为止，汉字输入技术有 3 种类型。

1. 汉字编码技术

把汉字的"字形表示"存储在计算机中，在汉字输入过程中，对文字信息进行编码，用户从键盘输入汉字的编码，即可得到相应的汉字。汉字输入编码的研究已从单纯编码研究过渡到在计算机系统中广泛应用。目前已有几百种汉字输入编码方案，通过评选，逐渐趋于统一化和标准化。据不完全统计，在计算机中实现的编码方案有几十种。目前汉字编码的研究发展趋势是：词语输入、智能取码（指上下文联想取字、取词）；适用不同类型的用户，以字为基础，词为主导，音形结合，智能处理，具体来说有音码、形码和音形结合码 3 种。

2. 语音的合成和识别

用人工智能方式直接对语音进行识别输入。目标是实现计算机对自然语音的正确识别和准确理解，实现真正的人机对话。

3. 手写体和印刷体的字形识别

通过扫描输入和手写输入汉字的办法实现汉字输入。目前，市场上已有语音的合成与识别、印刷体与手写体的识别的系统成品。

### 1.3.2 汉字编码与国标

汉字操作系统对每个汉字规定输入计算机的代码——汉字的外部码，键盘输入汉字是输入汉字的外部码。计算机为了识别汉字，要把汉字的外部码转换成汉字的内部码，以便进行存储和处理。为了将汉字以点阵的形式输出，还要将汉字的内部码转换为汉字的字形码，确定汉字的点阵。并且，在计算机和其他系统或设备需要进行信息、数据交流时还必须采用交换码。

1. 外部码

汉字主要是从键盘输入，每个汉字对应一个外部码。外部码也叫汉字输入编码，如拼音、拼形、音形结合、形音结合、整字编码等。为了建立友好的用户界面，输入码的规则必须简单清晰、直观易学、容易记忆、操作方便、码位短、输入速度快、重码少，既符合初学者的学习，又能满足专业输入者的要求，便于盲打。汉字的输入方法不同，同一个汉字的外码可能不一样。

2. 区位码

计算机汉字信息处理中使用的常用汉字由 3 个国家标准规定：

- 国标 GB2312－80《信息交换用汉字编码字符集·基本集》
- 国标 GB7589－87《信息交换用汉字编码字符集·第二辅助集》
- 国标 GB7590－87《信息交换用汉字编码字符集·第四辅助集》

在这 3 个国家标准中，国标 GB2312－80 是使用得最为频繁的。在 GB2312－80 国标中，规定了 682 个中文标点符号、常用图形符号、阿拉伯数码符号、常用运算符号、罗马数字符号、标题数码符号、汉字制表符号和英文、日文、俄文、西腊文的大小写字母等，还规定了 6763 个汉字。总共 7445 个符号和汉字，摆放在 94 行×94 列的一张表中的 87 行×94 列的区域内。也就是在常用区位码表（GB5007－85 图形字符代码表）中看到的情形。

6763 个常用汉字，根据其使用的频繁程度又分为两个等级：一级汉字使用频度最高，按拼音字母顺序排列，共有 3755 个汉字，覆盖了文书文件中常用汉字字数的 99%；二级汉字使用频度次之，称为次常用汉字，按部首排列，共有 3008 个汉字。一、二级汉字合计覆盖了文书文件常用汉字字数的 99.9%。

在 GB2312－80 国标中，把上述 7445 个汉字和符号严格地排列在 87 个区、每区最多 94 个字符的表格中，其分布情况如下：

| | |
|---|---|
| 标点、数字、图形符号和西文字母 | 01～09 区 |
| 空闲未用 | 10～15 区 |
| 一级汉字 | 16～55 区 |
| 二级汉字 | 56～87 区 |
| 空闲未用 | 88～94 区 |

在 GB2312－80 标准中，每个字符都赋予了 4 位十进制的区位码，其中高二位是某字符所在的区号，低二位是该字符在区中的位置号。例如，"学"字的区号为 49，位号为 07，它的区位码即为 4907，用 2 个字节的二进制数表示为：00110001 00000111。

3. 交换码

汉字交换码是指不同的具有汉字处理功能的计算机系统之间在交换汉字信息时所使用的代码标准。区位码无法用于汉字通信，因为它可能与通信使用的控制码（00H～1FH，即 0～31）发生冲突。ISO2022 规定每个汉字的区号和位号必须分别加上 32（即二进制数 00100000），以便区分于控制码，使汉字正好处于 ASCII 码可显示区段。经过这样的处理而得到的代码称为国标交换码，简称交换码，因此"学"字的国标交换码计算为：

```
   00110001          00000111
+  00100000       +  00100000
   ────────          ────────
   01010001          00100111
```

**4. 内部码**

汉字内部码也称为汉字内码或汉字机内码。计算机处理汉字，实际上是处理汉字的内码。当从计算机输入汉字外部码时，一般要转换成内部码才能进行存储、运算、传递。不同的汉字输入体系，其所采用的机内码不一定相同。但一般用 2 个字节来代表机内码则是相同的（个别的也有用 4 个字节来代表机内码的）。

设计机内码时，应考虑的主要方面如下：

（1）机内码应包含 GB5007－85 图形字符代码表的全部字符。

（2）能区分西文字母和汉字，不能有二义性。

（3）汉字内码的长度（字节数）应尽量短，以节约存储空间，同时尽量做到与显示和打印的一致。

（4）机内码要与国标 GB5007－85 图形字符代码表的字符间有简单的对应关系，以方便汉字库的查找和处理。

目前大部分汉字系统是利用七位基本的 ASCII 码高位为 0 这一特点，把国标交换码的两个字节的最高位置成"1"，其余七位仍是国标交换码原来的码符，使其与基本的 ASCII 码区分开来。也就是说，在 GB5007－85 图形字符代码表中的全部字符，若第一、第二字节的最高位是"1"时，它就是该字符的机内码；否则，它就是国标交换码。这样一来，国标码与机内码并不完全一致但有简单明确的对应关系。这样获得机内码的方法不但简单明了、易于实现，而且因为是两个字节的机内码，与汉字显示的特点和打印的特点是一致的。原因是：显示汉字和打印汉字时，一个汉字恰好占据两个半角形式的西文字符的宽度。这就使得编辑、显示、打印中西文混合的文件的工作变得比较简单。例如"学"字的机内码为：11010001,10100111。

**5. 汉字输出码**

汉字输出码又称汉字字形码或汉字发生器的编码。为输出汉字，对汉字字形经过点阵数字化后的一串二进制数为汉字输出码。

### 1.3.3 汉字字模与汉字字库

汉字输出主要是显示输出与打印输出汉字字形。汉字字形在排版中原本是指具有一定尺寸和形状的铅字。在计算机中沿用这一名词，表示输出汉字的形状和大小。下面介绍几个有关的名词。

（1）字体。同一种文字具有不同的字体，它与字的尺寸大小无关。例如汉字的基本字体有宋体、楷体、黑体、隶书体、行书体、单线体等，还有若干由基本字体变化而来的美术字体，如长体、扁体、细体、斜体、反白体、粗框体、中空体、方点体、模条纹体等。另外按笔画写法不同，又可分为简体、繁体等。ASCII 字符的字体也可分为半角字符和全角字符两种字体。

（2）汉字字形的数字化表示。尽管汉字字形有多种变化，但由于汉字都是方块字，每个汉字都是同样大小，无论汉字的笔画多少，都可以写在同样大小的方块中。于是可以把一个方块看作是一个 m 行 n 列的矩阵，简称点阵。一个 m 行 n 列的点阵共有 m×n 个点，例如 16×16 点阵的汉字，每个方块有 16 行，每行有 16 个点，共 256 个点。每个点可以是黑色点或无黑色点，一个点阵的黑点组成汉字的笔画，这种用点阵描绘出的汉字字形称为汉字点阵字形。

在计算机中用一组二进制数字表示点阵，用二进制数 1 表示点阵的黑点，用二进制 0 表示点阵中某点无黑点。一个 16×16 点阵汉字需要 2×16=32 个字节表示；24×24 点阵汉字需要 3×24=72 个字节表示；32×32 点阵汉字需要 4×32=128 个字节表示。在一个汉字方块中行数列数分得越多，描绘的汉字越精细，但占用的存储空间越多。16×16 点阵就可以表示宋体、仿宋体、楷体、黑体等多种字体汉字。除此之外还有 48×48、64×64、72×72、96×96 等点阵。汉字"你"的 16×16 点阵代码如图 1-1 所示。

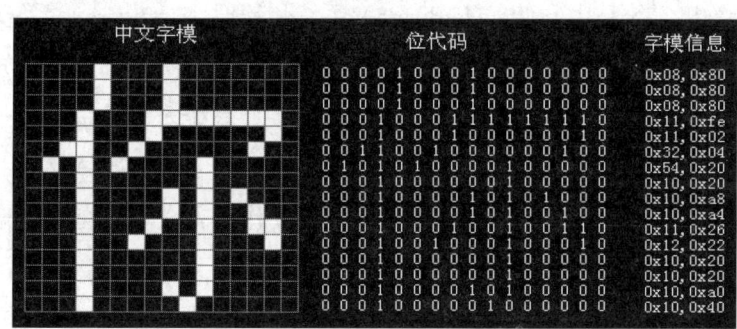

图 1-1　汉字"你"的 16×16 点阵代码

（3）汉字字库。汉字字形数字化后，以二进制文件形式存储在存储器中，构成汉字字模库，汉字字模库亦称为汉字字形库，简称汉字字库（字模是用来表示产生字形的点阵模式）。

# 第 2 章　计算机系统组成

本章主要介绍计算机的工作原理；计算机硬件系统的组成和各部分的功能；计算机软件系统的组成和功能、系统软件和应用软件的区别和作用；微型计算机的基本配置。

- 计算机硬件系统的组成和功能。
- 计算机软件系统的组成和功能。
- 微型计算机的基本配置。

一个完整的计算机系统是由硬件（Hardware）系统和软件（Software）系统两大部分组成的。计算机硬件系统是指组成计算机的物理实体，是计算机工作的物质基础，是构成计算机系统的各种物理设备的总称；计算机软件系统是指运行于计算机硬件系统之上的系统程序、应用程序及其各种文档的总和。两者缺一不可。如果说计算机硬件系统相当于人的躯体的话，那么计算机软件系统就是人的大脑，由软件系统控制、协调硬件系统的动作，完成用户交给计算机的任务。

计算机系统的组成如图 2-1 所示。

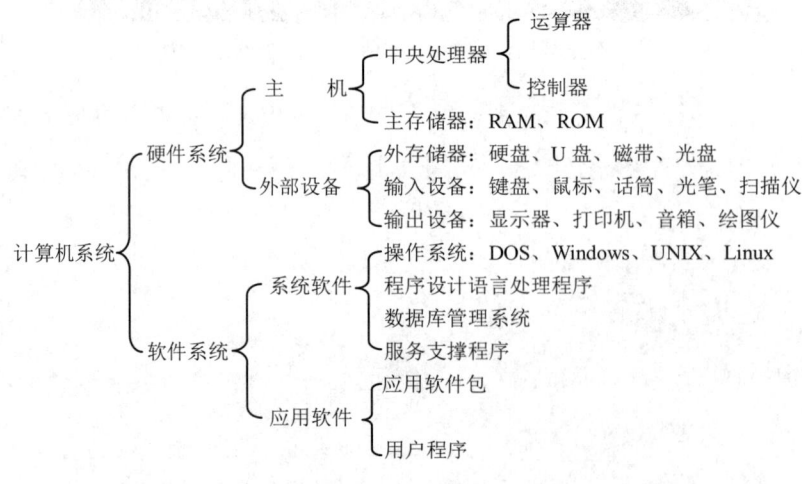

图 2-1　计算机系统的组成

## 2.1 计算机硬件系统组成

虽然目前计算机的种类很多，其制造技术发生了极大的变化，但在基本硬件结构方面，一直沿袭着冯·诺依曼的体系结构。

### 2.1.1 计算机系统工作原理

计算机的工作原理就是计算机执行程序的过程。现在的计算机基本都是基于"存储程序"的原理设计制造出来的。存储程序原理是由美籍匈牙利数学家冯·诺依曼于1946年提出来的，根据此概念设计的计算机统称为冯·诺依曼机，它构成了现代计算机的体系结构，主要思想如下：

（1）计算机硬件由5个基本部分组成：运算器、控制器、存储器、输入设备和输出设备。

（2）程序和数据以同等地位存放在存储器中，并按地址寻访。

（3）程序和数据均以二进制表示。

冯·诺依曼的设计思想被誉为计算机发展史上的里程碑，标志着现代电子数字计算机时代的真正开始。

存储程序原理的基本思想是：把程序存储在计算机内，使计算机能像快速存取数据一样快速存取组成程序的指令。为实现控制器自动连续地执行程序，必须先把程序和数据送到具有记忆功能的存储器中保存起来，然后给出程序中第一条指令的地址，控制器就可依据存储程序中的指令顺序周而复始地取出指令、分析指令、执行指令，直到完成全部指令操作为止。由此可见，计算机之所以能自动连续地工作，完全是因为人们预先把程序和有关的数据存入计算机的存储装置中了，这就是存储程序原理。存储程序原理实现了计算机工作的自动化。这一原理确定了计算机的基本组成和工作方式，如图2-2所示。

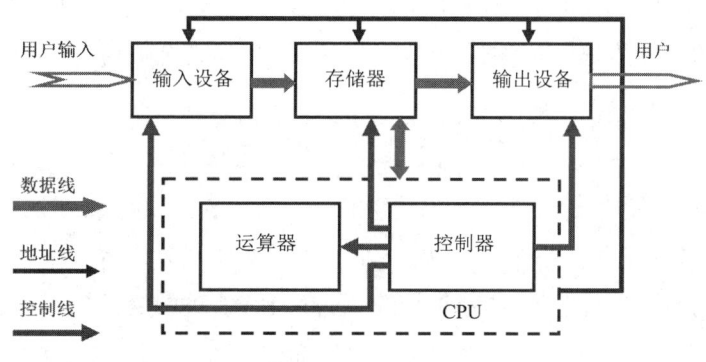

图2-2 计算机的基本组成和工作方式

### 2.1.2 计算机系统的设备及其功能

一个完整的计算机硬件系统，从其功能角度看，包含运算器、控制器、存储器、输入设备和输出设备 5 大功能部件。

（1）运算器。它是对信息进行加工和处理（主要是算术和逻辑运算）的部件。运算器是由能进行简单算术运算（如加、减等）和逻辑运算（如与、或、非运算等）的运算器件及若干用来暂时寄存少量数据的寄存器、累加器等组成。

（2）控制器。控制器是计算机的神经中枢和指挥中心。它要根据用户通过程序所下达的加工处理任务，按时间的先后顺序，负责向其他各部件发出控制信号，并保证各部件协调一致地工作。它主要由指令寄存器、译码器、程序计数器、操作控制器等组成。

（3）存储器。存储器是计算机的记忆和存储部件。计算机中的全部信息，包括输入的原始信息、经计算机初步加工后的中间信息和最后处理的结果信息都记忆或存储在存储器中。除这些信息外还存放着如何对输入的数据信息进行加工处理的一系列指令所构成的程序。

关于存储器，常用到以下两个术语：

- 位（bit）：每一个能存储 0 或 1 的物理单元称为一个二进制位，它是数据的最小单位。
- 字节（Byte）：简写为 B，通常每 8 个二进制位组成一个字节。存储器的容量一般用 KB、MB、GB、TB、PB、EB 来表示，它们之间的换算关系如下：

1KB=1024B　　　1MB=1024KB　　1GB=1024MB

1TB=1024GB　　1PB=1024TB　　1EB=1024PB

（4）输入设备和输出设备。它们连同外（辅助）存储器统称计算机系统硬件组成中的外部设备，简称外设。

输入设备负责将信息（数据和程序）通过人工或磁盘输入计算机，常见的输入设备有键盘、鼠标、U 盘等。

输出设备负责将计算机加工处理后的结果在计算机内部指令的控制下输出计算机，常见的输出设备有显示器、打印机和磁盘等。

## 2.2 计算机软件系统

仅有硬件的计算机称为"裸机"，它还不能工作，要使计算机解决各种实际问题，必须有软件的支持。软件包括计算机运行的各种用途的程序及其有关的文档资料,它是计算机的灵魂，是对硬件功能的扩充。计算机系统在"裸机"的基础上，通过一层层软件的改造后，向用户呈现出友好的使用界面和强大的功能。

计算机程序：指为了得到某种结果而可以由计算机等具有信息处理能力的装置执行的代码化指令序列。

文档：是指用自然语言或者形式化语言所编写的用来描述程序的内容、组成、设计、功能规格、开发情况、测试结构和使用方法的文字资料和图表。

文档与程序的关系：文档不同于程序，程序是为了装入机器以控制计算机硬件的动作，实现某种过程，得到某种结果而编制的；而文档是供有关人员阅读的，通过文档人们可以清楚地了解程序的功能、结构、运行环境、使用方法，更方便人们使用软件、维护软件。因此在软件的概念中，程序和文档是一个软件不可分割的两个方面。

一个性能优良的计算机硬件系统能否发挥其应有的功能，很大程度上取决于所配置的软件是否完善和丰富。软件不仅提高了机器的效率、扩展了硬件功能，也方便了用户使用。软件内容丰富、种类繁多，通常根据软件用途可将其分为系统软件和应用软件两类。

### 2.2.1 系统软件

系统软件指用于管理计算机资源、分配和协调计算机各部分工作、增强计算机功能的程序，包括操作系统、计算机语言及其处理程序、数据库管理系统、网络系统和实用程序。

1. 操作系统

操作系统（Operating System，OS）是用于管理、操纵和维护计算机使其正常高效运行的软件，是计算机软硬件资源的管理者和软件系统的核心。

从用户的角度看操作系统是用户与计算机之间的软接口，任何其他程序只有通过操作系统获得必要的资源后才能运行，因此计算机在启动时必须首先将操作系统调入内存，由它去控制和管理在系统中运行的其他程序。

微型计算机上常用的操作系统有 OS/2、UNIX、Windows 98、Windows 2000、Windows XP、Windows 7 和 Windows 10 等。

2. 计算机语言及其处理程序

（1）计算机语言。

要使计算机能按人的意图工作就必须使计算机接受人向它发出的命令和信息。计算机并不懂得人类的语言（无论是中文还是英文），人机对话、进行信息交换所使用的语言是计算机语言。随着计算机技术的发展，计算机语言也不断从低级向高级发展，其发展过程可分为三代：机器语言、汇编语言和高级语言。

第一代语言——机器语言又称二进制代码语言，其指令是由一串 0 和 1 组成的代码，计算机"一看就懂"，能直接识别和执行，不需要任何翻译。机器语言是一种面向机器的语言。优点是占内存少、执行速度快。缺点是通用性差，随机而异，不同的机器由于逻辑线路不同而有不同的指令系统；编程难，机器语言与人们习惯用的语言差别太大，难学、难写、难记；直观性差，全是 0 和 1 的数字，非常容易出错。

第二代语言——汇编语言是用能反映指令功能的助记符来表示机器指令的符号语言。相对于机器语言，汇编语言易学易写易记，但用其编写的程序计算机不能直接接受，还必须把编好的程序逐条翻译成机器语言程序，这一翻译加工过程称为汇编，是由机器按汇编程序自动完成的。

用汇编语言编出的程序称为汇编语言源程序，用机器内事先装好的汇编程序（翻译程序）把汇编语言程序翻译成机器语言目标程序。

汇编语言仍然未摆脱语言对机器的依附，通用性差，因此从 20 世纪 50 年代起提出了第三代语言——高级语言。高级语言比较接近于人们习惯使用的自然语言和数学语言，程序简短易读，便于维护，同时不依赖于具体计算机，通用性强。目前使用的高级语言很多，比较常用的有 C、Java、Visual Basic、Visual C++、Python 语言等。

目前使用的高级语言大多数是"面向过程"的，即用户不仅要告诉计算机"做什么"，还要告诉计算机"怎么做"，也就是把每一步的操作事先都设想好，用高级语言编成程序让计算机按制定好的步骤去执行。

近年来出现了"第四代语言"，用户只需要告诉计算机"做什么"，而不需要告诉它"怎么做"，计算机就会自动完成所需的操作，这就是"面向问题"或"面向对象"的语言。

程序是用某种计算机程序设计语言表示的指令序列。一个程序指定所需的操作，解决一个特定的任务。

（2）语言处理程序。

用高级语言编写的程序计算机不能直接接受和执行，必须要经过翻译。即将高级语言编写的程序（称为"源程序"）翻译成机器语言程序（称为"目标程序"），然后再让计算机执行。这种翻译过程一般有两种方式：编译方式和解释方式。

编译方式相当于"笔译"，是将高级语言编写的源程序整个地翻译成机器语言表示的目标程序，然后再执行该目标程序，得到计算结果。一般来说，编译方式执行速度快，但占用内存多。

解释方式相当于"口译"，是用专门的解释程序将高级语言编写的源程序逐句地翻译成机器语言表示的目标程序，译出一句立即执行，即边解释边执行。解释程序灵活，便于查找错误，占用内存少，但效率低，速度慢。

3. 数据库管理系统

数据处理在计算机应用中占很大比例，对大量的数据如何存储、利用和管理，如何使多个用户共享同一数据资源，是数据处理中必须解决的问题。为此 20 世纪 60 年代末产生了数据库管理系统（Data Base Manage System，DBMS），20 世纪 80 年代随着微型计算机的普及，数据库管理系统得到了广泛的应用，近年来用户比较熟悉的数据库管理系统有 Virtual FoxPro

6.0、SQL Server 2000、Oracle、SyBASE 等。

4. 网络系统

计算机网络将分布在不同地理位置的多个独立计算机系统用通信线路连接起来，实现互相通信、资源共享。计算机网络的构成为网络硬件、网络拓扑结构、传输控制协议和网络软件。网络软件主要指的是网络操作系统。网络操作系统除了具有普通操作系统的功能外，还应增加网络管理模块，其主要功能是支持计算机与计算机、计算机与网络之间的通信，提供各种网络服务，保证实现网络上的资源共享和信息通信。当前流行的网络操作系统大体有基于 TCP/IP 协议的 UNIX 操作系统、Microsoft Windows NT 和 IBM OS/2 等。

5. 实用程序

实用程序是一些工具性的服务程序，便于用户对计算机的使用和维护。主要的实用程序有编辑程序、连接装配程序、打印管理程序、测试程序、诊断程序等。

### 2.2.2 应用软件

应用软件是指利用计算机和系统软件为解决各种实际问题而编制的程序。常见的应用软件有科学计算程序、图形与图像处理软件、自动控制程序、情报检索系统、工资管理程序、人事管理程序、财务管理程序、计算机辅助设计与制造软件、计算机辅助教学软件等。应用软件可以由用户自己开发，也可以在市场上购买。

## 2.3 微型计算机基本配置

微型计算机简称微机。人们所见到的微型计算机产品是一个涉及多生产厂家的产品。一般来说，计算机的品牌是最后组装企业的品牌，如联想、方正、戴尔。它们的许多关键部件都是采购于其他专业生产厂家。与我们自己组装微机不同的是品牌机的配件质量、配件间的匹配、配件间的磨合（计算机业称为老化）都经过专业技术人员的设计、把关和处理，品牌机有相对完善的售后服务。但就微机的性价比而言，自己组装计算机的性价比要高得多。

比较常见的微型计算机包括台式机、一体机、笔记本电脑、掌上电脑和平板电脑等类型，如图 2-3 所示。

（a）台式机　　　（b）一体机　　　（c）笔记本电脑　　　（d）掌上电脑　　　（e）平板电脑

图 2-3　不同种类的微型计算机

### 2.3.1 微型计算机的主要设备

拆开台式机机箱，可以看到计算机主机机箱的内部结构。主机主要由机箱、电源、中央处理器、主板、内存条、硬盘、光驱、显卡、网卡等设备组成，如图2-4所示。下面对其中的几个设备进行详细介绍。

图 2-4 计算机主机的内部结构

#### 1. 主板

主板，又叫主机板（mainboard）、系统板（systemboard）和母板（motherboard），安装在机箱内，是微机最基本的也是最重要的部件之一。主板一般为矩形电路板，上面安装了组成计算机的主要电路系统，一般有 BIOS 芯片、I/O 控制芯片、键盘和面板控制开关接口、指示灯插接件、扩展槽、主板及插卡的直流电源供电接插件等元件，如图 2-5 所示。

主板主要由以下部件构成：

（1）CPU 插座。用于固定连接 CPU 芯片。

（2）内存条与插槽。随着内存扩展板的标准化，主板给内存预留了专用插槽，只要购买所需数量并与主板插槽匹配的内存条，就可实现扩充内存和即插即用。

（3）总线结构。总线就是各种信号线的集合，是计算机各部件之间传送数据、地址和控制信息的公共通路。

（4）功能插卡和扩展槽。系统主板上有一系列的扩展槽，用来连接各种插卡（接口板）。用户可以根据自己的需要在扩展槽上插入各种用途的插卡（如显卡、声卡、防病毒卡、网卡等），在操作系统支持下实现即插即用。

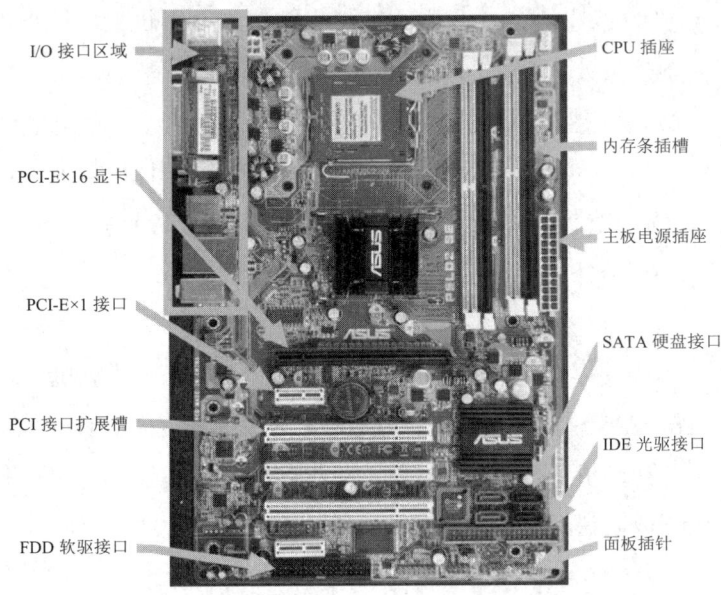

图 2-5　微机主板

（5）输入输出（I/O）接口。是 CPU 与外部设备之间交换信息的连接电路，I/O 接口一般做成电路插卡的形式，所以常把它们称为适配卡。如软硬盘驱动器适配卡、网卡、声卡等。主板上还设置了连接硬盘、软盘驱动器和光盘驱动器的电缆插座，以及连接鼠标器、打印机、绘图仪、调制解调器、移动存储设备等外部设备的接口。

（6）基本输入输出系统 BIOS 及 CMOS。BIOS 实际上是一组存储在 EPROM 中的软件，被固化在主板上，负责对基本 I/O 系统进行控制和管理。而 CMOS 是一种存储 BIOS 所使用的系统配置的存储器，分为两部分：一部分存储口令，另一部分存储启动信息。当计算机断电时，其内容由一个电池供电予以保存。用户利用 CMOS 可以对微机的基本参数进行设置。

2. 中央处理器（CPU）

CPU（Central Processing Unit，中央处理器）是计算机系统的核心部件，由运算器和控制器组成。在微型计算机中把运算器和控制器集成在一片硅片上，即单片式中央处理器，通称微处理器（Micro Processing Unit，MPU）。它是一个超大规模集成电路器件。在现实生活中人们习惯于称 MPU 为 CPU，其外观如图 2-6 所示。

图 2-6　Intel 酷睿 i7

CPU 是微型计算机的心脏，CPU 品质的高低直接决定了微机系统的档次。其主要性能指标有字长和主频。主频是微处理器内部时钟晶体的振荡频率，是协调同步各部件行动的基准，主频率越高，CPU 运算速度越快。字长越长，CPU 处理数据的能力也就越强。CPU 中通常设有高速缓存（Cache）。高速缓存是一种存取速度比 CPU 慢，但比内存快的高速缓冲存储器，它置于 CPU 和内存之间，以满足 CPU 对内存高速访问的要求。目前生产微机用 CPU 的公司主要有 Intel 公司和 AMD 公司。

3. 内存储器

微型计算机系统的存储器一般包括两个部分。一个是包含在计算机主机中的主（内）存储器，简称内存，通常安装在主板上。内存与运算器和控制器直接相连，能与 CPU 直接交换信息，存取速度快。在计算机中，通常把 CPU 和内存储器的组合称为主机。内存一般只存放那些急需要处理的数据或正在运行的程序。另一个是包含在外设中的外（辅助）存储器，简称外存。

内存储器按工作方式不同可分为随机存取存储器（Random Access Memory，RAM）和只读存储器（Read Only Memory，ROM）。

（1）随机存取存储器。

随机存取存储器（RAM）是一种可读写的存储器，也就是说 RAM 里面的内容可以随时根据需要读出，也可以随时重新写入新的信息。其存取信息的速度较快，但断电后其里面的内容会立即消失，所以 RAM 也叫做易失性存储器。RAM 在微机中主要用来存放正在执行的程序和临时数据。

随机存取存储器可以分为静态随机存储器（Static RAM，SRAM）和动态随机存储器（Dynamic RAM，DRAM）两类。SRAM 的特点是：只要存储单元上保持有一定的工作电压，它里面存储的信息就不会丢失。而 DRAM 里面存储的信息如果需要保存的话，则除了在存储单元上保持一定的工作电压以外，还需要增加刷新电路，每隔一定的时间需要对存储单元的信息进行刷新。SRAM 存储速度高于 DRAM，但其成本也较高，一般用作 CPU 或主板上的 Cache（高速缓存）。DRAM 就是我们俗称的"内存条"。内存主要有 DDR、DDR2、DDR3、DDR4 四种，现在微机使用的主流内存是 DDR4。

（2）只读存储器。

只读存储器（ROM）里面的内容只能被读出，不能被写入，因此，其内容往往是由生产该种存储器的厂家写入的，用户只能使用里面已经存储的信息，而不能任意修改里面的内容。ROM 存储器的最大特点是存储在里面的内容在断电后也不会丢失，因此又叫做非易失性存储器。ROM 在微机中通常用来存放基本的输入输出系统程序及一些重要的系统参数，如微机诊断程序、引导程序等。

内存储器的主要技术指标是存储容量，所谓存储器的容量是指存储器中所包含的字节数。微型计算机中的内存条如图 2-7 所示。

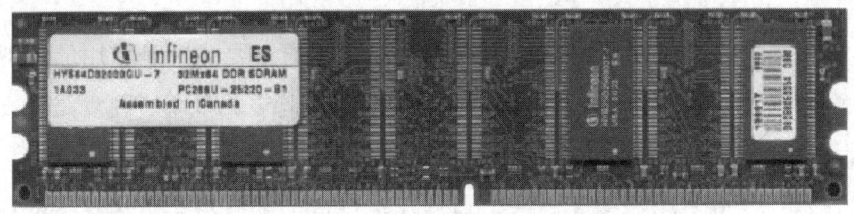

图 2-7　微型计算机中的内存条

4. 高速缓冲存储器

高速缓冲存储器简称 Cache，它的作用是加快 CPU 与 RAM 之间的数据交换速率。Cache 的容量越大，计算机的总体性能越好。现代微机中的 Cache 一般分为两级，并将二级高速缓存集成到 CPU 中，容量通常为 512KB～4MB。

5. 外存储器

外存储器也被称为辅助存储器，简称外存。相对来说它的容量比内存大得多，且大部分可以移动，便于不同的计算机之间进行信息交换。主要缺点是存取周期较长（即读写速度比内存慢很多）。外存储器一般用来存储需要长期保存的各种程序和数据。存储在外存储器上的信息不能被 CPU 直接访问，必须先调入内存才能被 CPU 利用。

微型计算机中常用的外存储器有磁盘存储器、光盘存储器和闪盘存储器（Flash Memory），磁盘存储器又可以分为软盘存储器、硬盘存储器等。

（1）软磁盘。

软磁盘（简称软盘）是个人计算机中最早使用的可移动介质。软盘的读写是通过软盘驱动器完成的。软盘驱动器能接收可移动式软盘，常用的是容量为 1.44MB 的 3.5 英寸软盘。软盘和软盘驱动器的外形如图 2-8 和图 2-9 所示。3.5 英寸的软盘驱动器一直是小型和微型计算机的必备外存储器，但随着 U 盘的普及，软盘已淡出市场。

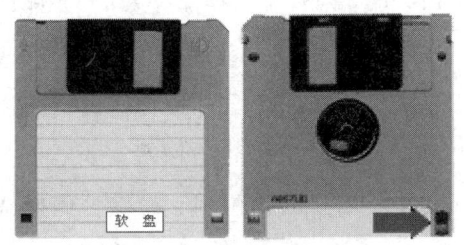

图 2-8　软盘的正面与背面

图 2-9　软盘驱动器

（2）硬磁盘。

硬磁盘又称硬盘。硬盘以容量大、速度快、功耗省、寿命长、通用性强而著称，作为微机的主要外存储设备一直发挥着重要作用。尤其是目前日渐增多的可换式磁盘，更受到人们的青睐，因为它的磁盘像磁带机、盒式录音机那样可以更换，这就使磁盘的脱机存储容量可以做得非常大，给用户带来了很大的方便。

硬盘的读/写操作的工作原理与软盘大致相似，二者的主要区别是使用的材料不同。硬盘采用金属基底作为记录的媒体，由于材料带有刚性，所以起名为硬盘。硬盘是在一个旋转轴上装上若干平行的硬磁盘片，硬磁盘片由铝合金制成，其上涂覆磁介质以记录信息。硬盘驱动器采用温彻斯特技术（称温盘），即把磁头、盘片及执行机构都密封在一个容器内，与外界环境隔绝。硬盘分为固定硬盘和移动硬盘两种。固定硬盘一般安装在主机箱中，而移动硬盘采用 USB 接口方式，无外接电源，使用简单，即插即用，携带方便。

硬盘从外形尺寸上分有 5.25 英寸、3.5 英寸、2.5 英寸和 1.8 英寸等。硬盘的主要技术参数包括容量、转速、接口类型等。目前常见的硬盘产品中容量可达 500GB、800GB、1TB、2TB 和 4TB 等；转速有 5400r/m 和 7200r/m 两种，接口类型有 IDE、SCSI、SATA、SATA 2、SATA 3 等，目前市场上的主流产品转速为 7200r/m，接口类型为 SATA 3。市场上品牌硬盘有西捷（Seagate）、西部数据（Western Digital，WD）、三星和 HGST 等。硬盘外形如图 2-10 所示。

图 2-10　硬盘外形

硬盘既是微型计算机常用的输入设备，又是常用的输出设备。现在的硬盘朝大容量、高速度方向发展。

（3）U 盘。

U 盘全称为"USB 闪存盘"，是采用 Flash Memory（也称闪存）存储技术的 USB 设备，用第一个字母 U 命名，所以简称"U 盘"。USB 是英文 Universal Serial Bus 的缩写，中文含义是"通用串行总线"，它是一种广泛应用在 PC 领域的接口技术。U 盘（也称优盘、闪盘）是一种可移动的数据存储工具，具有容量大、读写速度快、体积小、携带方便等特点。只要插入任何计算机的 USB 接口，系统可以自动识别并进行安装使用。U 盘可用于存储任何格式的数据文件和在计算机间方便地交换数据。U 盘的容量从 16GB 到 512GB 可选，采用 USB 接口，可与主机进行热拔插操作，接口类型包括 USB 2.0 和 USB 3.0 两种。USB 3.0 的传输速度快于 USB 2.0。U 盘没有机械读写装置，避免了移动硬盘容易由碰伤、跌落等原因造成的损坏。它具备了防磁、防震、防潮的诸多特性，明显增强了数据的安全性。U 盘的性能稳定，数据传输高速高效，较强的抗震性能可使数据传输不受干扰。U 盘外形如图 2-11 所示。

图 2-11　优盘外形

（4）网盘。

网盘，又称网络 U 盘、网络硬盘，是一些网络公司推出的在线存储服务，以向用户提供文件的存储、访问、备份、共享等文件管理功能，使用起来十分方便。用户可以把网盘看成一个放在网络上的硬盘或 U 盘，不管是在家中、单位还是其他任何地方，只要连到互联网，就可以管理、编辑网盘里的文件。它不需要随身携带，更不怕丢失。

目前我国常见的网盘有 126 网盘、QQ 随身盘、265 网络硬盘、纳米盘、联想网盘、华为网盘、360 云盘、TOM 网盘等，有些是完全免费的，有些是收费的，可根据需要选用。

（5）光盘存储器。

光盘存储器（Compact Disk）是一种记录密度高、存储容量较大的外存设备，是利用光学原理进行读/写的，所以它的信息可以被长期保存，在适宜的条件下，可存放 60～100 年之久，是磁记录介质远不能及的。目前广泛使用的有激光视盘，用于存储视频信号；还有激光唱片，用于存放数字音频信号。计算机所用的光盘用于存储数字信号。光盘存储器是利用激光束在光盘表面上存储信息，并根据激光束反射光的强弱来读出信息。现在光盘已广泛应用于大量数据备份、文字处理、图形图像及语音组合的多元信息等的存储。

光盘是 20 世纪 80 年代初出现的，现在已经在尺寸、性能等方面有了很大的发展，目前光盘可分为只读型光盘（Compact Disk Read Only Memory，CD-ROM）、只写一次光盘（Write Once Read Memory，WORM）、可重写型光盘（CD-R）、数字视频光盘（Digital Video Disk，DVD）4 种类型。

现在使用数字视频光盘（DVD）作大容量存储器的也越来越多，一张可写入 DVD（DVD Recordable，DVD-R）盘片的容量约在 4.7GB 左右，可容纳数张 CD 盘片存储的信息。目前已有双倍存储密度的 DVD 光盘面世，其容量为普通 DVD 盘片存储容量的 2 倍左右。

作为继 DVD 之后的下一代光盘格式之一的蓝光光碟（Blue-ray Disc，BD）常用于高品质影音的存储和高容量的数据存储。蓝光光碟是采用波长 405 纳米（nm）的蓝色激光光束来进行读写操作，一个单层的蓝光光碟的容量为25GB。

与光盘的格式相对应，光驱可分为只读光盘驱动器（CD-ROM）、数字视频光盘驱动器（DVD-ROM）、蓝光驱动器（BD-ROM）、可记录光盘驱动器（CD-R）和读写光盘驱动器（CD-RW），后两种习惯上被称为刻录机。

光驱的速度越快，数据传输速率就越高。数据传输速率是指光驱在一秒钟的时间内所能读取的最大数据量（千字节/秒，用KB/s表示）。单倍速光驱的数据传输速率为150KB/s，2倍速光驱的数据传输速率则为2×150KB/s=300KB/s，依此类推，N倍速光驱的数据传输速率则为N×150KB/s，如目前流行的52倍速光驱，其数据传输速率为：52×150KB/s=7800KB/s。

CD-ROM光盘和光盘驱动器的外形如图2-12所示。

图2-12　CD-ROM光盘和光盘驱动器外形

### 2.3.2　微型计算机的基本输入设备

输入设备是将外界信息（数据、程序、命令及各种控制信号）送入计算机的设备。由于信息的载体不同，所需信息的转换并输入计算机的设备也不同。例如有键盘输入设备（无需中间信息载体）、光学识别输入设备（把纸上的标记或字符在光的反射下产生的光通量变换成电信号）、图形输入设备（如光笔、鼠标、跟踪球等）及其他输入设备（如模数转换器、语音识别器等）。

1. 键盘

键盘是计算机最常用的输入设备，几乎所有的命令、汉字、各种语言程序、原始数据等都是从键盘输入。键盘通过一根电缆线和一条5针插头与微机主板上的5针DIN插座相连接。键盘按键的多少进行分类，一般可分为6类：83键键盘、84键键盘、101键键盘、102键键盘、104键键盘和108键键盘，各类键盘甚至同类键盘在键的多少和排列位置上稍有不同，但使用上大同小异。下面以104键键盘为例来说明键盘的分区。104键键盘如图2-13所示。

（1）打字键盘区。打字键盘区位于键盘左部，是键盘最主要的区域，与普通英文打字机的键盘类似，共有58个键，包括基本字符键和部分系统控制键。

（2）功能键区。功能键区在键盘上方，包括F1～F12和Esc、Print Screen、Scroll Lock、Pause/Break键，它们在不同的软件中代表的功能不同。

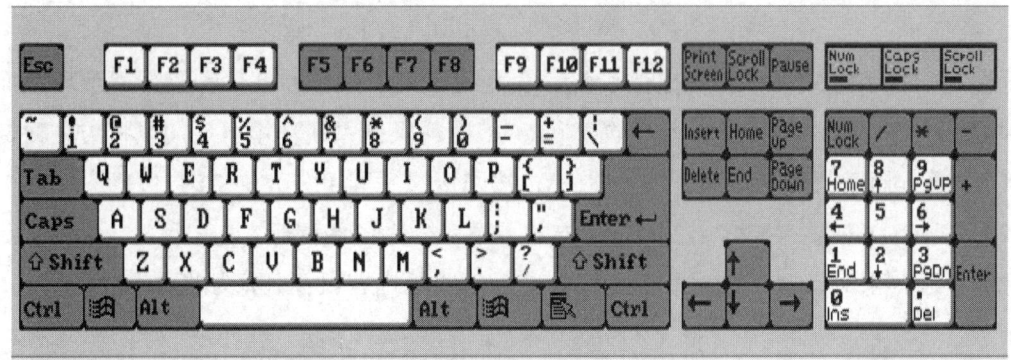

图 2-13 104 键键盘

（3）数字小键盘区。数字小键盘区在键盘右部，共 17 个键，包括数字键、光标键和部分控制键。该区的键受 NumLock 键的控制，主要是便于操作者单手输入数据。

（4）编辑区。编辑区位于主键盘区与小键盘区的中间，用于光标定位和编辑操作。

键盘除了 4 个分区外，右上方还有 3 个指示灯：Num Lock 指示灯、Caps Lock 指示灯和 Scroll Lock 指示灯，当 Num Lock 键、Caps Lock 键和 Scroll Lock 键按下时，就分别置亮或熄灭相应的指示灯。从指示灯的亮暗，操作者就能清楚地看出数字小键盘状态、字母大小写状态和滚动锁定键状态。

键盘上常用控制键的功能如表 2-1 所示。

表 2-1 键盘上常用控制键的功能

| 键名 | 功能 |
| --- | --- |
| Tab | 制表键，按一次此键可以使光标向右移动一个制表位，通常为 4 或 8，可由用户定义 |
| Caps Lock | 大小写字母转换键 |
| Shift | 按住该键，再按其他键，表示输入键位上面的符号，按英文字母键，输入字母可由小写变大写或由大写变小写 |
| Ctrl | 控制键，一定要和其他字母配合使用 |
| Alt | 控制键，一定要和其他字母配合使用 |
| 空格键 | 按一次空格键可在光标处输入一个空格 |
| Backspace | 退格键，一般情况下，每按一次，删除光标前的一个字符，光标左移一个字符位置 |
| Enter | 回车键，常用来选择某种结果或使计算机开始执行某项操作 |
| Esc | 在各种软件中定义不同，一般用来终止某项操作 |
| F1～F12 | 功能键，在不同的应用软件中能够完成不同的功能，可由用户设定 |
| Print Screen | 用于对屏幕进行硬拷贝 |
| Scroll Lock | 按下此键，对屏幕上的信息滚动显示 |
| Pause/Break | 暂停键，常用 Ctrl+Pause 来终止当前程序的运行 |
| Num Lock | 小键盘上的字母锁定键，用来控制是输入数字还是用作光标控制 |

2. 鼠标

鼠标是一种手持式屏幕坐标定位设备，它是适应菜单操作的软件和图形处理环境而出现的一种输入设备，特别是在现今流行的 Windows 图形操作系统环境下应用鼠标方便快捷。按照连接方式不同可分为有线鼠标和无线鼠标，按照接口不同可分为 USB 接口鼠标、PS/2 接口鼠标和 USB+PS/2 双接口鼠标，按照工作方式不同可分为机械鼠标、光电鼠标、激光鼠标、蓝影鼠标等。近年来又出现了如游戏棒、跟踪球等新式鼠标。鼠标外形如图 2-14 所示。

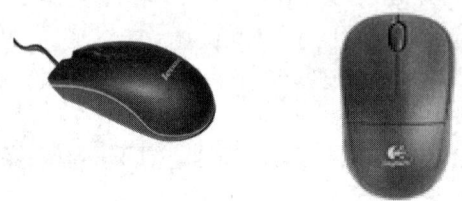

图 2-14　鼠标外形

鼠标的按键一般采用 2 键（左、右）或 3 键（左、中、右）。各个按键所起的作用完全依赖于用户所用的软件，在不同的软件环境下，相同的按键可能会产生不同的效果。在 Windows 等图形用户界面中最常使用的是左按键，一般用来作"选择"用。

3. 触摸屏

触摸屏是一种先进的输入设备，使用方便。用户通过手指触摸屏幕来选择相应的菜单项即可操作计算机。触摸屏是一种覆盖了一层塑料的特殊显示屏，在塑料层后是不可见的红外线光束。触摸屏主要在公共信息查询系统中广泛使用，如百货商店、信息中心、学校、酒店、饭店等场所。

4. 扫描仪

扫描仪是一种能捕获图像并将之转换成计算机可以显示、编辑、存储和输出的信息的数字化输入设备。照片、文本页面、图纸、美术图画、照相底片、菲林软片，甚至是纺织品、标牌面板、印制板样品等三维对象都可作为扫描对象，其原始的线条、图形、文字、照片、平面实物都将被提取和转换成可以编辑和存储的数据。扫描仪外形如图 2-15 所示。

图 2-15　扫描仪外形

扫描仪经常和 OCR 联系在一起，OCR 是"光学字符识别"的意思。没有 OCR 的时候，扫描进来的所有东西（包括文字在内）都以图形格式存储，不能对其中包含的单个文字进行编辑。但在采用了 OCR 以后，系统可以实时分辨出单个文字，并以纯文本格式保存下来，以后便可像普通文档那样进行编辑了。市场上的扫描仪有 EPP、SCSI 和 USB 三种接口。USB 接口的扫描仪使用非常广泛。

5. 数码相机

数码相机产生于 20 世纪 50 年代，是一种电子成像技术产品。通过数码相机拍摄的照片被直接保存为图片文件，可直接在计算机中观看，也可通过打印机输出，可以方便地进行后期处理和保存。随着数码技术的发展，数码相机拍摄的图像画面质量已经非常接近传统相机。目前市场上的数码相机可分为家用和专业两类，家用数码相机具有功能实用、体积小巧、价格适中等特点，专业数码相机是为了满足用户的较高要求而设计的，价格一般较贵，用户可以根据自己的实际情况进行选购。数码相机外形如图 2-16 所示。

图 2-16　数码相机外形

衡量数码相机性能的指标一般包括像素、镜头性能、变焦倍数等，目前市场上流行的数码相机品牌有索尼、佳能、奥林巴斯、三星等。

6. 数码摄像机

数码摄像机又称 DV，是一种可以拍摄动态视频的数码产品。早期的数码摄像机一般采用 Mini 磁带，随着数码技术的发展，现在的主流数码摄像机一般将拍摄的视频直接以文件形式保存在 DVD 光盘或硬盘上。数码摄像机也分为家用和专业两类，家用数码摄像机具有功能实用、体积小巧、操作简便、价格适中等特点，专业数码摄像机一般价格较贵，能满足用户的较高要求。数码摄像机外形如图 2-17 所示。市场上常见的数码摄像机品牌有索尼、松下、JVC 等。

图 2-17　数码摄像机外形

7. 摄像头

摄像头作为一种常见的视频输入设备，被广泛地运用于视频会议、远程医疗、实时监控等方面。由于其具有价格低的特点，现在的应用非常广泛。目前市场上常见的摄像头品牌繁多，外形各异，用户可以根据自己的喜好选择。摄像头外形如图 2-18 所示。

图 2-18　摄像头外形

### 2.3.3　微型计算机的基本输出设备

输出设备的主要作用是把计算机处理的数据、计算结果等内部信息转换成人们习惯接受的信息形式（如字符、图像、表格、声音等）送出或以其他机器所能接受的形式输出。最常用的输出设备有显示器和打印机。显示器与打印机作为两种常用的输出设备通常是交替配合使用的。调试程序、学习操作时，可以用显示器显示程序或数据；对于需要长期保存或详细分析研究的程序、信息等可以用打印机输出。其他的输出设备还有绘图仪和音箱等。

1. 显示器

显示器（又称 CRT 或监视器）是计算机的重要输出设备之一。其作用一是在输入时显示从键盘输入的命令或数据；二是在程序运行时将机内的数据转换成比较直观的字符、图形或图像输出，以便及时观察程序执行过程中的必要信息和结果。

显示器一般分为两种：阴极射线管显示器（CRT）、液晶显示器（LCD）。其中液晶显示器是当前微机的主流显示器，其因功耗小、无辐射等多种优点越来越受到用户的青睐。显示器外形如图 2-19 所示。

（a）CRT 显示器　　　　　　　　　　　　（b）液晶显示器

图 2-19　显示器外形

显示器的尺寸以屏幕对角线的长度来衡量，有 12 英寸、14 英寸、15 英寸、17 英寸、

19 英寸和 21 英寸等多种规格，显示器的色彩有单色和彩色两种，显示方式有字符方式和图形方式两种。

显示器的主要技术指标有分辨率、点间距、扫描频率、安全规范等。

分辨率是指显示器屏幕上的横向和纵向可显示光点数，是显示器的重要技术指标。过去常见的标准有低（CGA）分辨率、中（EGA）分辨率、高（VGA）分辨率 3 种，但目前已经流行的是更高的 SVGA、TVGA 等标准。比如单色显示器分辨率多数为 720×350，表示显示器横向可显示 720 个点，纵向可显示 350 个点。显然，分辨率越高，显示的图像越清晰，效果越好。每种显示器均有多种供选择的分辨率模式，如 800×600、1024×768、1280×1024 等。

点间距是光点之间的距离，点间距越小，清晰度越高。点间距的规格有 0.39mm、0.31mm、0.28mm、0.26mm 和 0.25mm 等，但目前最常见的是 0.25mm 点间距的显示器。

扫描频率指每秒钟完成扫描的次数，扫描频率高，就不会使人感到闪烁。在选择显示器时，主要关注的是场频，也叫刷新频率。一般认为场频达到 85Hz 就已经很满意了。

主机与显示器通过接口——显示适配器相连。显示适配器也称显示控制器、显示适配卡、显示接口卡等，简称显示卡或显卡。实际上，显示器的显示效果在很大程度上取决于显卡。早期的显卡只具有把显示器同主机连接起来的作用，而今天它还能起到处理图形数据、加速图形显示等作用，故有时也称其为图形适配器或图形加速器。微机显卡经历了 CGA、EGA、VGA、XGA 四代的发展，第二代显示标准 EGA 与 CGA 兼容，第三代显示标准 VGA 与 EGA 兼容。VGA 是目前微机使用最广泛的显卡，目前广为流行的显示标准 TVGA、SVGA 支持 VGA 显示模式。

根据微机总线结构的不同，显卡又可分为：ISA 总线的显卡、VESA 总线的显卡、EISA 总线的显卡、PCI 总线的显卡和 AGP 总线的显卡。目前流行的显卡大都配有 64MB～512MB 以上内存并支持真彩显示模式，如 1024×768×16.7M。

2．打印机

打印机也是计算机系统最常用的输出设备。在显示器上输出的内容只能当时查看，便于用户检查与修改，但不能保存。为了将计算机输出的内容留下书面记录以便保存，就需要用打印机打印输出。

按打印机的打印方式来分，目前常用的打印机有点阵打印机、喷墨打印机和激光打印机。3 种打印机的外观如图 2-20 所示。

（1）点阵打印机。

点阵打印机又称针式打印机或击打式打印机。它有 7 针、9 针、18 针、24 针等多种形式，在微机上用得最多的是 9 针打印机和 24 针打印机。

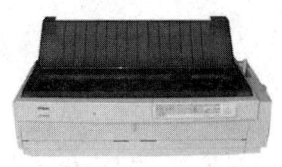  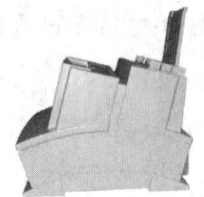

（a）点阵打印机　　　　（b）喷墨打印机　　　　（c）激光打印机

图 2-20　3 种打印机的外观

点阵打印机打印头上的针排成 1～2 列，打印的字符是用点阵组成的。在打印时，随着打印头在纸上的平行移动，由电路控制相应的针动作或不动作，动作的针头接触色带击打纸面而形成墨点，不动作的针在相应位置上留下空白，这样移动若干列后就可打印出需要的字符或汉字。

点阵打印机的优点在于耗材便宜，且可以打印连续纸张；缺点是速度慢、噪音大、打印质量不高，且不适合打印图形。

（2）喷墨打印机。

近年来，喷墨打印机的制造技术有了很大突破，它的打印速度比点阵打印机快，打印质量比点阵打印机好，噪音也远比点阵打印机小，因此在很多场合下用户喜欢使用它。

喷墨打印机是通过喷墨管将墨水喷射到普通打印纸上而实现字符或图形的输出。高分辨率的彩色打印需要高质量的专用打印纸。

但喷墨打印机的价格要比点阵打印机高，而且专用打印纸与专用墨水的消耗使喷墨打印机的日常费用也比较高。

（3）激光打印机。

激光打印机属于非击打式的页式打印机，无噪声、分辨率高，打印速度也远高于点阵打印机。激光打印机的工作原理比点阵打印机要复杂得多，其结构也复杂得多，它集合了光、机、电等技术。高速激光打印机的打印速度可以达到 20000 行/分，低速激光打印机的打印速度为 500～700 行/分。激光打印机的分辨率一般在 4～12 点/毫米。由于激光打印机打印出的字符或图形质量很高，因此对于需要打印正式公文与图表的用户来说是一种最好的选择。

喷墨打印机和激光打印机都适合打印图形，且噪音低，但无法打印连续纸且价格和耗材较贵。

3. 绘图仪

绘图仪是能按照人们的要求自动绘制图形的设备。它可将计算机的输出信息以图形的形式输出，主要可绘制各种管理图表、统计图、大地测量图、建筑设计图、电路布线图、各种机械图、计算机辅助设计图等。最常用的是 X-Y 绘图仪。现代的绘图仪已具有智能化的功能，它自身带有微处理器，可以使用绘图命令，具有直线和字符演算处理以及自检测等功能。绘图仪一般还可选配多种与计算机连接的标准接口。绘图仪外形如图 2-21 所示。

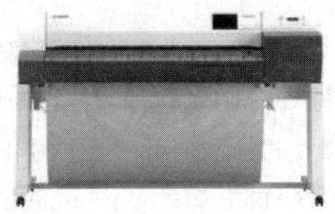

图 2-21　绘图仪外形

4．音箱

音箱是将音频信号还原成声音信号的一种装置，包括箱体、喇叭单元、分频器、吸音材料 4 部分。按照发声原理及内部结构不同，音箱可分为倒相式、密闭式、平板式、号角式、迷宫式等几种类型，其中最主要的形式是密闭式和倒相式。音箱外形如图 2-22 所示。

图 2-22　音箱外形

### 2.3.4　微型计算机的软件配置

微型计算机可配置的软件种类丰富。操作系统是必备的软件，目前最普遍使用的是微软公司推出的 Windows 操作系统。办公自动化是微型计算机的一项最基础的应用，办公自动化软件中使用最普遍的是微软公司的 Microsoft Office 套件。同时，为了针对用户不同的学习、工作、娱乐的需要，微型计算机上还可以安装各类专门性软件。

除此之外，为了更方便、更快捷地操作计算机，充分发挥计算机的功能，往往要用到另外一类软件——工具软件。工具软件种类繁多，很多工具软件的功能和操作都很类似，实现同一种功能的软件可能就有几十种。按照用途一般可分为文本工具类、图形图像工具类、多媒体工具类、压缩工具类、磁盘光盘工具类、网络应用工具类、系统安全工具类、翻译汉化工具类、系统工具类等。这些工具软件一般体积较小，功能相对单一，且多数为共享软件和免费软件，可在一些官方网站或普通网站上下载。

### 2.3.5　微型计算机的主要性能指标

计算机的技术性能指标决定着计算机的性能优劣及应用范围的宽窄。实际上计算机的主要性能指标是由下述几部分组成的。

1. CPU 的主要性能指标

（1）字长。字长是计算机运算部件一次能处理的二进制数据的位数。人们通常所说的 8 位机、16 位机、32 位机、64 位机即是指 CPU 可同时并行处理 8 位、16 位、32 位、64 位的二进制数据。8 位的 CPU 为早期的微型机产品使用，后来的 IBM PC/XT、IBM PC/AT 和 80286 机使用的均是 16 位的 CPU，80386、80486、80586、Pentium II（奔腾 II）、Pentium III（奔腾 III）、Pentium IV（奔腾 IV）属于 32 位的 CPU。而近年出厂的 CPU 都是 64 位的，包括 AMD 速龙、羿龙、闪龙，英特尔的奔腾 D，酷睿构架所有 E 系列/Q 系列，最新 Nehalem 构架的 i7/5/3 等。

（2）速度。不同配置的计算机执行相同任务所需要的时间可能不同，这跟计算机的速度有关。计算机的速度指标可用主频及运算速度加以评价。

运算速度用以衡量计算机运算的快慢程度，通常给出每秒钟所能执行的机器指令数，以 MIPS（million of instructions per second，百万指令数/秒）为单位。主频也被称为时钟频率，是反映 CPU 性能高低的一个很重要的指标。主频以兆赫兹（MHz）为单位，主频越高，计算机的速度越快，目前市场上已有主频超过 4GHz 的 CPU 出售。

2. 内存的主要性能指标

（1）存储容量。计算机的处理能力不仅与字长、速度有关，而且很大程度上还取决于存储容量，存储容量分为主存容量（又称内存容量）和辅存容量（又称外存容量），外存容量通常指硬盘、光盘、U 盘等的容量。存储容量以字节为单位，1 个字节由 8 个二进制位组成。由于存储容量一般很大，因此通常用千字节（KB）、兆字节（MB）和吉字节（GB）表示。目前，内存的标准配置为 4GB 以上。

（2）存取速度。存取速度是指请求写入（或读出）到完成写入（或读出）所需要的时间，单位为纳秒（ns）。

3. 磁盘的主要性能指标

磁盘的性能指标主要有记录密度、存储容量、寻址时间等。

（1）记录密度。记录密度也称存储密度，是指单位盘片面积的磁层表面上存储二进制信息的量。

（2）存储容量。存储容量是指磁盘格式化以后能够存储的信息量，和内存容量单位相同。

（3）寻址时间。寻址时间是指驱动器磁头从起始位置到达所要求的读写位置所经历的时间总和。寻址时间由查找时间和等待时间构成，其中查找时间也叫寻道时间，是指找到磁道的时间；等待时间是指读写扇区旋转至磁头下方所用的时间。

4. 总线的主要性能指标

总线的性能指标主要有总线的带宽、总线的位宽和总线的工作频率。

（1）总线的带宽。总线的带宽是指单位时间内可传送的数据，即每秒钟可传送多少字节。

（2）总线的位宽。总线的位宽是指总线同时传送的数据位数。如工作频率确定，总线的带宽与总线的位宽成正比。

（3）总线的工作频率。总线的工作频率也称总线的时钟频率，是指用于协调总线上的各种操作的时钟信号的频率，以 MHz 为单位。工作频率越高则总线工作速度越快，亦即总线带宽越宽。

5. 常用外部设备的主要性能指标

（1）CD-ROM 驱动器的性能指标主要有容量、数据传输速率、读取时间、误码率等。

（2）打印机的性能指标主要有打印速度、打印质量、打印密度及打印宽度、打印噪声和使用寿命等。

以上只是一些主要的性能指标，各项指标之间也不是彼此孤立的。在实际应用时，应该把它们综合起来考虑，而且还要遵循性价比高的原则。

### 2.3.6 微型计算机的组装

自己动手组装可以得到一台高性价比的微型计算机。组装计算机前需要做好充分的准备工作，下面介绍常用的计算机组装工具和一些组装常识。

组装计算机不能单凭双手，还必须借助一些工具，而且为了计算机和个人的安全还需要了解一些组装计算机的常识。

1. 装机部件和工具的准备

组装一台计算机，首先明确自己的要求，即看你要用计算机干什么；然后根据你的具体需要来选购合适的计算机配件。一般需要主板、CPU、硬盘、内存条、光驱、机箱、电源、显示器、键盘、鼠标等，配置较高的还有独立显卡、独立声卡，根据你的情况而定。再了解相应硬件的市场价位,最好是在装机商给出报价单之后货比三家。组装计算机所需的工具比较简单，一般只需螺丝刀和防静电腕带即可。

2. 装机环境的准备

释放身上的静电，用户可以佩戴防静电腕带，或通过洗手、触摸水管等与地面直接接触的金属器件进行放电。将计算机配件规则地放在计算机组装台或桌子上，并在主板下垫上一块干燥的软海绵，以防止主板底部的焊接点刮坏桌面，同时也起到绝缘的作用。

3. 组装一台微型计算机

在正式组装计算机之前，我们最好使用"最小系统"法验证一下各个配件的品质以及兼容性。所谓"最小系统"就是指用 CPU（包含风扇）、主板、内存、显卡、显示器、电源这 6 项配件构成的系统。先在机箱外面将主板、CPU、内存装好，并用电源先点一下看是否能显

示,如果此时"最小系统"能够顺利点亮,则再按如下步骤组装:

(1) 拆机箱,装主板挡板,拧好螺丝铜柱,装电源和光驱。

(2) 把机箱前面板的跳线先插好,再将主板固定到机箱内。

(3) 装硬盘,接好光驱和硬盘数据线、接好电源线。

(4) 开机后设置 BIOS。

(5) 装系统,装驱动,装软件。

(6) 关机,把机箱内部的线用扎带绑好并盖好机箱面板。

(7) 装个拷机软件进行长时间拷机。

组装计算机的注意事项:

(1) 对配件应轻拿轻放,不要发生碰撞。

(2) 在未组装完毕前不要连接电源。

(3) 插拔各种板卡时要注意方向,不能盲目用力,以免损坏板卡。

(4) 在拧螺丝时不能拧得太紧,在拧紧后应反方向拧半圈。

(5) 在连接机箱内部连线时一定要参照主板说明书进行,以免接错线而造成意外。

# 第 3 章　程序设计基础（以 Python 为例）

**本章导读**

本章主要以 Python 为例来介绍程序设计基础，内容包括 Python 基本语法、结构化程序设计、面向对象程序设计。

**本章要点**

- Python 的基本语法。
- 程序设计的结构。
- 面向对象程序设计的对象和方法。

Python 是一门活跃的语言，于 1990 年由 Guido von Rossum 发明以来，一直在改进。2000 年推出 Python 2.0 版本后，进入一个发展高峰期，越来越多的人开始使用该语言开发软件系统，同时越来越多的人为 Python 的发展贡献力量。

Python 的特点如下：

- 跨平台性：Python 是一门跨平台、开源、免费的解释型高级动态编程语言，支持伪编译将 Python 源程序转换为字节码来优化程序和提高运行速度。
- 不同编程方式的支持性：Python 不仅可以支持命令式编程、函数式编程，也完全支持面向对象程序设计，语法简洁清晰，拥有大量的几乎支持所有领域应用开发的成熟扩展库。
- 多种语言协作：Python 也称胶水语言，可以把多种不同语言编写的程序融合到一起实现无缝拼接，更好地发挥不同语言和工具的优势，满足不同应用领域的需求。
- 易学性：Python 是一款易于学习且功能强大的编程语言。它具有高效率的数据结构，能够简单又有效地实现面向对象编程。Python 简洁的语法与动态输入的特性，加之其解释性语言的本质，使得它成为一种在多种领域与绝大多数平台上都能进行脚本编写与应用等快速开发工作的理想语言。
- 丰富的内置库：Python 提供了非常完善的基础代码库，覆盖了网络、文件、GUI、数据库、文本等大量内容，并且许多功能不必从零编写，直接使用现成的即可。

- 丰富的第三方库：Python 拥有大量的第三方库，供用户直接使用。

许多大型网站就是用 Python 开发的，例如 YouTube、Instagram，还有国内的豆瓣。很多大公司，如 Google，甚至 NASA（美国航空航天局）都大量地使用 Python。

## 3.1 Python 基本语法

### 3.1.1 Python 基础

Python 程序运行有以下两种方式：

（1）命令行方式。

```
>>>print("Hello World!--python")
Hello World!--python
```

（2）程序文件方式。

```
# python test.py
print("Hello world!--python")
```

1. 标识符

Python 程序中的变量名、函数名、类名等都需要使用标识符来定义和使用，Python 对于标识符有以下规定：

（1）标识符必须以字母或下划线开头，但以下划线开头的变量在 Python 中有特殊含义（在后续内容中会提及），使用时需要注意。

（2）标识符中不能有空格和标点符号（括号、引号、逗号、斜线、反斜线、冒号、句号、问号等）。

（3）标识符不能使用关键字，在 Python 中可以导入 keyword 模块后使用 print(keyword.kwlist)查看所有 Python 关键字；Python 保留了一些标识符作为保留关键字，这些关键字具有特定含义，不能被用作变量名，包括 and、as、assert、break、class、continue、def、del、elif、else、except、exec、finally、for、from、global、if、import、in、is、lambda、not、or、pass、print、raise、return、try、with、while、yield 等。

（4）标识符不建议使用系统内置的模块名、类型名、函数名以及已导入的模块名及其成员名作变量名，这将会改变其类型和含义，可以通过 dir(__builtins__)查看所有内置模块、类型和函数。

（5）标识符对英文字母的大小写敏感，例如 student 和 Student 是不同的标识符。

例如 tom、t9、hello_kit 等是正确的标识符，1tom、t?m、x!y、c#t 等是错误的标识符。

2. 数据类型

（1）数值型数据。

Python 中的数值类型可以分为：整数与浮点数。

整数可分为十进制整数、二进制整数、八进制整数、十六进制整数等。

- 十进制整数：如 0、-1、9、123。
- 十六进制整数：需要 16 个数字 0、1、2、3、4、5、6、7、8、9、a、b、c、d、e、f 来表示，必须以 0x 开头，如 0x10、0xfa、0xabcdef。
- 八进制整数：需要 8 个数字 0、1、2、3、4、5、6、7 来表示，必须以 0o 开头，如 0o35、0o11。
- 二进制整数：只需要 2 个数字 0、1 来表示，必须以 0b 开头，如 0b101、0b100。

Python 可以处理任意大小的整数，当然包括负整数，在程序中的表示方法和数学上的写法一模一样，例如 1、100、-8080、0 等。

由于计算机使用二进制，所以有时候用十六进制表示整数比较方便，十六进制用 0x 前缀和 0～9、a～f 表示，例如 0xff00、0xa5b4c3d2 等。

浮点数也就是小数，之所以称为浮点数，是因为按照科学记数法表示时一个浮点数的小数点位置是可变的，比如 $1.23×10^9$ 和 $12.3×10^8$ 是相等的。浮点数可以用数学写法，如 1.23、3.14、-9.01 等。但是对于很大或很小的浮点数，就必须用科学记数法表示，把 10 用 e 替代，$1.23×10^9$ 就是 1.23e9 或者 12.3e8，0.000012 可以写成 1.2e-5 等。

（2）字符串。

字符串是用单引号、双引号或三引号引起来的符号序列，比如'Zhang'、"wang"等。注意，单引号、双引号或三引号本身只是一种表示方式，不是字符串的一部分，因此字符串'abc'只有 a、b、c 这 3 个字符。

单引号、双引号、三单引号、三双引号可以互相嵌套，用来表示复杂字符串。

'''Marry said, "Let's go"'''

空串表示为''或""。

三引号'''或"""表示的字符串可以换行，支持排版较为复杂的字符串；三引号还可以在程序中表示较长的注释。

字符串之间可以使用+运算符把两个字符串合并起来。

```
>>> a = 'abc' + '123'      #生成新字符串'abc123'
```

字符串输出可以使用%格式化输出，命令格式如下：

%[(name)][flags][width][.precision]typecode

其中：

- (name)：可选，用于选择指定的 key。

- flags：可选，可供选择的值有：
  - +：右对齐，正数前加正号，负数前加负号。
  - -：左对齐，正数前无符号，负数前加负号。
  - 空格：右对齐，正数前加空格，负数前加负号。
  - 0：右对齐，正数前无符号，负数前加负号，用 0 填充空白处。
- width：可选，输出宽度。
- .precision：可选，小数点后保留的位数。
- typecode：必选，值有以下几种：
  - s：获取传入对象的 __str__ 方法的返回值，并将其格式化到指定位置。
  - r：获取传入对象的 __repr__ 方法的返回值，并将其格式化到指定位置。
  - c：整数：将数字转换成其 unicode 对应的值。
  - o：将整数转换成八进制表示，并将其格式化到指定位置。
  - x：将整数转换成十六进制表示，并将其格式化到指定位置。
  - d：将整数、浮点数转换成十进制表示，并将其格式化到指定位置。
  - e：将整数、浮点数转换成科学记数法，并将其格式化到指定位置（小写 e）。
  - E：将整数、浮点数转换成科学记数法，并将其格式化到指定位置（大写 E）。
  - f：将整数、浮点数转换成浮点数表示，并将其格式化到指定位置（默认保留小数点后 6 位）。
  - F：同 f。
  - g：自动调整将整数、浮点数转换成浮点数或科学记数法表示（超过 6 位数用科学记数法），并将其格式化到指定位置（如果是科学记数法则是 e）。
  - G：自动调整将整数、浮点数转换成浮点数或科学记数法表示（超过 6 位数用科学记数法），并将其格式化到指定位置。
  - %：当字符串中存在格式化标志时，需要用%%表示一个百分号（注：Python 中百分号格式化是不存在自动将整数转换成二进制表示方式的）。

例如：

```
s1 = "i am %s, i am %d years old" % ('jeck',26)        #按位置顺序依次输出
s2 = "i am %(name)s, i am %(age)d years old" % {'name':'jeck','age':26}    #自定义 key 输出
#定义名字宽度为 10 并右对齐。定义身高为浮点类型，保留小数点后 2 位
s3 = "i am %(name)+10s, i am %(age)d years old, i am %(height).2f" % {'name':'jeck','age':26,'height': 1.7512}
s4 = "原数：%d，八进制：%o，十六进制：%x" % (15,15,15)        #八进制\十六进制转换
#科学记数法表示
s5 = "原数：%d，科学记数法 e：%e，科学记数法 E：%E" %(1000000000,1000000000,1000000000)
s6 = "百分比显示：%.2f%%"   % 0.75        #百分号表示
```

```
print(s1)
print(s2)
print(s3)
print(s4)
print(s5)
print(s6)
```

输出结果：

```
i am jeck, i am 26 years old
i am jeck, i am 26 years old
i am          jeck, i am 26 years old, i am 1.75
原数：15，八进制：17，十六进制：f
原数：1000000000，科学记数法 e：1.000000e+09，科学记数法 E：1.000000E+09
百分比显示：0.75 %
```

如果'本身也是一个字符，那就可以用""引起来，比如"I'm OK"包含的字符是 I、'、m、空格、O、K 这 6 个字符。如果字符串内部既包含'又包含"怎么办？可以用转义字符\来标识。

'I\'m \"OK\"!'

表示的字符串内容是：I'm "OK"!。

转义字符\可以转义很多字符，比如\n 表示换行，\t 表示制表符，字符\本身也要转义，常见转义字符如表 3-1 所示。

表 3-1  常见转义字符

| 转义字符 | 含义 | 转义字符 | 含义 |
| --- | --- | --- | --- |
| \b | 退格，把光标移动到前一列位置 | \\ | 一个斜线\ |
| \f | 换页符 | \' | 单引号' |
| \n | 换行符 | \" | 双引号" |
| \r | 回车 | \ooo | 3 位八进制数对应的字符 |
| \t | 水平制表符 | \xhh | 2 位十六进制数对应的字符 |
| \v | 垂直制表符 | \uhhhh | 4 位十六进制数表示的 Unicode 字符 |

示例：

```
>>> print ('I\'m ok.')
I'm ok.
>>> print ('I\'m learning\nPython.')
I'm learning
Python.
>>> print ('\\\n\\')
\
\
```

如果字符串里面有很多字符都需要转义，就需要加很多\，为了简化，Python 还允许用 r''表示''内部的字符串默认不转义：

```
>>> print('\\\t\\')
```

```
>>> print(r'\\\t\\')
\\\t\\
```

如果字符串内部有很多换行，用\n 写在一行里不好阅读，为了简化，Python 允许用'''...'''的格式表示多行内容：

```
>>> '''hello
... tom
... morning'''
hello
tom
morning
```

上面是在交互式命令行内输入，如果写成程序，就是：

```
print('''line1
line2
line3''')
```

（3）逻辑类型。

逻辑类型（bool 型）用来表示布尔值，即"真"或"假"，在 Python 中分别用常量 True 和 False 表示。

布尔值和布尔代数的表示完全一致，一个布尔值只有 True、False 两种值，要么是 True，要么是 False。在 Python 中，可以直接用 True、False 表示布尔值（请注意大小写），也可以通过布尔运算计算出来。

```
>>> True
True
>>> False
False
>>> 3 > 2
True
>>> 3 > 5
False
```

（4）空值。

空值是 Python 里一个特殊的值，用 None 表示。None 不能理解为 0，因为 0 是有意义的，而 None 是一个特殊的空值。

此外，Python 还提供了列表、字典等多种数据类型，而且允许创建自定义数据类型，后面会继续讲到。

3. 常量

常量就是程序运行过程中其值保持不变的量（值不允许改变），不同的数据类型有不同的常量，如 True、False、1、2、3、"Hello"等。

4. 变量

变量是指在程序运行过程中其值允许改变的量。变量有变量名、数据类型和变量值。变量名必须符合 Python 标识符规定，在 Python 中变量类型无需指定，根据赋值的类型而自动变化，不仅可以是数字，还可以是任意数据类型。Python 中变量无需定义，可以直接使用。比如：

```
a = 1
```

变量 a 是一个整数。

```
t_007 = 'T007'
```

变量 t_007 是一个字符串。

```
Answer = True
```

变量 Answer 是一个布尔类型量，值为 True。

在 Python 中，等号"="是赋值语句，可以把任意数据类型赋值给变量，同一个变量可以反复赋值，而且可以是不同类型的变量，例如：

```
a = 123         # a 是整数
print (a)
a = 'ABC'       # a 变为字符串
print (a)
```

输出结果为：

```
123
ABC
```

由于 Python 具有自动内存管理功能，对于没有任何变量指向的值，Python 自动将其删除。Python 在运行过程中会跟踪所有变量的值，并自动删除不再有变量指向的值。因此，Python 程序员一般情况下不需要太多考虑内存管理的问题。尽管如此，主动使用 del 命令删除不需要的值或显式关闭不再需要访问的资源仍是一个好的习惯。

当我们写：a = 'ABC'时，Python 解释器干了两件事情：

- 在内存中创建了一个'ABC'字符串。
- 在内存中创建了一个名为 a 的变量，并把它指向'ABC'。

也可以把一个变量 a 赋值给另一个变量 b，这个操作实际上是把变量 b 指向变量 a 所指向的数据，例如下面的代码：

```
a = 'ABC'
b = a
a = 'XYZ'
print (b)
```

最后一行打印出变量 b 的内容到底是'ABC'还是'XYZ'呢？如果从数学意义上理解，就会错误地得出 b 和 a 相同，也应该是'XYZ'，但实际上 b 的值是'ABC'，让我们来一行一行地执行代码，就可以看到到底发生了什么事：

（1）执行 a = 'ABC'，解释器创建了字符串'ABC'和变量 a，并把 a 指向'ABC'，如图 3-1 所示。

（2）执行 b = a，解释器创建了变量 b，并把 b 指向 a 指向的字符串'ABC'，如图 3-2 所示。

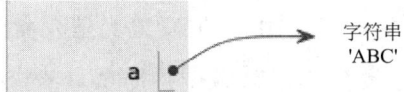

图 3-1　变量 a 在内存中的示意图

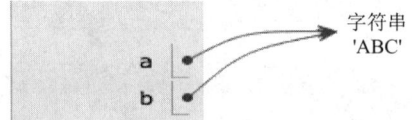

图 3-2　变量 a、b 在内存中的示意图

（3）执行 a = 'XYZ'，解释器创建了字符串'XYZ'，并把 a 的指向改为'XYZ'，但 b 并没有更改，如图 3-3 所示。

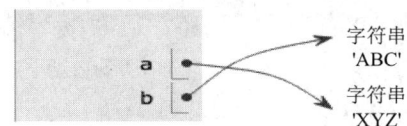

图 3-3　变量 a、b 最终在内存中的示意图

所以，最后打印变量 b 的结果自然是'ABC'。

5. 运算符与表达式

Python 具有丰富的运算符，常用的运算符如表 3-2 所示。

表 3-2　Python 常用的运算符

| 运算符 | 功能说明 |
| --- | --- |
| + | 算术加法，列表、元组、字符串合并与连接，正号 |
| - | 算术减法、集合差集、相反数 |
| * | 算术乘法、序列重复 |
| / | 真除法 |
| // | 求整商，但如果操作数中有实数的话，结果为实数形式的整数 |
| % | 求余数、字符串格式化 |
| ** | 幂运算 |
| <、<=、>、>=、==、!= | （值）大小比较、集合的包含关系比较 |
| or | 逻辑或 |
| and | 逻辑与 |
| not | 逻辑非 |
| in | 成员测试 |
| is | 对象同一性测试，即测试是否为同一个对象或内存地址是否相同 |
| \|、∧、&、<<、>>、~ | 位或、位异或、位与、左移位、右移位、位求反 |
| &、\|、∆ | 集合交集、并集、对称差集 |
| @ | 矩阵相乘 |

（1）算术运算：+、-、*（乘）、/（除），运算过程与数学中的一样。

```
>>>print(1+2)
3
>>>print(3-2)
1
>>>print(1*2)
2
```

（2）关系运算：两个数的比较运算，结果为 True 或 False。注意!=的意思为不等于，== 的意思为等于，==与=不能弄混。

```
>>>print(1>2)
False
>>>print(1<2)
True
>>>print(1<=1)
True
>>>print(1!=2)
True
>>>print(1==2)
False
```

（3）逻辑运算：逻辑值可以用 and、or 和 not 运算。

and 运算是与运算，只有所有都为 True 时，and 运算结果才是 True。

```
>>> True and True
True
>>> True and False
False
>>> False and False
False
```

or 运算是或运算，只要其中有一个为 True，or 运算结果就是 True。

```
>>> True or True
True
>>> True or False
True
>>> False or False
False
```

not 运算是非运算，它是一个单目运算符，把 True 变成 False，False 变成 True。

```
>>> not True
False
>>> not False
True
```

布尔值经常用在条件判断中，比如：

```
if age >= 18:
    print ('adult')
else:
    print ('teenager')
```

（4）表达式：凡是用运算符连接起来且符合 Python 语法的算式称为表达式，有算术表达式（如 1+2*3）、关系表达式（如 x>a）、逻辑表达式（如 True and False）。

### 3.1.2 基本输入输出

用 Python 进行程序设计，输出一般用 print 实现，输入一般通过 input()函数来实现。input()的一般格式为：

```
x = input('提示：')
```

该函数把输入的内容作为一个完整字符串返回。若要获得其他类型，则需转换。

```
>>> x = input("Please input:")
Please input:3
>>> print type(x)            #type 函数用于显示参数的类型
<class 'str'>
>>> x = input("Please input:")
Please input:'3'             #单引号，字符串
>>> print type(x)
<class 'str'>
```

上述代码中，type()函数用来获得变量的类型。

### 3.1.3 集合类型

Python 提供了几个用于组织序列数据的内置集合数据类型：列表（List）、元组（Tuple）和字典（Dict）。

1. 列表

列表（List）是一个有序对象的集合，可以随时添加和删除其中的元素。语法上，列表是用方括号括起来的、由逗号分隔的一组元素，左端是列表的头，右端是列表的尾。下面给出定义和命名列表的示例。

列出班里所有同学的名字，用一个 List 表示：

```
>>> classmates = ['tom', 'bob', 'marry']
>>> classmates
'tom', 'bob', 'marry'
```

变量 classmates 就是一个 List。用 len()函数可以获得 List 的元素个数：

```
>>> len(classmates)
3
```

可以使用索引来访问 List 中的每一个元素，注意索引值从 0 开始：

```
>>> classmates[0]
'tom'
>>> classmates[1]
'bob'
>>> classmates[2]
'marry'
>>> classmates[3]
Traceback (most recent call last):
    File "<stdin>", line 1, in <module>
IndexError: list index out of range
```

当索引超出了范围时，Python 会报错，所以要确保索引不越界。注意，列表最后一个元素的索引值是 len(classmates) - 1。

如果要取最后一个元素，可以用-1 作索引：

```
>>> classmates[-1]
'marry'
```

依此类推，可以获取倒数第 2 个元素、倒数第 3 个元素：

```
>>> classmates[-2]
'bob'
>>> classmates[-3]
'tom'
```

对列表有以下操作：

（1）插入。插入元素到指定的位置，使用 insert()方法，比如索引号为 1 的位置：

```
>>> classmates.insert(1, 'Jack')
>>> classmates
['tom', 'Jack', 'Bob', 'maary']
```

（2）删除。要删除列表元素，用 pop()方法或 remove()方法：

```
>>> classmates.pop()
'marry'
>>> classmates
['tom', 'Jack', 'Bob']
```

要删除指定位置的元素，用 pop(i)方法，其中 i 是索引位置：

```
>>> classmates.pop(1)
'Jack'
>>> classmates
['tom', 'Bob']
```

（3）追加。在列表末尾添加一个元素，例如：

```
>>> classmates.append('tracy')
>>>classmates
['tom', 'Bob', 'tracy']
```

（4）扩展。在列表的末尾添加所给列表的所有元素：

```
>>>classmates.extend(['simmon'])
>>>classmates
['tom', 'Bob', 'tracy', 'simmon']
```

（5）替换。要把某个元素替换成其他元素，可以直接赋值给对应的索引位置：

```
>>> classmates[1] = 'car'
>>> classmates
['tom', 'car','tracy']
```

List 里面各元素的数据类型可以不同，比如：

```
>>> a= ['Apple', 123, false]
```

List 的元素也可以是另一个 List，比如：

```
>>>b = ['python', 'java', ['asp', 'php'], 'scheme']
>>> len(b)
4
```

要注意 b 只有 4 个元素，其中 b[2] 又是一个 List：

```
>>> b[2][1]
php
```

因此 b 可以看成是一个二维数组，类似的还有三维数组、四维数组等，不过很少用到。

2. 元组

元组（Tuple）是另一种有序列表，与 List 非常类似，但是元组一旦初始化就不能修改，如：

```
>>> a = (1,2,3)
```

这里 a 就是一个元组，a 里的内容不允许改变，它也没有 append()、insert()这样的方法。其他处理与 List 是一样的，如正常地使用 a[0]、a[-1]，但不能赋值成另外的元素。

不可变的 Tuple 有什么意义？因为 Tuple 不可变，所以代码更安全。如果可能，能用 Tuple 代替 List 就尽量用 Tuple。

元组、列表和字符串类型都是序列类型的对象，所以有很多共性的属性和操作。

（1）索引。通过元组的索引访问元素。元组的索引也是从 0 开始的，索引的用法与列表、字符串类型的用法相同，如 a[0]。

（2）截取片段。选择元组的一部分，例如 a[0:2]。

（3）成员资格测试。用 in 方法判断某个元素是否在元组中，例如：

```
>>>a=(33,22,55)
>>>55 in a
True
```

（4）级联。用+连接两个或两个以上的元组，例如：

```
>>>a=(1,2,3)
>>>b=(4,5,6)
>>>a+b
(1,2,3,4,5,6)
```

（5）长度、最大元素、最小元素：可分别用 len()、max()、min()方法获得元组的元素个数（长度）、最大元素、最小元素，例如：

```
>>>a=(1,2,3)
>>>len(a)
3
>>>max(a)
3
>>>min(a)
1
```

3. 字典

字典（Dict）是一种特殊的数据类型，字典类型的对象可以存储任意被索引的无序的数据类型。Dict 与列表类似，只是元素的索引不一样，字典中的索引为关键字（key）。Dict 用"{ }"组织一组数据，每个数据的组织格式是 key:value，即键值对。Dict 只能通过关键字访问其对应的元素的值。

```
>>>dict1={'Jan':1, 'Feb':2, 'Mar':3, 'Apr':4, 'May':5}
>>>print(dict1['jan'])
1
```

字典类型对象（设 d 为字典类型对象）上的其他主要操作如下：

（1）len(d)：返回 d 中的元素个数。

（2）d.keys()：返回一个列表，包含了 d 的所有关键字。

（3）d.values()：返回一个列表，包含了 d 的所有值。

（4）k in d：如果关键字 k 在 d 中，返回 True，否则返回 False。

（5）d[k]：返回 d 中与关键字 k 关联的值。

（6）d[k]=v：将 v 赋值给 d 中与关键字 k 关联的值。

（7）del d[k]：删除 k 对应的键值对。

### 3.1.4 缩进与注释

1. 缩进

类定义、函数定义、选择结构、循环结构，行尾的冒号表示缩进的开始，Python 程序是依靠代码块的缩进来体现代码之间的逻辑关系的，缩进结束就表示一个代码块结束了。同一个级别的代码块的缩进量必须相同。一般而言，以 4 个空格为基本缩进单位。

2. 注释

一个好的、可读性强的程序一般包含必要的注释。常用的注释方式有以下两种：

- 以#开始，表示本行#之后的内容为注释。
- 包含在一对三引号'''...'''或"""..."""之间且不属于任何语句的内容将被解释器认为是注释。

### 3.1.5 Python 文件名

Python 文件名有以下几种：

- .py：Python 源文件，由 Python 解释器负责解释执行。
- .pyw：Python 源文件，常用于图形界面程序文件。
- .pyc：Python 字节码文件，无法使用文本编辑器直接查看该类型文件的内容，可用于隐藏 Python 源代码和提高运行速度。对于 Python 模块，第一次被导入时将被编译成字节码的形式，并在以后再次导入时优先使用.pyc 文件，以提高模块的加载和运行速度。对于非模块文件，直接执行时并不生成.pyc 文件，但可以使用 py_compile 模块的 compile()函数进行编译以提高加载和运行速度。另外，Python 还提供了 compileall 模块，其中包含 compile_dir()、compile_file()和 compile_path()等方法，用来支持批量 Python 源程序文件的编译。
- .pyo：优化的 Python 字节码文件，同样无法使用文本编辑器直接查看其内容。可以使用 python -O -m py_compile file.py 或 python -OO -m py_compile file.py 进行优化编译。Python 3.5 不再支持.pyo 文件。
- .pyd：一般是由其他语言编写并编译的二进制文件，常用于实现某些软件工具的 Python 编程接口插件或 Python 动态链接库。

### 3.1.6 模块导入与使用

Python 默认安装仅包含部分基本或核心模块，但用户可以安装大量的扩展模块。在 Python 启动时，仅加载了很少的一部分模块，在需要时由程序员显式地加载（可能需要先安装）其他模块。

语法：import 模块名

```
>>>import math
>>>math.sin(0.5)              #求 0.5 的正弦
>>>import random
>>>x=random.random()          #获得[0,1) 内的随机小数
>>>y=random.random()
>>>n=random.randint(1,100)    #获得[1,100]上的随机整数
```

语法：from 模块名 import 对象名[ as 别名]

```
>>> from math import sin
>>> sin(3)
0.1411200080598672
>>> from math import sin as f    #别名
>>> f(3)
```

```
0.141120008059867
```

如果需要导入多个模块,一般建议按如下顺序进行导入:

(1)标准库。

(2)成熟的第三方扩展库。

(3)自己开发的库。

**例 3-1** 用户输入一个三位自然数,计算并输出其百位、十位和个位上的数字。

```
x = input('请输入一个三位数：')
x = int(x)
a = x // 100
b = x // 10 % 10
c = x % 10
print(a, b, c)
```

## 3.2 结构化程序设计

结构化程序设计有 3 种形式:顺序结构、分支结构、循环结构,例 3-1 就是一个典型的顺序结构程序。

分支结构程序需要用到判定,在 Python 中,只要表达式的值不是 False、0(或 0.0、0j 等)、空值 None、空列表、空元组、空集合、空字典、空字符串、空 range 对象或其他空迭代对象,Python 解释器均认为与 True 等价。因此,在 Python 中几乎所有的合法表达式都可以作为条件表达式,甚至包括含有函数调用的表达式。

```
>>>age=20;
>>>age>18
True
```

在 Python 中实现条件选择使用 if 语句,有 3 种形式,分别是单分支结构、双分支结构和多分支结构。

### 3.2.1 单分支结构

单分支结构采用如下形式的语句实现:

```
if 表达式:
    语句块
```

其执行过程为:当表达式的结果为真时执行语句块,否则执行 if 语句后的语句,如图 3-4 所示。

**注意**:语句块可以包含若干条语句,以缩进的形式书写。还有,表达式后的冒号不能少。

```
age=18
if age>=18:
```

```
        print('adult' end=' ')
print('finish')
```

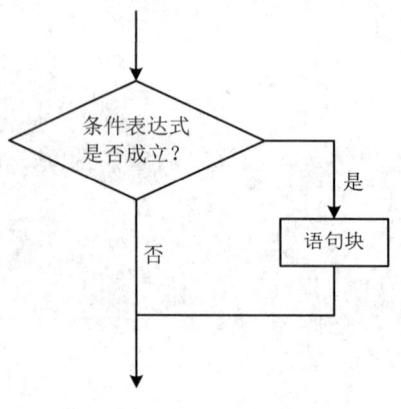

图 3-4　单分支流程图

上述代码中，根据 Python 的缩进规则，第 2、3 行代码是一个逻辑整体，也就是一个单分支的 if 语句。其执行结果为：

```
Adult   finish
```

### 3.2.2　双分支结构

双分支结构的语法形式如下：

```
if 表达式:
    语句块 1
else:
    语句块 2
```

其执行过程为：如果表达式的值为真，执行语句块 1；表达式的值为假，执行语句块 2，如图 3-5 所示。

```
>>>score=60
>>> if score>=60:
        print('pass')
    else:
        print('failur')
    pass
```

**例 3-2**　编写程序，判断某年是否是闰年。

```
year=int(input('请输入年份'))
if year%400==0 or (year%4==0 and year%100!=0):    #判断是否为闰年
    print("yes")
else:
    print("no")
```

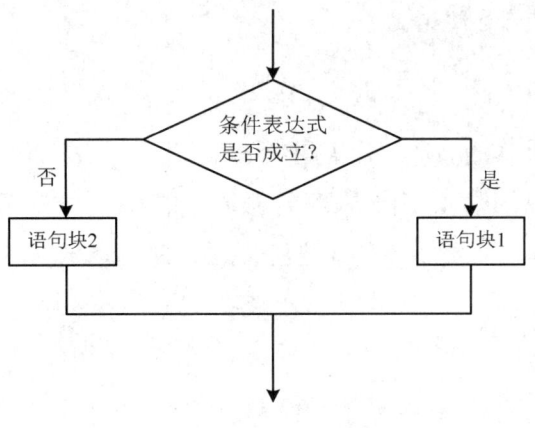

图 3-5 双分支流程图

### 3.2.3 多分支结构

多分支结构的语法形式如下：

```
if 表达式 1:
    语句块 1
elif 表达式 2:
    语句块 2
elif 表达式 3:
    语句块 3
    …
else:
    语句块 n
```

其中，关键字 elif 是 else if 的缩写。其执行过程为：从上往下判断，如果在某个判断上是 True，把该判断对应的语句执行后就忽略掉剩下的 elif 和 else。

**例 3-3** 成绩等级的判别。

```
score=input('请输入成绩');
if score > 100:
    print ('wrong score.must <= 100.')
elif score >= 90:
    print ('A')
elif score >= 80:
    print ( 'B')
elif score >= 70:
    print ( 'C')
elif score >= 60:
    print ( 'D')
elif score >= 0:
    print ( 'E')
else:
```

```
    print ( 'wrong score.must >0')
```

### 3.2.4 循环结构

Python 提供了两种基本的循环结构语句：while 语句、for 语句。while 循环一般用于循环次数难以提前确定的情况，也可以用于循环次数确定的情况。for 循环一般用于循环次数可以提前确定的情况，尤其是用于枚举序列或迭代对象中的元素。

while 循环的一般语法格式，其中[]里的内容为可选的：

```
while  条件表达式:
    循环体
[else:
    else 子句代码块]
```

其执行过程为：当条件表达式为真时执行循环体语句，为假时退出循环执行；如果存在 else 语句，则在执行到循环条件为假时执行 else 子句代码块。

for 循环的一般语法格式：

```
for  循环变量 in 序列或迭代对象:
    循环体
[else:
    else 子句代码块]
```

其执行过程为：从集合中取一个元素赋给循环变量，执行循环体语句，直到集合中所有的元素都取完为止；若存在 else 语句，则在把所有元素取完后执行 else 子句代码块。

**例 3-4** 求 1+2+3+…+100 的和。

```
i, sum=1, 0          #i=1，sum=0
while i<=100:
    sum, i=sum+i, i+1
print(sum)
```

**例 3-5** 求 n!。

```
n=int(input("请输入整数："))
s=1
for i in range(1,n+1):
    s=s*i
print(s)
```

### 3.2.5 break 语句和 continue 语句

break 语句在 while 循环和 for 循环中都可以使用，一般放在 if 选择结构中，一旦 break 语句被执行，将使整个循环提前结束。

continue 语句的作用是终止当前循环并忽略 continue 之后的语句，然后回到循环的顶端，提前进入下一次循环。

**例 3-6** 判断一个数是否是素数。

```
x=int(input("请输入一个整数："))
for i in range(2, x):
    if x%i == 0:
        break
if i>=x-1:
    print('素数')
else:
    print('合数')
```

使用 continue 要小心，因为可能会引发死循环问题。

```
>>> i=1
>>> while i<10:
        if i%2==0:
            continue
    print(i)
    i+=1
```

上述代码中，i 的值到 2 以后不再发生变化，形成了死循环，可以用 Ctrl+C 强行终止。

### 3.2.6 综合应用

**例 3-7** 计算 1+2+3+…+100 的值。

```
s=0
for i in range(1,101):
    s = s + i
print('1+2+3+…+100 = ', s)
```

**例 3-8** 求 1~100 之间能被 7 整除，但不能同时被 11 整除的所有整数。

```
i=1
while i<=100:
    if i % 7 == 0 and i %11 != 0:
        print(i)
    i=i+1
```

**例 3-9** 输出水仙花数。所谓水仙花数是指一个 3 位的十进制数，其各位数字的立方和等于该数本身。例如 153 是水仙花数，因为 $153 = 1^3 + 5^3 + 3^3$。

```
for i in range(100, 1000):
    bai=i//100
    shi=i%100//10
    ge =i%10
    if ge**3 + shi**3 + bai**3 == i:
        print(i)
```

**例 3-10** 求平均数。

```
a = [70, 90, 78, 85, 97, 94, 65, 80]
s = 0
for i in a:
```

```
        s += i
    print(s/len(a))
```

**例 3-11**  编写代码实现冒泡法排序。

```
lst=[7,6,18,15,17]
print('before sort:',lst)
length = len(lst)
for i in range(0, length):
    for j in range(0, length-i-1):
        #比较相邻两个元素的大小并根据需要进行交换
        if lst[j] > lst[j+1]:
            lst[j], lst[j+1] = lst[j+1], lst[j]
print('After sort:\n', lst)
```

**例 3-12**  编写程序，计算百钱买百鸡问题。假设公鸡 5 元一只，母鸡 3 元一只，小鸡 1 元三只，现在有 100 元钱，想买 100 只鸡，问有多少种买法？

```
#假设能买 x 只公鸡，x 最大为 20
for x in range(21):
    #假设能买 y 只母鸡，y 最大为 33
    for y in range(34):
        #假设能买 z 只小鸡
        z = 100-x-y
        if (z%3==0 and 5*x + 3*y + z//3 == 100):
            print(x,y,z)
```

### 3.2.7 函数

圆的面积计算公式为：$S = \pi r^2$。

当知道半径 r 的值时，就可以根据公式计算出面积。假设需要计算 3 个不同大小的圆的面积：

r1 = 12.34
r2 = 9.08
r3 = 73.1
s1 = 3.14 * r1 * r1
s2 = 3.14 * r2 * r2
s3 = 3.14 * r3 * r3

上述代码显然出现了问题，重复出现的代码多了，而且如果要把 3.14 改成 3.14159265359 的时候得全部替换。如何解决？函数是一种可选方案。

函数是将可能需要反复执行的代码封装在一起，并在需要该功能的地方进行调用，不仅可以实现代码复用，更重要的是可以保证代码的一致性，只需要修改该函数代码则所有调用均受到影响。

Python 函数可分为内置函数和自定义函数。

1. 内置函数

内置函数是在 Python 运行时自动加载的函数，不需要导入任何额外的模块即可使用，执行下面的命令可以列出所有的内置函数。

```
>>> dir(__builtins__)
```

Python 中经常使用的内置函数如表 3-3 所示。

表 3-3 常用内置函数

| 函数 | 功能简要说明 |
| --- | --- |
| abs(x) | 返回数字 x 的绝对值或复数 x 的模 |
| ascii(obj) | 把对象转换为 ASCII 码表示形式，必要的时候使用转义字符来表示特定的字符 |
| bin(x) | 把整数 x 转换为二进制串表示形式 |
| bool(x) | 返回与 x 等价的布尔值 True 或 False |
| bytes(x) | 生成字节串或把指定对象 x 转换为字节串表示形式 |
| compile() | 用于把 Python 代码编译成可被 exec()或 eval()函数执行的代码对象 |
| complex(real[,imag]) | 返回复数 |
| chr(x) | 返回 Unicode 编码为 x 的字符 |
| delattr(obj, name) | 删除属性，等价于 del obj.name |
| dir(obj) | 返回指定对象或模块 obj 的成员列表，如果不带参数则返回当前作用域内的所有标识符 |
| divmod(x, y) | 返回包含整商和余数的元组((x-x%y)/y, x%y) |
| eval(s[, globals[, locals]]) | 计算并返回字符串 s 中表达式的值 |
| exec(x) | 执行代码或代码对象 x |
| exit() | 退出当前解释器环境 |
| float(x) | 把整数或字符串 x 转换为浮点数并返回 |
| frozenset([x]) | 创建不可变的字典对象 |
| globals() | 返回包含当前作用域内全局变量及其值的字典 |
| hash(x) | 返回对象 x 的哈希值，如果 x 不可哈希则抛出异常 |
| help(obj) | 返回对象 obj 的帮助信息 |
| hex(x) | 把整数 x 转换为十六进制串 |
| id(obj) | 返回对象 obj 的标识（内存地址） |
| input([提示]) | 显示提示，接收键盘输入的内容，返回字符串 |
| int(x[, d]) | 返回实数（float）、分数（fraction）或高精度实数（decimal）x 的整数部分，或把 d 进制的字符串 x 转换为十进制并返回，d 默认为十进制 |
| isinstance(obj, class-or-type-or-tuple) | 测试对象 obj 是否属于指定类型（如果有多个类型的话需要放到元组中）的实例 |

续表

| 函数 | 功能简要说明 |
| --- | --- |
| iter(...) | 返回指定对象的可迭代对象 |
| len(obj) | 返回对象 obj 包含的元素个数，适用于列表、元组、集合、字典、字符串以及 range 对象和其他可迭代对象 |
| list([x])、set([x])、tuple([x])、dict([x]) | 把对象 x 转换为列表、集合、元组、字典并返回，或生成空列表、空集合、空元组、空字典 |
| locals() | 返回包含当前作用域内局部变量及其值的字典 |
| map(func, *iterables) | 返回包含若干函数值的 map 对象，函数 func 的参数分别来自于 iterables 指定的每个迭代对象 |
| max(x)、min(x) | 返回可迭代对象 x 中的最大值、最小值，要求 x 中的所有元素之间可比较大小，允许指定排序规则和 x 为空时返回的默认值 |
| next(iterator[, default]) | 返回可迭代对象 x 中的下一个元素，允许指定迭代结束之后继续迭代时返回的默认值 |
| oct(x) | 把整数 x 转换为八进制串 |
| open(name[, mode]) | 以指定模式 mode 打开文件 name 并返回文件对象 |
| ord(x) | 返回一个字符 x 的 Unicode 编码 |
| pow(x, y, z=None) | 返回 x 的 y 次方，等价于 x ** y 或(x ** y) % z |
| print(value, ..., sep=' ', end='\n', file = sys. stdout, flush=False) | 基本输出函数 |
| quit() | 退出当前解释器环境 |
| range([start,] end [, step] ) | 返回 range 对象，其中包含左闭右开区间[start,end)内以 step 为步长的整数 |
| reversed(seq) | 返回 seq（可以是列表、元组、字符串、range 以及其他可迭代对象）中所有元素逆序后的迭代器对象 |
| round(x [, 小数位数]) | 对 x 进行四舍五入，若不指定小数位数，则返回整数 |
| sorted(iterable, key=None, reverse=False) | 返回排序后的列表，其中 iterable 表示要排序的序列或迭代对象，key 用来指定排序规则或依据，reverse 用来指定升序或降序。该函数不改变 iterable 内任何元素的顺序 |
| str(obj) | 把对象 obj 直接转换为字符串 |
| sum(x, start=0) | 返回序列 x 中所有元素之和，要求序列 x 中所有元素必须为数字，允许指定起始值 start，返回 start+sum(x) |
| type(obj) | 返回对象 obj 的类型 |

下面对一些常用函数进行简单介绍。

dir()函数可以查看指定模块中包含的所有成员或者指定对象类型所支持的操作。help()函数则返回指定模块或函数的说明文档。

ord()和 chr()是一对功能相反的函数，ord()用来返回单个字符的序数或 Unicode 码，chr()用来返回某序数对应的字符，str()直接将其任意类型的参数转换为字符串。

>>> ord('a')

```
97
>>> chr(65)
'A'
>>> chr(ord('A')+1)
'B'
>>> str(1)
'1'
>>> str(1234)
'1234'
>>> str([1,2,3])
'[1, 2, 3]'
>>> str((1,2,3))
'(1, 2, 3)'
```

max()、min()、sum()这 3 个内置函数分别用于计算列表、元组或其他可迭代对象中所有元素的最大值、最小值、所有元素之和，sum()要求元素支持加法运算，max()和 min()要求序列或可迭代对象中的元素之间可比较大小。

```
>>> a=[72, 26, 80, 65, 34, 86, 19, 74, 52, 40]
>>> print(max(a), min(a), sum(a))
86 19 548
```

内置函数 type()可以判断数据类型。

```
>>> type([1,2])            #查看[1,2]的类型
<class 'list'>
```

sorted()对列表、元组、字典、集合或其他可迭代对象进行排序并返回新列表，reversed()对可迭代集合对象进行逆转（首尾互换）并返回可迭代的 reversed 对象。

```
>>> x = ['x', 'bc', 'diy', 'abc', 'stu']
>>> sorted(x)
['abc', 'bc', 'diy', 'stu', 'x']
```

内置函数 map()把一个函数 func 依次映射到序列或迭代器对象的每个元素上，并返回一个可迭代的 map 对象作为结果，map 对象中每个元素是原序列中的元素经过函数 func 处理后的结果。

```
>>> list(map(str, range(5)))      #把列表中的元素转换为字符串
['0', '1', '2', '3', '4']
>>> def add5(v):                  #单参数函数
        return v+5
>>> list(map(add5, range(10)))    #把单参数函数映射到一个序列的所有元素
[5, 6, 7, 8, 9, 10, 11, 12, 13, 14]
```

range()是 Python 开发中非常常用的一个内置函数，语法格式为 range([start,] end [, step] )。该函数返回具有惰性求值特点的 range 对象，其中包含左闭右开区间[start,end)内以 step 为步长的整数。参数 start 默认为 0，step 默认为 1。

```
>>> range(5)                      #start 默认为 0，step 默认为 1
range(0, 5)
```

```
>>> list(_)
[0, 1, 2, 3, 4]
>>> list(range(1, 10, 2))          #指定起始值和步长
[1, 3, 5, 7, 9]
>>> list(range(9, 0, -2))          #步长为负数时,start 应比 end 大
[9, 7, 5, 3, 1]
```

2. 自定义函数

(1) 函数定义。

函数定义的语法格式如下:

```
def 函数名([参数列表]):
    '''注释'''
    函数体
```

定义函数需要注意以下事项:

- 函数形参不需要声明其类型,也不需要指定函数返回值的类型。
- 即使该函数不需要接收任何参数,也必须保留一对空的圆括号。
- 括号后面的冒号必不可少。
- "函数体"相对于 def 关键字必须保持一定的空格缩进。
- Python 允许嵌套定义函数。

在定义函数时,开头部分的注释并不是必需的,但如果为函数的定义加上这段注释,则可以为用户提供友好的提示和使用帮助。

**例 3-13** 生成斐波那契数列的函数的定义和调用。

```
def fib(n):
    a, b = 0, 1
    while a < n:
        print(a, end=' ')
        a, b = b, a+b
    print()
fib(1000)
```

有了 fib 函数,以后要使用斐波那契数列就只要调用 fib 函数即可,而函数 fib 本身只需要写一次即可多次调用。

(2) 形参与实参。

函数定义时括号内为形参,一个函数可以没有形参,但是括号必须要有,表示该函数不接收参数。函数调用时向其传递实参,将实参的值或引用传递给形参。在定义函数时,对参数个数并没有限制,如果有多个形参,参数之间用逗号进行分隔。

**例 3-14** 编写函数,接收两个整数并输出其中的最大数。

```
def printMax(a, b):
    if a>b:
        print(a, 'is the max')
```

```
        else:
                print(b, 'is the max')
    x, y=10, 20          #x=10，y=20
    printMax(x,y)
```

上述程序中，x、y 是实参，a、b 是形参。

实参与形参之间是值传递，因此，在绝大多数情况下，在函数内部直接修改形参的值不会影响实参。例如：

```
>>> def addOne(a):
        print(a)
        a +=2
        print(a)
>>> a = 3
>>> addOne(a)
3
5
>>> a
3
```

但在有些情况下，可在函数内部修改实参的值，例如以下代码：

```
>>> def modify(v):          #修改列表元素值
        v[0] = v[0]+1
>>> a = [2]
>>> modify(a)
>>> a
[3]
>>> def modify(v, item):    #为列表增加元素
        v.append(item)
>>> a = [2]
>>> modify(a,3)
>>> a
[2, 3]
```

如果传递给函数的是可变序列，并且在函数内部使用下标或可变序列自身的方法增加、删除元素或修改元素时，修改后的结果是可以反映到函数之外的，实参也得到相应的修改。

（3）参数类型。

Python 的参数有多种类型，主要有普通参数、默认值参数、关键参数、可变长度参数等。

1）普通参数：是 Python 比较常用的形式，调用函数时实参和形参的顺序必须严格一致，并且实参和形参的数量必须相同。

```
>>> def f(a, b, c):
    print(a, b, c)
>>> f(3, 4, 5)       #按位置传递参数
3 4 5
```

2）默认值参数：在函数定义时设置了默认值的参数，其位置必须出现在函数参数列表的

最右端，且任何一个默认值参数右边不能有非默认值参数。调用带有默认值参数的函数时，可以不对默认值参数进行赋值，也可以赋值，具有较大的灵活性。

```
>>> def speakHello( message, times =1 ):
    print(message * times)
>>> speakHello('hello')
hello
>>> speakHello('hello',3)
hello hello hello
```

注意，默认值参数如果使用不当，会导致很难发现的逻辑错误，例如：

```
def demo(newitem,old_list=[]):
    old_list.append(newitem)
    return old_list
print(demo('5',[1,2,3,4]))      #right
print(demo('aaa',['a','b']))    #right
print(demo('a'))                #right
print(demo('b'))                #wrong
```

试着想一想，这段代码会输出什么呢？

上述代码的输出结果如下，最后一个结果是错的。

```
[1, 2, 3, 4, '5']
['a', 'b', 'aaa']
['a']
['a', 'b']
```

原因在于默认值参数的赋值只会在函数定义时被解释一次。当使用可变序列作为参数默认值时，一定要谨慎操作。

3）关键参数：主要是指实参，即调用函数时的参数传递方式，与函数定义无关。通过关键参数，实参顺序可以和形参顺序不一致，但不影响传递结果，避免了用户需要牢记位置参数顺序的麻烦。

```
>>> def demo(a,b,c=5):
    print(a,b,c)
>>> demo(3,7)
3 7 5
>>> demo(a=7,b=3,c=6)
7 3 6
>>> demo(c=8,a=9,b=0)
9 0 8
```

4）可变长度参数：主要有*parameter 和**parameter 两种形式，*parameter 用来接收多个实参并将其放在一个元组中，**parameter 用来接收关键参数并存放到字典中。

```
>>> def test(*p):
    print(p)
>>> test(1,2,3)
(1, 2, 3)
```

```
>>> def f(**p):
        for item in p.items():
            print(item)
>>> f(x=1,y=2,z=3)
('y', 2)
('x', 1)
('z', 3)
```

（4）return 语句。

return 语句用来从一个函数中返回一个值，同时结束函数。如果函数没有 return 语句，或者有 return 语句但是没有执行到，或者只有 return 而没有返回值，Python 将认为该函数以 return None 结束。

```
def maximum( x, y ):
    if x>y:
        return x
    else:
        return y
```

在调用函数或对象方法时一定要注意有没有返回值，这决定了该函数或方法的用法。

3．递归函数

在一个函数内部，可以调用其他函数。如果一个函数在内部调用其自身，那么这个函数就是递归函数。

函数的递归调用是函数调用的一种特殊情况，函数调用自己，自己再调用自己，自己再调用自己，……，当某个条件得到满足的时候就不再调用了，然后再一层一层地返回直到该函数的第一次调用，如图 3-6 所示。

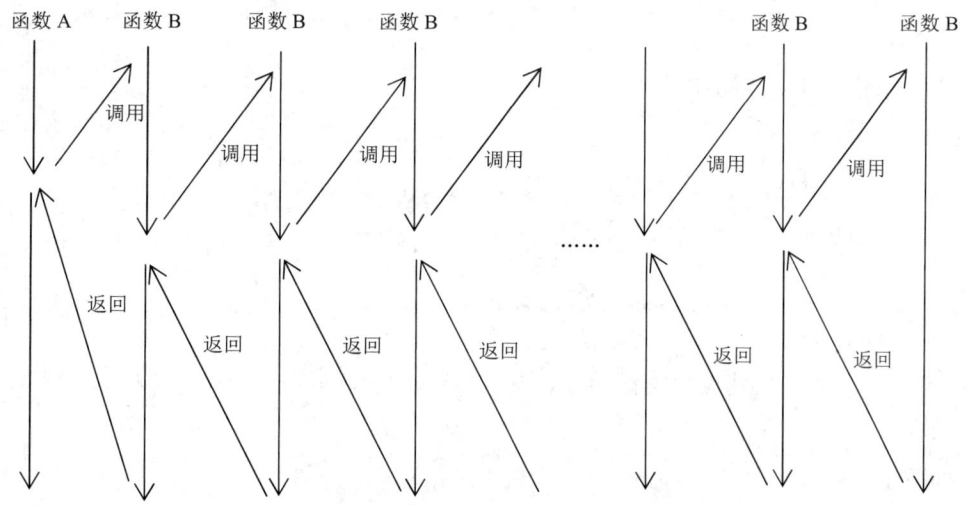

图 3-6　递归调用过程示意图

如计算阶乘 n! = 1×2×3× ... ×n，用函数 fac(n)表示，可以看出：

fac(n) = n! = 1×2×3 × ... × (n-1) × n = (n-1)! × n = fac(n-1) × n

所以，fac(n)可以表示为 n×fac(n-1)，只有 n=1 时需要特殊处理。于是，fac(n)用递归的方式写出来就是：

```
def fac(n):
    if n==1:
        return 1
    return n * fac(n-1)
```

函数 fac 就是一个递归函数。

```
>>> fac(1)
1
>>> fac(5)
120
```

如果我们计算 fac(5)，可以根据函数定义看到计算过程如下：

```
===> fac(5)
===> 5 * fac(4)
===> 5 * (4 * fac(3))
===> 5 * (4 * (3 * fac(2)))
===> 5 * (4 * (3 * (2 * fac(1))))
===> 5 * (4 * (3 * (2 * 1)))
===> 5 * (4 * (3 * 2))
===> 5 * (4 * 6)
===> 5 * 24
===> 120
```

递归函数的优点是定义简单，逻辑清晰。理论上，所有的递归函数都可以写成循环的方式，但循环的逻辑不如递归清晰。

4. 综合应用

**例 3-15** 编写函数计算圆的面积。

```
from math import pi as PI
def CircleArea(r):
    if isinstance(r, (int,float)):      #确保接收的参数为数值
        return PI*r*r
    else:
        print('You must give me an integer or float as radius.')
print(CircleArea(3))
```

**例 3-16** 编写函数，接收任意多个实数，返回一个元组，其中第一个元素为所有参数的平均值，其他元素为所有参数中大于平均值的实数。

```
def demo(*para):
    avg = sum(para)/len(para)
    g = [i for i in para if i>avg]
    return (avg,)+tuple(g)
```

```python
print(demo(1,2,3,4))
```

**例 3-17** 编写函数，打印杨辉三角的前 n 行。

```python
def demo(n):
    print([1])
    print([1,1])
    line = [1,1]
    for i in range(2,n):
        r = []
        for j in range(0,len(line)-1):
            r.append(line[j]+line[j+1])
        line = [1]+r+[1]
        print(line)
demo(10)
```

**例 3-18** 编写函数，计算两整数的最大公约数和最小公倍数。

```python
def gcd(m,n):
    if m>n:
        m, n = n, m
    p = m*n
    while m!=0:
        r = n%m
        n = m
        m = r
    return (n, p//n)
print(gcd(20,30))
```

## 3.3 面向对象的程序设计

面向对象编程（Object Oriented Programming，OOP）是一种程序设计思想。OOP 把对象作为程序的基本单元，一个对象包含了数据和操作数据的函数。

面向过程的程序设计的主要思路是把计算机程序视为一系列命令的集合，即一组函数的顺序执行，因此其主要考虑的是如何按照某种步骤执行来解决问题。为了便于程序设计，面向过程的程序设计把程序划分为函数来降低系统的复杂度和提高程序的可重用性。

面向对象的程序设计的主要思路是把任务交给不同的"人"（对象）来完成，因此计算机程序被视为一组对象的集合，而每个对象完成不同的工作，彼此协作，共同把问题解决。对象之间通过消息进行协作，彼此之间可以接收消息并处理这些消息，所以面向对象的程序执行就是一系列消息在各个对象之间传递。

Python 完全采用了面向对象程序设计的思想，是真正面向对象的高级动态编程语言，完全支持面向对象的基本功能，如封装、继承、多态以及对基类方法的覆盖或重写。

Python 中对象的概念很广泛，Python 中的一切内容都可以称为对象，除了数字、字符串、列表、元组、字典、集合、range 对象、zip 对象等，函数也是对象，类也是对象。

### 3.3.1 类定义

Python 使用 class 关键字来定义类，class 关键字之后是一个空格，然后是类的名字，接着是一个冒号，最后换行并定义类的内部实现。

类名要符合 Python 标识符的定义，一般首字母大写，当然也可以按照自己的习惯定义类名，类的属性名或方法名一般首字母小写。

```
class Student:
    def show(self):
        print(" This is aStudent ")
```

上述代码定义了一个 Student 类，类定义完成后即可用来创建对象（类的实例），并通过"对象名.成员"的方式来访问其中的数据成员或成员方法。

```
>>> stu = Student()
>>> stu.show()
    This is a Student
```

上述代码声明并创建了一个 Student 对象，对象名为 stu。因此，可以把类看成是一个自定义的数据类型，是创建对象的模板，把数据与操作数据的函数封装在一起，这就是所谓对象的封装性。

Python 提供了一个关键字 pass，类似于空语句，可以用在类和函数的定义中或者选择结构中。当暂时没有确定如何实现功能，或者为以后的软件升级预留空间，或者其他类型的功能时，可以使用该关键字来"占位"。

```
>>> class A:
        pass
>>> if x>y:
        pass
```

### 3.3.2 类成员与实例成员

类的构造函数为__init__()，是创建对象时执行的方法，其第一个参数必须是 self（代表当前对象）。属于对象的数据成员一般是在构造函数__init__()中定义的，定义和使用时必须以 self 作为前缀；属于类的数据成员是在类中所有方法之外定义的。

```
class Car:
    price = 100000                  #定义类属性
    def __init__(self, c):
        self.color = c              #定义实例属性
car1 = Car("Red")
car2 = Car("Blue")
print(car1.color, Car.price)        #查看实例属性和类属性的值
```

在类的外部，实例属性属于实例（对象），只能通过对象名访问；而类属性属于类，可以通过类名或对象名访问。在类的方法中可以调用类本身的其他方法，也可以访问类属性和对象属性。

```
Car.price = 110000                    #修改类属性
```

在 Python 中比较特殊的是，可以动态地为类和对象增加成员，这一点是和很多面向对象程序设计语言不同的，也是 Python 动态类型特点的一种重要体现。

```
Car.name = 'TT'                       #动态增加类属性
car1.color = "Yellow"                 #修改实例属性
print(car2.color, Car.price, Car.name)
print(car1.color, Car.price, Car.name)
import types
def setSpeed(self, s):
    self.speed = s
car1.setSpeed = types.MethodType(setSpeed, car1)   #动态增加成员方法
car1.setSpeed(50)                     #调用成员方法
print(car1.speed)
```

### 3.3.3 私有成员与公有成员

Python 并没有对私有成员提供严格的访问保护机制。在定义类的成员时，如果成员名以两个下划线"__"开头则表示是私有成员。私有成员在类的外部不能直接访问，需要通过调用对象的公有成员方法来访问，也可以通过 Python 支持的特殊方式来访问。

公有成员既可以在类的内部进行访问，也可以在外部程序中使用。

```
>>> class A:
    def __init__(self, value1 = 0, value2 = 0):
        self.__value1 = value1
        self.__value2 = value2
    def setValue(self, value1, value2):
        self.__value1 = value1
        self.__value2 = value2
    def show(self):
        print(self.__value1)
        print(self.__value2)
>>> a = A()
>>> a._value1
0
>>> a._A__value2          #在外部访问对象的私有数据成员
0
```

在 IDLE 环境中，在对象或类名后面加上一个圆点"."，稍等一秒钟则会自动列出其所有的公有成员，模块也具有同样的用法。如果在圆点"."后面再加一个下划线，则会列出该对象、类或模块的所有成员，包括私有成员。

在 Python 中，以下划线开头的变量名和方法名有特殊的含义，尤其是在类的定义中。用下划线作为变量名和方法名的前缀和后缀来表示类的特殊成员：

- _xxx：受保护成员，不能用'from module import *'导入。
- __xxx__：系统定义的特殊成员。
- __xxx：私有成员，只有类对象自己能访问，子类对象不能直接访问到这个成员，但在对象外部可以通过"对象名._类名__xxx"这样的特殊方式来访问。

**注意**：Python 中不存在严格意义上的私有成员。在 IDLE 交互模式下，一个下划线 "_" 表示解释器中最后一次显示的内容或最后一次语句正确执行的输出结果。

```
>>> 3 + 5
8
>>> 8 + 2
10
>>> _ * 3
30
```

在程序中，也可以使用一个下划线来表示不关心该变量的值。

```
>>> for _ in range(5):
        print(3, end=' ')
```

下面的代码演示了特殊成员定义和访问的方法。

```
>>> class Food:
        def __init__(self):
            self.__color = 'Red'
            self.price = 1
>>> apple = Food()
>>> apple.price                        #显示对象公有数据成员的值
1
>>> apple.price = 2                    #修改对象公有数据成员的值
>>> apple.price
2
>>> print(apple.price, apple._Fruit__color)   #显示对象私有数据成员的值
2 Red
>>> apple._Fruit__color = "Blue"       #修改对象私有数据成员的值
>>> print(apple.price, apple._Fruit__color)
2 Blue
```

### 3.3.4 方法

在类中定义的方法可以粗略分为四大类：公有方法、私有方法、静态方法和类方法。

公有方法和私有方法都属于对象，私有方法的名字以两个下划线"__"开始，每个对象都有自己的公有方法和私有方法，在这两类方法中可以访问属于类和对象的成员。公有方法通过对象名直接调用，私有方法不能通过对象名直接调用，只能在属于对象的方法中通过 self

调用或在外部通过 Python 支持的特殊方式来调用。如果通过类名来调用属于对象的公有方法，需要显式为该方法的 self 参数传递一个对象名，用来明确指定访问哪个对象的数据成员。

静态方法和类方法都可以通过类名和对象名调用，但不能直接访问属于对象的成员，只能访问属于类的成员。静态方法可以没有参数。一般将 cls 作为类方法的第一个参数名称，但也可以使用其他的名字作为参数，并且在调用类方法时不需要为该参数传递值。

```
>>> class Test:
        __total = 0
        def __init__(self, v):                #构造方法
            self.__value = v
            Root.__total += 1
        def show(self):                       #普通实例方法
            print('self.__value:', self.__value)
            print('Root.__total:', Root.__total)
        @classmethod                          #修饰器，声明类方法
        def classShowTotal(cls):              #类方法
            print(cls.__total)
        @staticmethod                         #修饰器，声明静态方法
        def staticShowTotal():                #静态方法
            print(Root.__total)
>>> r = Test(3)
>>> r.classShowTotal()                        #通过对象来调用类方法
1
>>> r.staticShowTotal()                       #通过对象来调用静态方法
1
>>> r.show()
self.__value: 3
Root.__total: 1
>>> rr = Root(5)
>>> Root.classShowTotal()                     #通过类名调用类方法
2
>>> Root.staticShowTotal()                    #通过类名调用静态方法
2
```

### 3.3.5 继承和多态

在面向对象程序设计中，当我们定义一个类的时候，可以从某个现有的类继承，新的类称为子类（派生类），而被继承的类称为基类、父类或超类。在继承关系中，已有的、设计好的类可作为父类或基类。子类可以继承父类的公有成员，但是不能继承其私有成员。如果需要在派生类中调用父类的方法，可以使用内置函数 super() 或者通过"父类名.方法名()"的方式来实现。

继承是为代码复用和设计复用而设计的，是面向对象程序设计的重要特性之一。设计一

个新类时，如果可以继承一个已有的设计良好的类然后进行二次开发，无疑会大幅降低开发的工作量。

```
class Animal(object):
    def run(self):
        print 'Animal is running...'
```

当需要编写 Dog 类和 Cat 类时，就可以直接从 Animal 类继承：

```
class Dog(Animal):
    pass
class Cat(Animal):
    pass
```

对于 Dog 类来说，Animal 类就是它的父类，而对于 Animal 类来说，Dog 类就是它的子类。Cat 类和 Dog 类类似。

继承有什么好处？最大的好处是子类获得了父类的全部功能。由于 Animal 实现了 run()方法，因此 Dog 和 Cat 作为它的子类，什么事也没干，就自动拥有了 run()方法。

```
dog = Dog()
dog.run()
cat = Cat()
cat.run()
```

运行结果如下：

```
Animal is running...
Animal is running...
```

当然，也可以对子类增加一些方法，比如 Dog 类：

```
class Dog(Animal):
    def run(self):
        print 'Dog is running...'
    def eat(self):
        print 'Eating meat...'
```

继承的第二个好处就是可以对父类的方法重写。上例中，无论是 Dog 还是 Cat，它们调用 run()的时候，显示的都是 Animal is running...，显然不好，符合逻辑的做法应该是分别显示 Dog is running...和 Cat is running...，因此，对 Dog 类和 Cat 类改进如下：

```
class Dog(Animal):
    def run(self):
        print 'Dog is running...'
class Cat(Animal):
    def run(self):
        print 'Cat is running...'
```

再次运行，结果如下：

```
Dog is running...
Cat is running...
```

Python 支持多重继承，如果父类中有相同的方法名，而在子类中使用时没有指定父类名，则 Python 解释器将从左向右按顺序进行搜索。

当子类和父类都存在相同的 run()方法时，我们说子类的 run()覆盖了父类的 run()，在代码运行的时候，总是会调用子类的 run()。这样，我们就获得了继承的另一个好处：多态。

### 3.3.6 多态原理与实现

所谓多态，是指基类的同一个方法在不同派生类对象中具有不同的表现和行为。派生类继承了基类的行为和属性之后，还会增加某些特定的行为和属性，同时还可能会对继承来的某些行为进行一定的改变，这都是多态的表现形式。

Python 的大多数运算符可以作用于多种不同类型的操作数，并且对于不同类型的操作数往往有不同的表现，这本身就是多态，是通过特殊方法和运算符重载实现的。

要理解什么是多态，首先要对数据类型再作一点说明。当定义一个 class 的时候，实际上就定义了一种数据类型。我们定义的数据类型和 Python 自带的数据类型，比如 Str、List、Dict 没什么两样。

```
a = List()          #a 是 List 类型
b = Animal()        #b 是 Animal 类型
c = Dog()           #c 是 Dog 类型
```

判断一个变量是否是某个类型可以用 isinstance()判断：

```
>>> isinstance(a, List)
True
>>> isinstance(b, Animal)
True
>>> isinstance(c, Dog)
True
```

运行结果表明 a、b、c 确实对应着 List、Animal、Dog 这 3 种类型，但是：

```
>>> isinstance(c, Animal)
True
```

看来 c 不仅仅是 Dog，c 还是 Animal。不过仔细想想，这是有道理的，因为 Dog 是从 Animal 继承下来的，当创建了一个 Dog 的实例 c 时，我们认为 c 的数据类型是 Dog 没错，但 c 同时也是 Animal 也没错，Dog 本来就是 Animal 的一种。

所以，在继承关系中，如果一个实例的数据类型是某个子类，那它的数据类型也可以被看作是父类。但是，反过来就不行：

```
>>> b = Animal()
>>> isinstance(b, Dog)
False
```

Dog 可以看成 Animal，但 Animal 不可以看成 Dog。要理解多态的好处，还需要再编写一个函数，这个函数接收一个 Animal 类型的变量：

```
def run_twice(animal):
    animal.run()
    animal.run()
```

当传入 Animal 的实例时,run_twice()就打印出:

```
>>> run_twice(Animal())
Animal is running...
Animal is running...
```

当传入 Dog 的实例时,run_twice()就打印出:

```
>>> run_twice(Dog())
Dog is running...
Dog is running...
```

当传入 Cat 的实例时,run_twice()就打印出:

```
>>> run_twice(Cat())
Cat is running...
Cat is running...
```

如果我们再定义一个 Tortoise 类型,也从 Animal 派生,这个时候好处就出现了,也就是对扩展开放,对修改关闭了:

```
class Tortoise(Animal):
    def run(self):
        print 'Tortoise is running slowly...'
```

再次调用 run_twice()时,传入 Tortoise 的实例:

```
>>> run_twice(Tortoise())
Tortoise is running slowly...
Tortoise is running slowly...
```

# 第 4 章　数据结构与算法

本章介绍数据结构与算法，内容包括算法和数据结构的基本概念、栈及线性链表、树与二叉树、排序技术、查找技术。

- 数据结构与算法的基本概念。
- 栈与线性链表的操作。
- 树与二叉树。
- 数据结构中的排序技术和查找技术。

## 4.1　算法的概念

### 4.1.1　算法的基本概念

程序是算法用某种程序设计语言的具体实现。算法（Algorithm）是指解题方案的准确而完整的描述，是一系列解决问题的清晰指令，算法代表着用系统的方法描述解决问题的策略机制。也就是说，能够对一定规范的输入，在有限时间内获得所要求的输出。如果一个算法有缺陷，或不适合于某个问题，执行这个算法将不会解决这个问题。不同的算法可能用不同的时间、空间或效率来完成同样的任务。一个算法的优劣可以用空间复杂度和时间复杂度来衡量。

算法中的指令描述的是一个计算，当其运行时能从一个初始状态和（可能为空的）初始输入开始，经过一系列有限而清晰定义的状态，最终产生输出并停止于一个终态。一个状态到另一个状态的转移不一定是确定的。随机化算法在内的一些算法包含了一些随机输入。

算法具有的一些重要特性：

（1）有限性。算法在执行有限步之后必须终止。

（2）确定性。算法的每一个步骤都是有精确的定义的。执行的每一步都是清晰的、无二义的。

（3）输入。一个算法具有任意个输入，它是由外部提供的，作为算法执行前的初始状态。

（4）输出。算法一定有输出结果。

（5）可行性。算法中的运算都必须是可以实现的。

### 4.1.2 算法的复杂度

**1. 时间复杂度**

算法的时间复杂度采用算法执行过程中其基本操作的执行次数，即计算量来度量。

算法中基本操作的执行次数一般是与问题的规模有关的，对于节点个数为 n 的数据处理问题，用 T(n)表示算法基本操作的执行次数。当比较不同算法的时间性能时，主要标准是看不同算法时间复杂度所处的数量级如何。例如：

```
整数序列求和。用户输入一个正整数N，计算从1到N（包含1和N）相加之后的结果。
>>> num = input("请输入整数N:")
请输入整数N:5
>>> sum1 = 0
>>> for i in range(int(num)):
        sum1 += i+1

>>> print(sum1)
15
```

以上算法中，循环体中的代码执行了 n 次，因此算法的时间复杂度为 O(n)。

```
>>> diet = ['西红柿','花椰菜','黄瓜','牛排','虾仁']
>>> for x in range(0,5):
        for y in range(0,5):
            if not(x==y):
                print("{}{}".format(diet[x],diet[y]))
```

以上算法中，嵌套循环执行，算法的时间复杂度为 $O(n^2)$。

也就是说，在评价算法的时间复杂度时，不考虑算法执行次数的细小区别，只关心算法的本质差别。

**2. 空间复杂度**

一个算法的空间复杂度 S(n)定义为该算法所耗费的存储空间，它也是问题规模 n 的函数。渐近空间复杂度也常常简称为空间复杂度。空间复杂度是对一个算法在运行过程中临时占用存储空间大小的量度。一个算法在计算机存储器上所占用的存储空间包括存储算法本身所占用的存储空间、算法的输入输出数据所占用的存储空间和算法在运行过程中临时占用的存储空间这 3 个方面。算法的输入输出数据所占用的存储空间是由要解决的问题决定的，是通过参数表由调用函数传递而来的，它不随算法的不同而改变。存储算法本身所占用的存储空间与算法书写的长短成正比，要压缩这方面的存储空间，就必须编写出较短的算法。算法在运行过程中临时占用的存储空间随算法的不同而不同，有的算法只需要占用少量的临时工作单元，而且不随问题规模的大小而改变，我们称这种算法是"就地"进行的，是节省存储空间的算法，有的算法需要占用的临时工作单元数与解决问题的规模 n 有关，它随着 n 的增大而增大，当 n 较大时，将占用较多的存储单元，例如快速排序算法和归并排序算法就属于这种情况。

3. 时间复杂度与空间复杂度的关系

对于一个算法，其时间复杂度和空间复杂度往往是相互影响的。当追求一个较好的时间复杂度时，可能会使空间复杂度的性能变差，即可能导致占用较多的存储空间；反之，当追求一个较好的空间复杂度时，可能会使时间复杂度的性能变差，即可能导致占用较长的运行时间。另外，算法的所有性能之间都存在着或多或少的相互影响。因此，当设计一个算法（特别是大型算法）时，要综合考虑算法的各项性能：算法的使用频率、算法处理的数据量的大小、算法描述语言的特性、算法运行的机器系统环境等各方面因素，才能够设计出比较好的算法。算法的时间复杂度和空间复杂度合称为算法的复杂度。

## 4.2 数据结构的基本概念

### 4.2.1 数据结构的定义

1. 数据的逻辑结构

数据的逻辑结构是数据和数据之间所存在的逻辑关系，它可以用一个二元组 B=(K,R) 来表示，其中 K 是数据，即节点的有限集合；R 是集合 K 上关系的有限集合，这里的关系是从集合 K 到集合 K 的关系。数据的逻辑结构是独立于计算机的，它与数据在计算机中的存储无关。

2. 数据的存储结构

数据在计算机中的存储方式称为数据的存储结构。数据的存储结构主要有以下 4 种：

（1）顺序存储。顺序存储通常用于存储具有线性结构的数据。将逻辑上相邻的节点存储在连续存储区域 M 的相邻存储单元中，使得逻辑相邻的节点一定是物理位置相邻的。这种映像是通过物理上存储单元的相邻关系来体现节点间相邻的逻辑关系。

（2）链式存储。链式存储方式是给每个节点附加一个指针段，一个节点的指针所指的是该节点的后继存储地址，因为一个节点可能有多个后继，所以指针段可以是一个指针，也可以是多个指针。在链式存储中逻辑相邻的节点在连续存储区域 M 中可以不是物理相邻的。链式存储是通过指针体现逻辑结构的。

（3）索引存储。除建立存储节点信息外，还建立附加的索引表来标识节点的地址。索引表由若干索引项组成。如果每个节点在索引表中都有一个索引项，则该索引表被称为稠密索引。

若一组节点在索引表中只对应于一个索引项，则该索引表称为稀疏索引。索引项的一般形式是关键字、地址。在搜索引擎中，需要按某些关键字的值来查找记录，为此可以按关键字建立索引，这种索引叫做倒排索引，带有倒排索引的文件叫做倒排索引文件，又称为倒排文件。倒排文件可以实现快速检索，这种索引存储方法是目前搜索引擎最常用的存储方法。

（4）散列存储。散列存储又称 hash 存储，是一种力图将数据元素的存储位置与关键码之间建立确定对应关系的查找技术。

3．数据的运算集合

数据的运算集合要视情况而定，一般而言，数据的运算包括插入、删除、检索、输出和排序等。

插入是指在一个结构中增加一个新的节点；删除是指在一个结构中删除一个节点；检索是指在一个结构中查找满足条件的节点；输出是指将一个结构中所有节点的值打印输出；排序是指将一个结构中的所有节点按某种顺序重新排列。

### 4.2.2 线性结构和非线性结构

1．线性结构

对于一个逻辑结构 B=(K,R)，如果它只有一个开始节点和一个终端节点，而其他的每一个节点有且仅有一个前驱和一个后继，则称为线性结构，如图 4-1 所示。

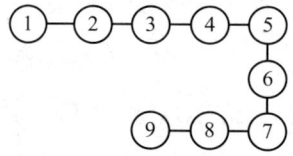

图 4-1　线性结构

2．非线性结构

对于一个逻辑结构而言，如果它有一个开始节点，有多个终端节点，除开始节点外，每一个节点有且仅有一个前驱，称为树型结构。如果每个节点都可以有多个前驱和后继，称为图型结构。树型结构和图型结构都是非线性结构，如图 4-2 和图 4-3 所示。

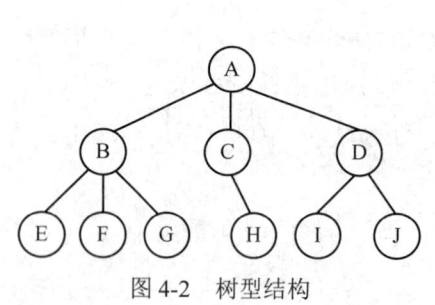

图 4-2　树型结构

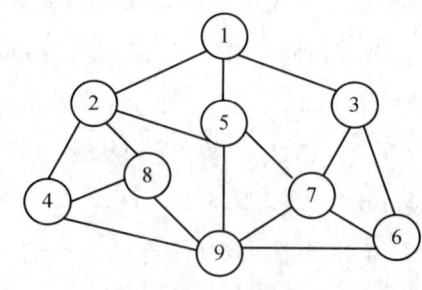

图 4-3　图型结构

## 4.3 栈及线性链表

### 4.3.1 栈及其基本操作

栈作为一种数据结构，是只能在一端进行插入和删除操作的特殊线性表。它按照先进后出的原则存储数据，先进入的数据被压入栈底，最后的数据在栈顶，需要读数据的时候从栈顶开始弹出数据（最后一个数据被第一个读出来）。栈具有记忆作用，对栈的插入与删除操作中，不需要改变栈底指针。

允许进行插入和删除操作的一端称为栈顶（top），另一端称为栈底（bottom）；栈底固定，而栈顶浮动；栈中元素个数为零时称为空栈。插入一般称为入栈（Push），删除称为出栈（Pop），操作过程如图 4-4 所示。栈也称为后进先出表。

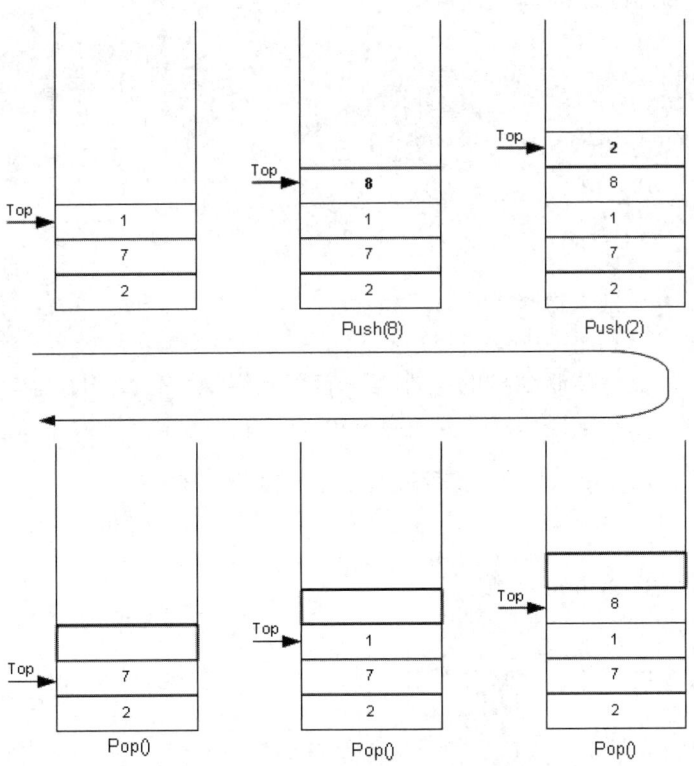

图 4-4 栈的入栈和出栈

栈的基本操作为初始化栈、判定栈是否为空、入栈、出栈、获取栈顶元素、返回栈中元素的个数。

根据实现方式的不同将栈分为顺序栈和链栈。

简单理解，顺序栈是通过一段连续内存地址（通常使用数组）来实现的栈，而链式栈则没有这个限制，如同链表一样级联一些离散的内存地址。

下面用 Python 语言通过内置的列表实现栈的基本操作。

```python
class Stack:
    """模拟栈"""
    def __init__(self):
        self.items = []

    def isEmpty(self):
        return len(self.items)==0

    def push(self, item):
        self.items.append(item)

    def pop(self):
        return self.items.pop()

    def peek(self):
        if not self.isEmpty():
            return self.items[len(self.items)-1]

    def size(self):
        return len(self.items)
```

### 4.3.2 线性链表的基本概念

线性链表是具有链接存储结构的线性表，它用一组地址任意的存储单元存放线性表中的数据元素，逻辑上相邻的元素在物理上不要求也相邻，不能随机存取，一般用节点描述：节点（表示数据元素）=数据域（数据元素的映象）+ 指针域（指示后继元素存储位置）

1. 单向无序链表

下面是一个节点的 Python 实现。

```python
class ListNode(object):
    def __init__(self, data):
        self.data = data
        self.next = None

    def getData(self):
        return self.data

    def setData(self, newData):
        self.data = newData
```

```python
    def getNext(self):
        return self.next

    def setNext(self, nextNode):
        self.next = nextNode
```

根据指针域可以将链表分为单向链表、双向链表和环链表。

图 4-5 所示是一个典型的不带头节点的单向链表示意图。

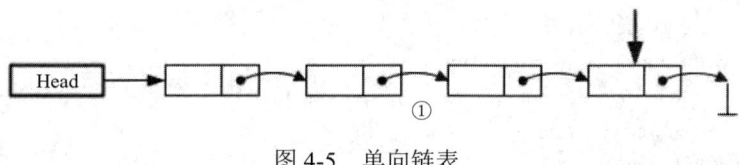

图 4-5　单向链表

需要注意的是，在链表中插入和删除是通过更新有关节点的指针域来实现的。请看不带头节点的单向无序链表的代码实现。

```python
class UnorderedList(object):
    def __init__(self):
        self.head = None

    def getHead(self):
        return self.head

    def isEmpty(self):
        return self.head is None

    def add(self, item):
        node = ListNode(item)
        node.next = self.head
        self.head = node        #头部是最近插入的节点
    def size(self):
        current = self.head
        count = 0
        while current is not None:
            count += 1
            current = current.getNext()

        return count

    def search(self, item):
        current = self.head
        found = False
        while current is not None and not found:
            if current.getData() == item:
```

```python
                    found = True
                else:
                    current = current.getNext()
        return found

    def append(self, item):
        node = ListNode(item)
        if self.isEmpty():
            self.head = node
        else:
            current = self.head
            while current.getNext() is not None:
                current = current.getNext()
            current.setNext(node)
    def remove(self, item):
        current = self.head
        previous = None
        found = False
        while not found:
            if current.getData() == item:
                found = True
            else:
                previous = current
                current = current.getNext()
        if previous is None:
            self.head = current.getNext()
        else:
            previous.setNext(current.getNext())
```

上述 add 方法是头插法（在头节点处更新），时间复杂度为 O(1)，append 方法是尾插法，时间复杂度为 O(N)。

2. 双向链表与循环链表

双向链表也叫双链表，是链表的一种，它的每个数据节点中都有两个指针，分别指向直接后继和直接前驱。所以，从双向链表中的任意一个节点开始，都可以很方便地访问它的前驱节点和后继节点。

图 4-6 所示是双向链表示意图。

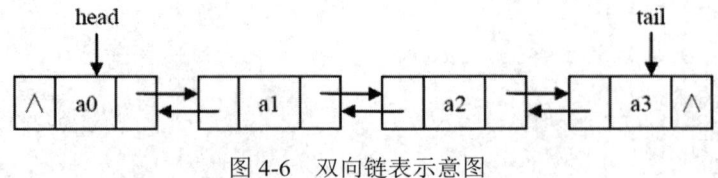

图 4-6 双向链表示意图

循环链表是另一种形式的链式存储结构，它的特点是表中最后一个节点的指针域指向头节点，整个链表形成一个环。单向循环链表示意图如图 4-7 所示。

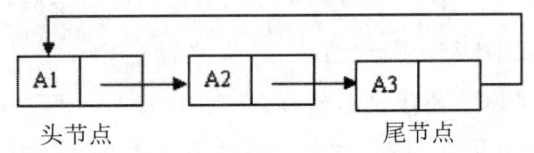

图 4-7　单向循环链表示意图

我们可以看到，与普通的链表相比，这两种链表指针域做出了一定的变动，其链式存储的本质并未发生变化。因此只需要在前述代码中稍加变动即可。

## 4.4　树与二叉树

本节研究复杂数据结构中最简单的一类结构，称为树型结构。树型结构是区分于线性结构的另一大类数据结构，它具有分支性和层次性，在计算机科学的很多领域和日常生活中均有十分广泛的应用，是数据表示、信息组织和程序设计的有力工具。下面将要讨论的树和二叉树都是树型结构。

### 4.4.1　树与二叉树及其基本性质

树是由 n（n≥0）个节点构成的集合，可以用递归的方式来定义树。n=0 的树为空树；当 n 不等于 0 时，树中的节点应该满足以下两个条件：

（1）有且仅有一个特定的节点称为根。

（2）其余节点分成 m（m≥0）个互不相交的有限集合 T1，T2，…，Tm，其中每一个集合又都是一棵树，称 T1，T2，…，Tm 为根节点的子树。

从递归定义中可以发现，一棵树是 n 个节点和 n-1 条边的集合，其中的一个节点叫做根。存在 n-1 条边的结论是由下面的事实得出的：每条边都将某个节点连接到它的父亲，而除去根节点外每一个节点都有一个父亲。

二叉树是一种最简单的树型结构。二叉树的定义为：二叉树是一个由节点构成的有限集合，这个集合或者为空，或者由一个根节点及两棵互不相交的分别称为这个根节点的左子树和右子树的二叉树组成。

这是一个递归定义，当二叉树的节点集合为空时，称为空二叉树；否则，二叉树中至少包含一个根节点；如果根节点的左右子树非空，则其左右子树又分别是一棵二叉树。

二叉树具有以下重要性质：

（1）一棵非空二叉树的第 i 层上至多有 $2^{i-1}$ 个节点（i≥1）。

当 i=1 时，只有根节点，此时 $2^{1-1}=2^0=1$，显然上述性质成立；又由于在二叉树中每个节点最多有两个子女，而第 i-1 层上所有节点的子女节点恰巧构成在第 i 层上的所有节点，因而第 i 层上节点的最大个数是第 i-1 层上节点的最大个数的两倍。

（2）深度为 h 的二叉树至多有 $2^h-1$ 个节点（h≥1）。

根据性质（1），深度为 h 的二叉树最多具有的节点的个数为 $2^0+2^1+\cdots+2^{h-1}=2^h-1$。

（3）对于任何一棵二叉树 T，如果其终端节点数为 n0，度为 2 的节点数为 n2，则 n0=n2+1。

假设二叉树中总的节点个数为 n，度为 1 的节点个数为 n1，则有 n=n0+n1+n2 成立；又由于在二叉树中除根节点外，其他节点均通过一条树枝且仅通过一条树枝与其父母节点相连，即除根节点外，其他节点与树中的树枝存在一一对应的关系；而二叉树中树枝的总条数为 n1+2*n2，因此二叉树总的节点个数 n=n1+2*n2+1。于是有：

$$n0+n1+n2=n1+2*n2+1$$

显然 n0=n2+1 成立。

（4）对于具有 n 个节点的完全二叉树，如果按照从上到下、同一层次上的节点按从左到右的顺序对二叉树中的所有节点从 1 开始顺序编号，则对于序号为 i 的节点有：

1）如果 i>1，则序号为 i 的节点其双亲节点的序号为 i/2；如果 i=1，则节点 i 为根节点，没有双亲。

2）如果 2i>n，则节点 i 无左子女（此时节点 i 为终端节点）；否则其左子女为节点 2i。

3）如果 2i+1>n，则节点 i 无右子女；否则其右子女为节点 2i+1。

使用 Python 列表表示图 4-8 所示的二叉树。

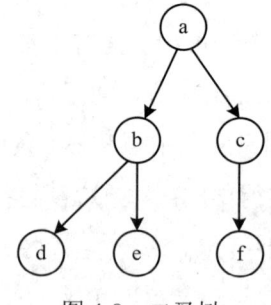

图 4-8 二叉树

```
myTree = ['a',      #root
          ['b',     #left subtree
           ['d' [], []],
           ['e' [], []] ],
          ['c',     #right subtree
           ['f' [], []],
           [] ]
         ]
```

下面是完整的用嵌套列表实现二叉树的代码。

```python
def BinaryTree(r):
    return [r, [], []]

def insertLeft(root,newBranch):
    t = root.pop(1)
    if len(t) > 1:
        root.insert(1,[newBranch,t,[]])
    else:
        root.insert(1,[newBranch, [], []])
    return root

def insertRight(root,newBranch):
    t = root.pop(2)
    if len(t) > 1:
        root.insert(2,[newBranch,[],t])
    else:
        root.insert(2,[newBranch,[],[]])
    return root

def getRootVal(root):
    return root[0]

def setRootVal(root,newVal):
    root[0] = newVal

def getLeftChild(root):
    return root[1]

def getRightChild(root):
    return root[2]
```

使用节点和应用表示二叉树。

```python
class BinaryTree:
    def __init__(self,rootObj):
        self.key = rootObj
        self.leftChild = None
        self.rightChild = None

    def insertLeft(self,newNode):
        if self.leftChild == None:
            self.leftChild = BinaryTree(newNode)
        else:
            t = BinaryTree(newNode)
            t.leftChild = self.leftChild
            self.leftChild = t

    def insertRight(self,newNode):
```

```
                if self.rightChild == None:
                    self.rightChild = BinaryTree(newNode)
                else:
                    t = BinaryTree(newNode)
                    t.rightChild = self.rightChild
                    self.rightChild = t

        def getRightChild(self):
            return self.rightChild

        def getLeftChild(self):
            return self.leftChild

        def setRootVal(self,obj):
            self.key = obj

        def getRootVal(self):
            return self.key
```

### 4.4.2 二叉树的遍历

所谓二叉树的遍历,是指按一定的顺序对二叉树中的每个节点均访问一次且只访问一次。

按照根节点访问位置的不同,通常把二叉树的遍历分为 3 种:前序遍历、中序遍历和后序遍历。

1. 前序遍历

(1) 访问根节点。

(2) 按照前序遍历的方式访问根节点的左子树。

(3) 按照前序遍历的方式访问根节点的右子树。

2. 中序遍历

(1) 按照中序遍历的方式访问根节点的左子树。

(2) 访问根节点。

(3) 按照中序遍历的方式访问根节点的右子树。

3. 后序遍历

(1) 按照后序遍历的方式访问根节点的左子树。

(2) 按照中序遍历的方式访问根节点的右子树。

(3) 访问根节点。

Python 实现如下:

```
#前序遍历
def pre_order(tree):
```

```
        if tree==None:
            return
        print tree.data
        pre_order(tree.left)
        pre_order(tree.right)
#中序遍历
def mid_order(tree):
    if tree==None:
        return
    mid_order(tree.left)
    print tree.data
    mid_order(tree.right)
#后序遍历
def post_order(tree):
    if tree==None:
        return
    post_order(tree.left)
    post_order(tree.right)
    print tree.data
```

## 4.5　排序技术

### 4.5.1　插入排序

插入排序的基本操作就是将一个数据插入到已经排好序的有序数组中，从而得到一个新的、个数加一的有序数组。算法适用于少量数据的排序，时间复杂度为 $O(n^2)$，是稳定的排序方法。插入算法把要排序的数组分成两部分：第一部分包含了这个数组的所有元素，但将最后一个元素除外（让数组多一个空间才有插入的位置）；第二部分就只包含这一个元素（即待插入元素）。在第一部分排序完成后，再将这个最后元素插入到已排好序的第一部分中。

```
def insert_sort(lists):
    # 插入排序
    count = len(lists)
    for i in range(1, count):
        key = lists[i]
        j = i - 1
        while j >= 0:
            if lists[j] > key:
                lists[j + 1] = lists[j]
                lists[j] = key
            j -= 1
    return lists
```

## 4.5.2 冒泡排序

冒泡排序（Bubble Sort）是计算机科学领域的一种较简单的排序算法。它重复地走访过要排序的数列，一次比较两个元素，如果他们的顺序错误就把他们交换过来。走访数列的工作是重复地进行直到没有再需要交换的，也就是说该数列已经排序完成。

```python
def bubble_sort(lists):
    #冒泡排序
    count = len(lists)
    for i in range(0, count):
        for j in range(i + 1, count):
            if lists[i] > lists[j]:
                lists[i], lists[j] = lists[j], lists[i]
    return lists
```

## 4.5.3 选择排序

基本思想：第 1 趟，在待排序记录 r1～r[n] 中选出最小的记录，将它与 r1 交换；第 2 趟，在待排序记录 r2～r[n] 中选出最小的记录，将它与 r2 交换；依此类推，第 i 趟在待排序记录 r[i]～r[n] 中选出最小的记录，将它与 r[i] 交换，使有序序列不断增长直到全部排序完毕。

```python
def select_sort(lists):
    #选择排序
    count = len(lists)
    for i in range(0, count):
        min = i
        for j in range(i + 1, count):
            if lists[min] > lists[j]:
                min = j
        lists[min], lists[i] = lists[i], lists[min]
    return lists
```

## 4.5.4 归并排序

归并排序是建立在归并操作上的一种有效的排序算法，该算法是采用分治法（Divide and Conquer）的一个非常典型的应用。将已有序的子序列合并，得到完全有序的序列，即先使每个子序列有序，再使子序列段间有序。若将两个有序表合并成一个有序表，则称为二路归并。

```python
def merge(left, right):
    i, j = 0, 0
    result = []
    while i < len(left) and j < len(right):
        if left[i] <= right[j]:
            result.append(left[i])
```

```python
            i += 1
        else:
            result.append(right[j])
            j += 1
    result += left[i:]
    result += right[j:]
    return result

def merge_sort(lists):
    #归并排序
    if len(lists) <= 1:
        return lists
    num = len(lists) / 2
    left = merge_sort(lists[:num])
    right = merge_sort(lists[num:])
    return merge(left, right)
```

归并过程：比较 a[i]和 a[j]的大小，若 a[i]≤a[j]，则将第一个有序表中的元素 a[i]复制到 r[k]中，并令 i 和 k 分别加上 1；否则将第二个有序表中的元素 a[j]复制到 r[k]中，并令 j 和 k 分别加上 1，如此循环下去，直到其中一个有序表取完，然后再将另一个有序表中剩余的元素复制到 r 中从下标 k 到下标 t 的单元。归并排序的算法我们通常用递归实现，先把待排序区间[s,t]以中点二分，接着把左边子区间排序，再把右边子区间排序，最后把左区间和右区间用一次归并操作合并成有序的区间[s,t]。

### 4.5.5 快速排序

通过一趟排序将要排序的数据分割成独立的两部分，其中一部分的所有数据都比另外一部分的所有数据都要小，然后再按此方法对这两部分数据分别进行快速排序，整个排序过程可以递归进行，以此达到整个数据变成有序序列。

```python
def quick_sort(lists, left, right):
    #快速排序
    if left >= right:
        return lists
    key = lists[left]
    low = left
    high = right
    while left < right:
        while left < right and lists[right] >= key:
            right -= 1
        lists[left] = lists[right]
        while left < right and lists[left] <= key:
            left += 1
        lists[right] = lists[left]
```

```
            lists[right] = key
            quick_sort(lists, low, left - 1)
            quick_sort(lists, left + 1, high)
    return lists
```

### 4.5.6 希尔（shell）排序

希尔排序（Shell's Sort）是插入排序的一种，又称"缩小增量排序"（Diminishing Increment Sort），是直接插入排序算法的一种更高效的改进版本。希尔排序是非稳定的排序算法。该方法因由 D.L.Shell 于 1959 年提出而得名。

希尔排序是把记录按下标的一定增量分组，对每组使用直接插入排序算法排序；随着增量逐渐减少，每组包含的关键词越来越多，当增量减至 1 时，整个文件恰被分成一组，算法便终止。

```
def ShellInsetSort(array, len_array, dk):    #直接插入排序
    for i in range(dk, len_array):    #从下标为 dk 的数进行插入排序
        position = i
        current_val = array[position]    #要插入的数

        index = i
        j = int(index / dk)    # index 与 dk 的商
        index = index - j * dk

        # while True:    #找到第一个的下标，在增量为 dk 中，第一个的下标 index 必然 0≤index<dk
        #     index = index - dk
        #     if 0<=index and index <dk:
        #         break

        # position>index，要插入的数的下标必须要大于第一个下标
        while position > index and current_val < array[position-dk]:
            array[position] = array[position-dk]    #往后移动
            position = position-dk
        else:
            array[position] = current_val

def ShellSort(array, len_array):    #希尔排序
    dk = int(len_array/2)    #增量
    while(dk >= 1):
        ShellInsetSort(array, len_array, dk)
        print(">>:",array)
        dk = int(dk/2)
```

### 4.5.7 堆排序

堆排序（Heap Sort）是指利用堆积树（堆）这种数据结构所设计的一种排序算法，是选

择排序的一种。可以利用数组的特点快速定位指定索引的元素。堆分为大根堆和小根堆，是完全二叉树。大根堆的要求是每个节点的值都不大于其父节点的值，即 A[PARENT[i]]≥A[i]。在数组的非降序排序中，需要使用的就是大根堆，因为根据大根堆的要求可知，最大的值一定在堆顶。

```
def MAX_Heapify(heap,HeapSize,root):    #在堆中进行结构调整使得父节点的值大于子节点

    left = 2*root + 1
    right = left + 1
    larger = root
    if left < HeapSize and heap[larger] < heap[left]:
        larger = left
    if right < HeapSize and heap[larger] < heap[right]:
        larger = right
    if larger != root:   #如果进行了堆调整，则larger的值等于左节点或者右节点的这个时候做对调值操作
        heap[larger],heap[root] = heap[root],heap[larger]
        MAX_Heapify(heap, HeapSize, larger)

def Build_MAX_Heap(heap):    #构造一个堆，将堆中所有数据重新排序
    HeapSize = len(heap)     #将堆的长度单独拿出来
    for i in xrange((HeapSize -2)//2,-1,-1):   #从后往前出数
        MAX_Heapify(heap,HeapSize,i)

def HeapSort(heap):   #将根节点取出与最后一位进行对调，对前面len-1个节点继续进行对调过程
    Build_MAX_Heap(heap)
    for i in range(len(heap)-1,-1,-1):
        heap[0],heap[i] = heap[i],heap[0]
        MAX_Heapify(heap, i, 0)
    return heap
```

### 4.5.8 基数排序

基数排序（Radix Sort）属于"分配式排序"（Distribution Sort），又称"桶子法"（Bucket Sort）。顾名思义，它是通过键值的部分信息将要排序的元素分配至某些"桶"中以达到排序的目的。基数排序法属于稳定性的排序，其时间复杂度为 O(nlog(r)m)，其中 r 为所采取的基数，而 m 为堆数，在某些时候，基数排序法的效率高于其他的稳定性排序法。

```
import random
def radixSort():
    A=[random.randint(1,9999) for i in xrange(10000)]
    for k in xrange(4):   #4 轮排序
        s=[[] for i in xrange(10)]
        for i in A:
            s[i/(10**k)%10].append(i)
        A=[a for b in s for a in b]
```

```
    return A
```

### 4.5.9 计数排序

计数排序是一个非基于比较的排序算法。它的优势在于在对一定范围内的整数排序时，它的复杂度为 O(n+k)（其中 k 是整数的范围），快于任何比较排序算法。当然这是一种牺牲空间换取时间的做法，而且当 O(k)>O(n*log(n)) 的时候其效率反而不如基于比较的排序（基于比较的排序的时间复杂度在理论上的下限是 O(n*log(n))，如归并排序、堆排序）。

```
def countingSort(alist,k):
    n=len(alist)
    b=[0 for i in xrange(n)]
    c=[0 for i in xrange(k+1)]
    for i in alist:
        c[i]+=1
    for i in xrange(1,len(c)):
        c[i]=c[i-1]+c[i]
    for i in alist:
        b[c[i]-1]=i
        c[i]-=1
    return b
```

### 4.5.10 桶排序

桶排序（Bucket Sort），也称箱排序，工作原理是将数组分到有限数量的桶子里，每个桶子再分别排序（有可能再使用别的排序算法或是以递归方式继续使用桶排序进行排序）。桶排序是鸽巢排序的一种归纳结果。当要被排序的数组内的数值是均匀分配的时候，桶排序使用线性时间（O(n)）。但桶排序并不是比较排序，它不受 O(n log n) 下限的影响。

```
class bucketSort(object):
    def _max(self,oldlist):
        _max=oldlist[0]
        for i in oldlist:
            if i>_max:
                _max=i
        return _max
    def _min(self,oldlist):
        _min=oldlist[0]
        for i in oldlist:
            if i<_min:
                _min=i
        return _min
    def sort(self,oldlist):
        _max=self._max(oldlist)
        _min=self._min(oldlist)
```

```
            s=[0 for i in xrange(_min,_max+1)]
            for i in oldlist:
                s[i-_min]+=1
            current=_min
            n=0
            for i in s:
                while i>0:
                    oldlist[n]=current
                    i-=1
                    n+=1
                current+=1
    def __call__(self,oldlist):
        self.sort(oldlist)
        return oldlist
```

## 4.6 查找技术

查找是确定数据元素集合中是否存在数据元素等于特定元素或是否存在元素满足某种给定特征的过程。

### 4.6.1 顺序查找

顺序查找是一种最简单的查找方法，基本思想是：从表的一端开始，顺序（逐个）扫描线性表，依次将扫描的节点关键字和给定值 Key 相比较，若当前扫描到的节点关键字与 Key 相等，则查找成功；若扫描结束后，仍未找到关键字等于 Key 的节点，则查找失败。代码实现比较简单，只需对一个序列进行遍历查找即可，这里不再赘述。

### 4.6.2 二分查找

二分查找又称折半查找。采用二分查找可以大大提高查找效率，它要求关键字从小到大按序排列并采用顺序存储结构。

```
def search(a,m):
    low = 0
    high = len(a) - 1
    while(low <= high):
        mid = (low + high)/2
        midval = a[mid]
```

# 第 5 章 软件工程基础

"软件工程"是高等院校计算机教学计划中的一门核心课程。在本章中,将介绍软件工程中的一些基础内容,包括软件工程的基本概念、软件生命周期、一些结构化分析和设计工具、软件测试的目的和方法,以及程序调试的方法和原则。

**本章要点**

- 软件工程的基本概念。
- 软件的生命周期和系统生命周期模型。
- 利用结构化分析法进行软件工程中的需求分析的方法和需要完成的任务。
- 数据流图的使用方法。
- 如何利用结构化设计方法进行软件设计、软件设计的一些常用工具。
- 软件测试的目的和方法、软件测试的准则、常用软件测试方法的区别和各自的功能与特点。
- 程序调试的方法和原则。

## 5.1 软件工程的基本概念

1. 软件的定义

计算机软件是一系列按照特定顺序组织的计算机数据和指令的集合。值得注意的是,软件不仅包括可以在计算机上运行的计算机程序,还包括与这些程序相关的文档。简单地说,软件是包括程序、数据及相关文档的完整集合。

2. 软件的特点

(1) 软件是一种逻辑实体,而不是物理实体,具有抽象性。传统的硬件项目控制方法应用到软件项目中可能会适得其反。例如,用完成代码的数量衡量任务完成的进度是极具误导性的。

（2）软件的生产与硬件不同，它没有明显的制作过程。软件是开发出来的，或者说是工程化的，并不是制造出来的。

（3）软件在运行、使用期间不存在磨损、老化问题。软件通常不会随着它的使用而失效，但是，随着用户需求的变化，它的功能可能需要更新。当遇到软件故障时，需要通过重新编写相关代码来消除故障，而不是将代码替换为可用代码，删除缺陷时可能会引入新的缺陷。

（4）软件的开发、运行对计算机系统具有依赖性、受计算机系统的限制，这导致了软件移植问题。

（5）软件复杂性高、成本昂贵。

（6）软件开发涉及诸多的社会因素。

3. 软件的分类

软件的分类方法有很多，下面列举几种。

（1）按软件功能进行划分。

- 系统软件：操作系统、数据库管理系统、设备驱动程序、通信处理程序等。
- 支撑软件：文本编辑程序，文件格式化程序，程序库系统，支撑需求分析、设计、实现、测试的软件，支持管理的软件。
- 应用软件：商业数据处理软件，工程与科学计算软件，计算机辅助设计、制造、教学软件，智能产品嵌入软件，事务管理软件，办公自动化软件。

（2）按软件规模进行划分。

| 类别 | 参加人员数 | 研制期限 | 源程序行数 |
| --- | --- | --- | --- |
| 微型 | 1 | 1～4 周 | 0.5k |
| 小型 | 1 | 1～6 月 | 1k～2k |
| 中型 | 2～5 | 1～2 年 | 5k～50k |
| 大型 | 5～20 | 2～3 年 | 50k～100k |
| 甚大型 | 100～1000 | 4～5 年 | 1M |
| 极大型 | 2000～5000 | 5～10 年 | 1M～10M |

（3）按软件工作方式划分：实时处理软件、分时软件、交互式软件、批处理软件。

（4）按软件服务对象的范围进行划分：项目软件、产品软件。

（5）按使用的频度进行划分：一次使用软件、频繁使用软件。

（6）按软件失效的影响进行划分：高可靠性软件、一般可靠性软件。

4. 软件危机和软件工程

软件开发经历了 3 个阶段：程序设计时期、软件危机时期、软件工程时期。

程序设计时期（1946 年至 20 世纪 60 年代中期）编写程序被视为个人的神秘技巧，程序员以个体手工方式劳动，凭个人经验和编程技术独立地进行软件设计。在这个阶段中，只有程序，没有软件的概念。这个时期被称为程序设计时期。

随着计算机技术的发展，到了20世纪60年代中期至20世纪70年代中期，需要多人分工合作开发软件，产生了"软件"的概念。由于软件生产在质量和数量上的高要求，软件规模日趋庞大、日趋复杂，产生了一系列的问题，最终导致了严重的软件危机。

所谓"软件危机"泛指在计算机软件的开发和维护过程中所遇到的一系列严重问题。"软件危机"这个说法最早在1968年德国Garmisch软件工程大会上被第一次提出。Edsger Dijkstra在1972年ACM图灵奖演讲中解释："软件危机的主要原因是与之前相比机器能力已经增强了几个数量级。直接了当地说：只要没有机器能力的变化，编程是一点问题都没有；当我们用一些很差的电脑时，编程是一个小问题，现在我们有庞大的电脑，编程也成为一个同样大的问题。"

软件危机与硬件和软件开发过程的复杂性是分不开的，这体现在以下几个方面：

- 项目超出预算。
- 项目超过计划完成时间。
- 软件运行效率很低。
- 软件质量差。
- 软件通常不符合要求。
- 项目难以管理，并且代码难以维护。
- 软件不能交付。

在过去的几十年中，出现了各种过程和方法来"解决"软件危机，获得了不同程度的成功。然而，人们普遍认为，没有任何一个办法可以在所有情况下防止项目的超支和失败。通常，大的、复杂的、需求不明确的并涉及陌生领域的软件项目容易受到大的、无法预料的问题的影响。

软件工程的概念就是起源于"软件危机"。软件危机提高了人们对软件开发重要性的认识。随着社会对软件需求的增长，计算机软件专家加强了对软件开发和维护的规律性、理论、方法和技术的研究，从而形成了一门介于软件科学、系统工程和工程管理学之间的边缘性学科，称为软件工程学。软件的工程化生产也逐步形成软件产业。

从20世纪70年代中期起，计算机软件的发展进入了第三个时期，即软件工程时期。此时，软件作坊已经发展成为软件公司，甚至是跨国公司，软件的开发不再是"个体化"或"手工作坊式"的开发方式，而是以工程化的思想作指导，用工程化的原则、方法和标准来开发和维护软件，使得软件开发的成功率大大提高，质量也有了很大保证，实现了软件的产品化、系列化、标准化、工程化。

IEEE计算机学会将"软件工程"定义为："将系统化的、规范的、可度量的方法应用于软件的开发、运行和维护过程中,即将工程化应用于软件中。"

软件工程包括 3 个要素:方法、工具和过程。

- 方法:完成软件工程项目的技术手段。
- 工具:支持软件的开发、管理、文档生成。
- 过程:支持软件开发的各个环节的控制和管理。

## 5.2 软件的生命周期

1. 软件工程过程

软件工程过程是指为获得软件产品,在软件工具支持下由软件工程师完成的一系列软件工程活动。从软件开发的观点看,它就是使用适当的资源(包括人员、软硬件工具、时间等),为开发软件进行的一组开发活动,在过程结束时将输入(用户要求)转化为输出(软件产品)。软件工程过程包括以下 4 种基本活动:

- P(Plan,软件规格说明):规定软件的功能及其运行时的限制。
- D(Do,软件开发):产生满足规格说明的软件。
- C(Check,软件确认):确认软件能够满足客户提出的要求。
- A(Action,软件演进过程):为满足客户的变更要求,软件必须在使用的过程中演进。

2. 软件生命周期

将软件产品从提出、实现、使用、维护到停止使用、退役、淘汰的全过程称为软件生命周期。从开始考虑软件产品的概念开始,到软件产品不能使用为止的整个时期都属于软件生命周期。一般软件工程学将软件生命周期分解为可行性研究与需求分析、设计、实现、测试、交付使用、维护等阶段。每个阶段的任务都相对独立简单,便于不同人员分工协作,每个阶段都有明确的要求、严格的标准和规范以及与开发软件完全一致的高质量的文档资料,这些阶段活动可以有重复,执行时也可以有迭代,各阶段的任务尽可能相对独立,以降低每个阶段的复杂程度,简化不同阶段之间的联系,利于软件开发工程管理。

软件生命周期的主要阶段有 3 个:软件定义、软件开发、软件运行与维护。图 5-1 中演示了一个典型的软件工程生命周期。

软件定义阶段的工作包括可行性研究与计划制定、需求分析。

(1)可行性研究与计划制定。确定待开发软件系统的开发目标和总的要求,给出它的功能、性能、可靠性、接口等方面的可能方案,制定完成开发任务的计划。这项工作的任务就是解决"能做吗?"的问题。

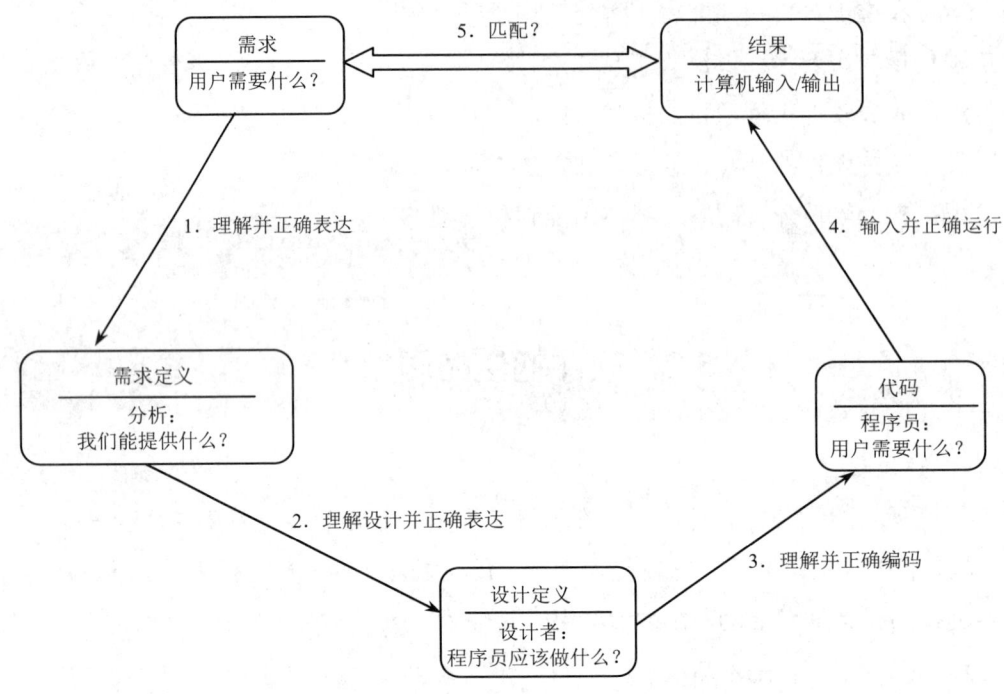

图 5-1　一个典型的软件工程生命周期

（2）需求分析。对待开发软件提出的需求进行分析并给出详细的定义。这项工作的任务就是解决"做什么？"的问题。

软件开发阶段的工作是软件设计、软件实现和软件测试。

（1）软件设计。系统设计人员和程序设计人员给出软件的结构、模块的划分、功能的分配和处理流程。这项工作的任务分为概要设计和详细设计两个阶段，主要是解决"如何做？"的问题。

（2）软件实现。把软件设计转换成计算机可以接受的程序代码（即完成源程序的编码）、编写用户手册和操作手册等面向用户的文档、编写单元测试计划。这项工作的主要任务就是将以上的分析结果通过编码进行实现。

（3）软件测试。在设计测试用例的基础上，检验软件的各个组成部分，编写测试分析报告。这项工作的主要任务是了解"做得怎么样？"

软件维护与运行阶段的工作是软件运行和维护，最终产品退役、淘汰。

将已交付的软件投入运行，并在运行使用中不断地维护，根据新提出的需求进行必要且可能的扩充和删改。这一阶段的主要任务就是不断地进行使用，根据使用中因为经济、时代、软件、硬件的变化而产生的问题不断地进行维护。

3. 系统生命周期模型

系统生命周期模型（System Life Cycle Model）是从系统项目需求定义直至使用后废弃为止，跨越整个生命周期的系统开发、运行和维护所实施的全部过程、活动和任务的结构框架。到现在为止，已经提出了多种系统生命周期模型，如瀑布模型、演化模型、螺旋模型、喷泉模型等。

（1）瀑布模型（Waterfall Model）。

瀑布模型规定了系统生命周期的各项活动，如图 5-2 所示，这些活动是自上而下、相互衔接的固定次序，如同瀑布流水，逐级下落。然而，系统开发的实践表明，上述各项活动之间并不完全是自上而下呈线性分布。实际情况是，每项开发活动均应具有以下特征：

- 从上一项活动接收该项活动的工作对象，作为输入。
- 利用这一输入实施该项活动应完成的内容。
- 给出该项活动的工作成果，作为输出传给下一项活动。
- 对该项活动实施的工作进行评审。若其工作得到确认，则继续进行下一项活动；否则返回前项，甚至更前项的活动进行返工。

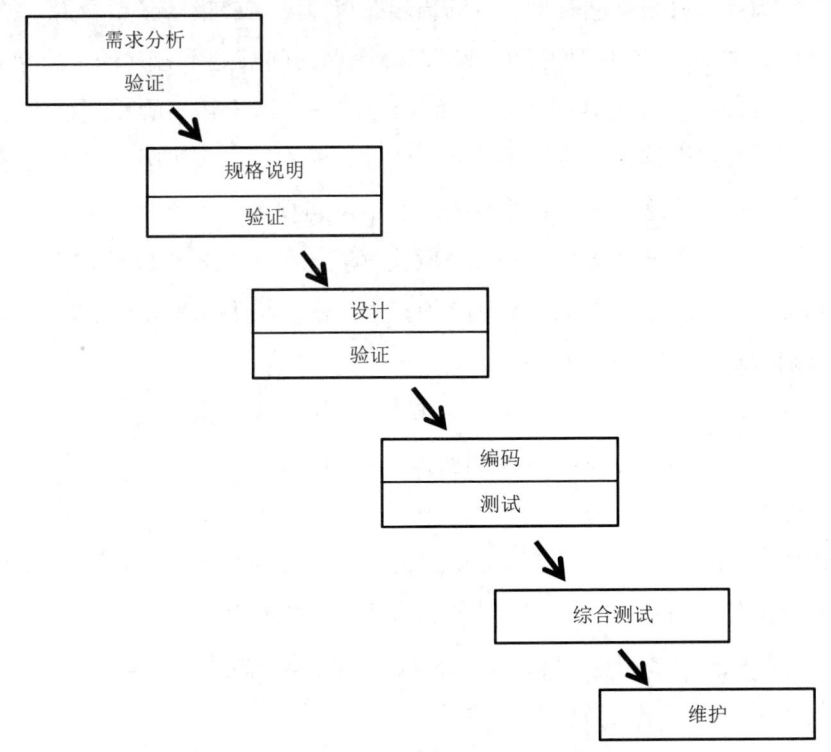

图 5-2　瀑布模型

瀑布模型自提出之日起一直广为流行，是因为它在消除非结构化软件、降低软件的复杂度、促进开发工程化方面起着显著作用。与此同时，瀑布模型在大量的系统开发实践中也逐渐暴露出它的严重缺点。其中，最为突出的缺点是该模型缺乏灵活性，特别是无法解决需求不明确或者不准确的问题。

为了弥补瀑布模型的不足，又提出了多种其他模型。

（2）演化模型（Evolution Model）。

由于在开发的初始阶段人们对需求的认识常常不够清晰，因而使得开发难以做到一次开发成功，出现返工再开发在所难免。有人说，往往要"干两次"后开发出的系统才能较好地令用户满意。第一次只是试验开发，其目标只是在于探索可行性，弄清系统需求；第二次则在此基础上获得较为满意的系统。通常把第一次得到的试验性产品称为"原型"（Prototyping）。显然，演化模型在克服瀑布模型缺点、减少由于需求不明确而给开发工作带来风险方面确有显著的效果。

（3）螺旋模型（Spiral Model）。

对于复杂的大型软件，开发一个原型往往达不到要求。螺旋模型将瀑布模型与演化模型结合起来，并且加入被两种模型都忽略了的风险分析，弥补了两者的不足。"风险"是普遍存在于任何系统开发项目中的实际问题。对于不同的项目，其差别只是风险有大有小而已。在制订开发计划时，系统分析员必须回答：项目的需求是什么、需要投入多少资源、如何安排开发进度等一系列问题。然而，若要他们当即给出准确无误的回答是不容易的，甚至是不可能的。但系统分析员又不可能完全回避这一问题。凭借经验的估计给出初步的设想便难免会带来一定风险。实践表明，项目规模越大，问题越复杂，资源、成本、进度等因素的不确定性越大，承担项目所冒的风险也越大。总之，风险是系统开发不可忽视的潜在不利因素，它可能在不同程度上损害到开发过程或开发出的系统的质量。风险驾驭的目标是在造成危害之前，对风险进行识别、分析，采取对策，进而消除或减少风险的损害。螺旋模型沿着螺线旋转，在笛卡尔坐标的 4 个象限上分别表达了 4 个方面的活动，即：

- 制订计划：确定系统目标，选定实施方案，明确开发的限制条件。
- 风险分析：分析所选方案，考虑如何识别和消除风险。
- 实施工程：实施系统开发。
- 客户评估：评估开发工作，提出修正建议。沿螺线自内向外每旋转一圈便开发出更为完善的一个新的系统版本。螺旋模型适合于大型软件的开发，应该说它是最为实际的方法，它吸收了"演化"（Evolve）的概念，使得开发人员和客户对每个演化层出现的风险有所了解，继而做出应有的反应。

（4）喷泉模型（Water Fountain Model）。

瀑布模型的不足之处在于，它对软件复用和生命周期中多项开发活动的集成并未提供支持，因而难以支持面向对象的开发方法。"喷泉"一词体现了迭代（Iteration）和无间隙特性。

喷泉模型在系统某个部分常常重复工作多次,相关功能在每次迭代中随之加入演进的系统。无间隙是指在开发活动,即分析、设计和编码之间不存在明显的边界。

## 5.3 软件定义

软件定义又称为系统分析。这个阶段主要是解决"做什么"的问题。其任务是在充分认识原系统的基础上,通过初步调查、可行性分析、详细调查、系统化分析,最后完成新系统的逻辑方案设计,撰写系统分析报告。

软件定义可进一步划分为3个阶段,即问题定义、可行性研究和需求分析。

1. 问题定义

问题定义阶段必须考虑的问题是"做什么"。

正确理解用户的真正需求是系统开发成功的必要条件。软件开发人员与用户之间的沟通必须通过系统分析员对用户进行访问调查,扼要地写出对问题的理解,并在有用户参加的会议上认真讨论,澄清含糊不清的地方,改正理解不正确的地方,最后得到一份双方都认可的文档。在文档中,系统分析员要写明问题的性质、工程的预期目标和工程的规模。问题定义阶段是软件生命周期中最短的阶段。

2. 可行性研究

可行性研究要研究问题的范围并探索这个问题是否值得去解决,以及是否有可行的解决办法。可行性研究的结果是部门负责人做出是否继续这项工程决定的重要依据。可行性论证的内容包括技术可行性、经济可行性、操作可行性。

可行性论证是分析员在收集资料的基础上,经过分析,明确软件项目的目标、问题域、主要功能和性能要求,确定应用软件的支撑环境以及费用、制作和时间限制等方面的约束条件,并用高层逻辑模型(通常用数据流图)对各种可能方案进行可行性分析及成本/效益分析。如果该项目在技术和经济上均可行,可明确地写出开发任务的全面要求和细节,形成软件计划任务书,作为本阶段的工作总结。

软件计划任务书包括软件项目目标,主要功能、性能,系统的高层逻辑模型(数据流图),系统界面,可供使用的资源,进度安排和成本预算。

3. 需求分析

需求分析即系统分析,通常采用系统模型定义系统。在可行性分析的基础上,需求分析的主要任务是:明确用户要求软件系统必须满足的所有功能、性能和限制,也就是解决软件"做什么"的问题。

系统分析员和用户密切配合,充分交流信息,得出经过用户确认的系统逻辑模型。系统的逻辑模型通常是用数据流图、数据字典和简要的描述表示系统的逻辑关系。

需求分析只是原理性方案的设计。在这一阶段的工作中，为清晰地揭示问题的本质，往往略去具体问题中的一些次要因素，只将功能关系抽象为反映该问题的系统模型。

系统逻辑模型是以后设计和实现目标系统的基础，必须准确而完整地体现用户的要求。

需求说明书是需求分析阶段应提交的文档。需求说明书作为确认测试和验收的依据，反映用户问题的结构。

结构化分析方法（Structured Analysis）是需求分析的最常用方法，简称 SA 方法，它与设计阶段的结构化设计方法（Structured Design，SD）一起联合使用，能够较好地实现一个软件系统的研制。

SA 方法的基本手段是通过分解与抽象建立 3 个模型：数据模型、功能模型、行为模型，以说明软件需求，并得到准确的软件需求规格说明。

SA 方法采用的基本方法为图形法，使用的分析工具有数据流图、数据字典、判定树、判定表和结构化语言。

（1）数据流图（DFD）：描述系统中数据流程的图形工具。

数据流图（DFD）是一种图形化的系统模型，它在一张图中按照系统的观点，将信息系统建模为输入、处理、输出和数据存储。DFD 表达了信息系统的功能模型，描述了系统中所有的计算。功能模型只表明了一个计算如何从输入值得到输出值，而不考虑所计算的值的次序。DFD 表示了系统中值之间的函数关系，其中值包括输入值（输入数据流）、输出值（输出数据流）和内部的数据存储，需要注意的是 DFD 不表示控制信息。

DFD 只有 4 个基本符号，如图 5-3 所示。

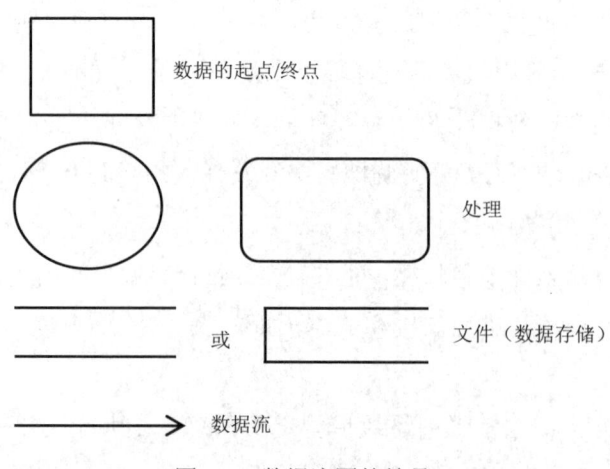

图 5-3 数据流图的符号

- 外部实体可以是人、机构或其他实体，它在系统之外，用正方形表示。
- 数据流用箭头表示，方向是从数据值的产生对象指向接收对象。

- 数据存储用缺边的矩形来表示，它本身不产生任何操作，它仅仅响应存储和访问数据的要求。需要注意的是，在外部实体与数据存储之间不存在直接相连的数据流，这是因为外部实体处于系统之外，而数据存储是 DFD 中的被动对象，用来存储数据。
- 处理过程用圆角的矩形或圆形表示，它用于改变数据值，代表从输入值转换为输出值的算法或程序。

例如有如下需求：读者交索书单，首先查找书库文件，如无书通知读者，有书再查读者记录文件。如果有人阅读则通知读者，无人阅读则通知取书。取书后通知读者借书成功，并进行修改读者记录文件处理。数据流图如图 5-4 所示。

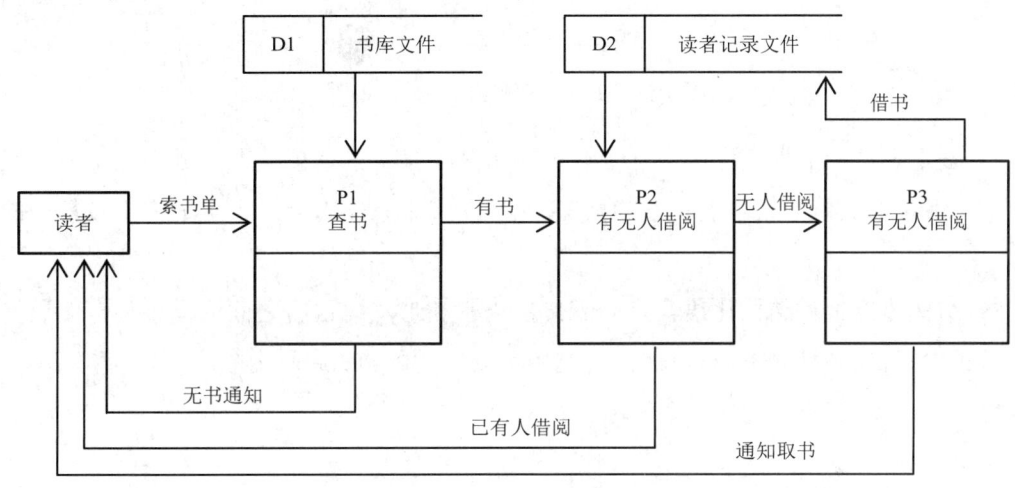

图 5-4　图书系统数据流图

（2）数据字典（DD）：数据字典是结构化分析方法的核心，是对数据流图中出现的被命名的图形元素的确切解释，通常包括名称、别名、何处使用/如何使用、内容描述、补充信息等。

（3）判定树（Decision Tree）：用判定树来描述一个功能模块的逻辑处理过程，是一种非常直观、方便的表现形式。

例如，某工厂对工人超额完成工时奖励方案如下：①机加工工人，每月超额工时数在 50 工时以内（含 50 工时），每工时奖励 4 元；超额工时大于 50 工时并在 100 工时以内的，大于 50 工时的部分，每工时奖励 6 元，其余部分每工时奖励 4 元；超额工时数在 100 工时以上的，大于 100 工时的部分，每工时奖励 8 元，其余部分按 100 工时以内处理；②装配工人，每月超额工时数在 50 工时以内，每工时奖励 5 元；超额工时大于 50 工时并在 100 工时以内的，大于 50 工时的部分，每工时奖励 8 元，其余部分按 50 工时以内处理；超额工时数在 100 工时以上的，大于 100 工时的部分，每工时奖励 10 元，其余部分按 100 工时以内处理。此工厂超额工时奖金决策树如图 5-5 所示。

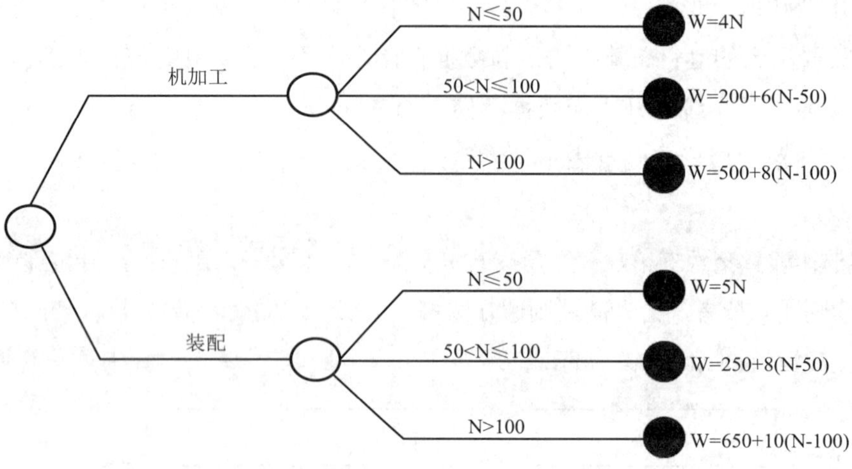

```
                              N≤50          W=4N
              机加工  ○       50<N≤100      W=200+6(N-50)
                              N>100         W=500+8(N-100)
    ○
                              N≤50          W=5N
              装配    ○       50<N≤100      W=250+8(N-50)
                              N>100         W=650+10(N-100)
```

图 5-5　某工厂超额工时奖金决策树

（4）判定表：在数据流图中的加工要依赖于多个条件的取值，即完成该加工的一组动作是由于某一组条件取值的组合而引发的情况，它与判定树是相似的，但更适宜于较复杂的条件组合。

（5）结构化语言：结构化语言是介于自然语言和形式化语言之间的一种类自然语言，它吸收了形式化语言的精确严格与自然语言的简单易懂的特点，通常由顺序、选择和循环 3 种控制结构构成，适用于简单逻辑加工关系的描述。

## 5.4　软件设计

软件设计阶段主要解决"怎么做"的问题。其主要任务是从信息系统的总体目标出发，将分析阶段获得的系统逻辑模型转换成一个具体的计算机实现方案的物理模型。

下面具体讲述系统设计包括的主要活动。

1. 总体设计

总体设计，也叫概要设计或初步设计。这个阶段必须回答的是"概括地说，应该如何解决这个问题"。其中包括系统总体布局方案的确定、软件系统总体结构的设计、数据存储的总体设计和网络系统方案的选择等，最后得到软件设计说明书。

总体设计的目标是采用结构化分析的成果——由数据模型、功能模型、行为模型描述的软件需求，按一定的设计方法，完成数据设计、体系结构设计、接口设计和过程设计。

总体设计应遵循的一条主要原则就是程序模块化的原则。总体设计的结果通常以层次图或结构图来表示。

采用传统软件工程学中的结构化设计技术或面向数据流的系统化设计方法来完成。总体设计阶段的表示工具有层次图、HIPO 图等。

2. 详细设计

总体设计阶段以比较抽象、概括的方式提出了问题的解决方法。详细设计阶段的任务是把解法具体化，也就是回答"应该怎样具体地实现这个系统。"

详细设计即模块设计。它是在算法设计和结构设计的基础上，针对每个模块的功能、接口和算法定义，设计模块内部的算法过程及程序的逻辑结构，并编写模块设计说明。

衡量软件模块独立性应使用内聚性和耦合性两个定性的度量标准。内聚性是对一个模块内部各个组成元素之间相互结合的紧密程度的度量指标，模块中组成元素结合得越紧密，模块的内聚性就越高，模块的独立性也就越高；耦合性是指模块之间的依赖关系，包括控制关系、调用关系、数据传递关系，模块间联系越多，其耦合性越强，同时表明其独立性越差。一个优秀的软件应高内聚、低耦合。

详细设计阶段的方法有以下 3 个：

（1）结构化程序设计技术：如果一个程序的代码仅仅通过顺序、选择和循环这 3 种控制结构进行连接，并且每个代码块只有一个入口和出口，则称此程序为结构化的。主要工具有 4 个：程序流程图、方框图、问题分析图、伪码语言。

1）程序流程图（程序框图，如图 5-6 所示）。

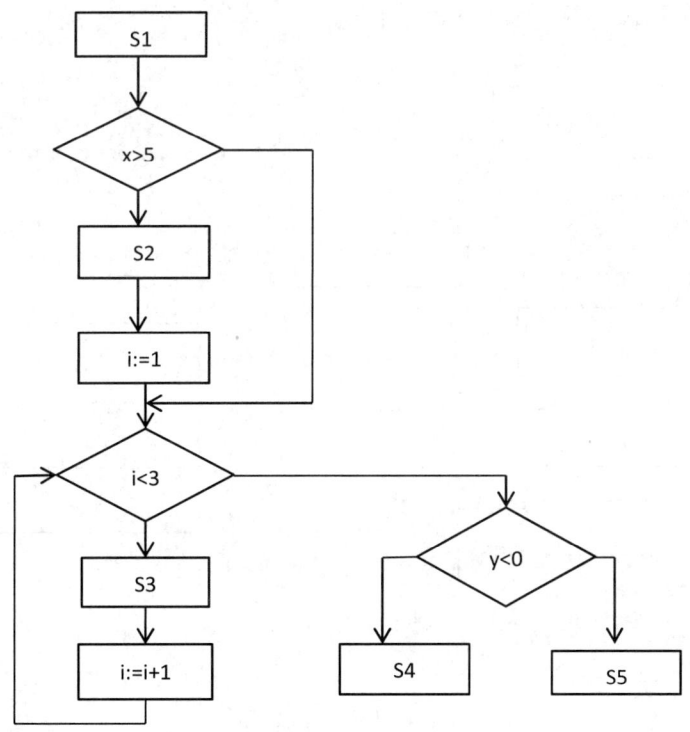

图 5-6　程序流程图

2）方框图（N-S 图，如图 5-7 所示）。

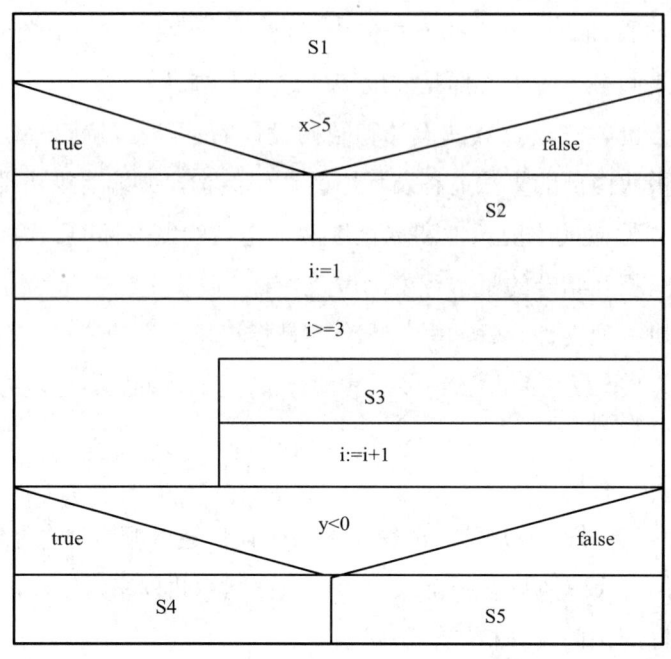

图 5-7　N-S 图

2）问题分析图（PAD 图，如图 5-8 所示）。

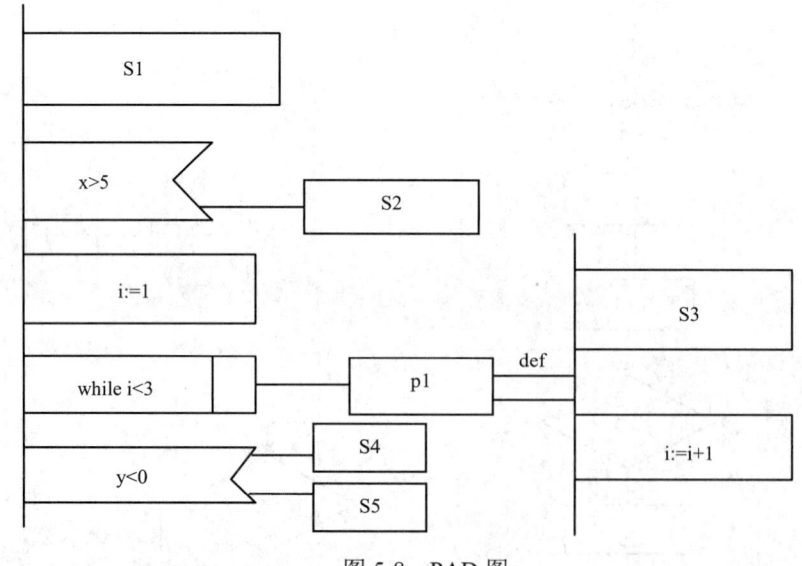

图 5-8　PAD 图

4）伪码语言（PDL 语言）。

```
START
S2
```

```
if(x>5);
else S2;
i:=1;
DO S3,i:=i+i;
while i<3
if(y<0) S4;
else S5;
END
```

(2)面向数据结构的设计方法:适用于信息具有清楚的层次结构的应用系统开发。

(3)面向对象的程序设计方法(Object Oriented Programming,OOP):是 20 世纪 80 年代以来广泛采用的程序设计方法,以对象、类描述客观事物,以事件驱动。近年来又逐步融入了可视化、所见即所得的新风格。

3. 编码设计与单元测试

这个阶段的任务是根据详细设计的结果,选择一种适合的程序设计语言,把详细设计的结果翻译成程序的源代码。

每编写完一个模块,都要对模块进行测试,即单元测试,以便尽早发现程序中的错误和缺陷。

4. 综合测试

模块编码及测试完成后,需要根据软件结构进行组装,并进行各种综合测试。软件测试中,测试计划、测试方案、测试用例报告及测试结果是软件配置的一部分,应以正式的文档形式保存下来。

综合测试的目标是产生一个可用的软件文本,修订和确认软件的使用手册。

5. 软件集成与复用

软件集成是 3 种较实用的快速原型技术(动态高级语言开发、数据库编程、组件和应用集成)中的一种。快速原型技术强调的是交付的速度,而非系统的性能、可维护性和可靠性。

如果系统中许多部分都可以复用而且不需要重新进行设计和实现,那么系统开发的时间就会缩短。许多原型中的功能模块可以以极低的成本来实现,如果用户对这些较熟悉,就不需要花费额外的时间去学习这些功能。

可复用的软件与快速构造原型关系很密切。一堆可复用的模块单独看可能是无用的,但快速构造的原型系统就是靠它们连接起来而得到的。

对建立软件目标系统而言,复用就是利用早先开发的对建立新系统有用的信息来生产新系统。它是一项活动,而不是一个对象。

(1)软件复用的条件。

必须有简单而清晰的界面;它们应当有高自包含性,即尽量不依赖其他模块或数据结构;

它们应具有一些通用的功能。当然，还应有好的文档，所有模块的接口、功能和错误条件描述应遵守一定的规范。

（2）软件复用的范围。

- 复用数据：指程序不做任何修改，甚至输入输出数据的格式也无需改动，就可以从一个环境移到另一个环境中使用。
- 复用模块：可复用模块的概念是指单个函数，它们不需要逐行编码就可以连接到一个程序中去。
- 复用结构：有效的复用应有一个结构上的考虑，而不仅是将模块连接在一起。
- 复用设计：软件设计与实现是两个不同的阶段。若对于同一个设计，可以采用不同的实现方法，则这样的设计就是可复用的。
- 复用规格说明：在基本需求不改变或某一新问题与过去的某一软件在某个抽象层次上属于同一类的情况下，原规格说明仍可使用或参照使用。

（3）软件复用技术。软件复用技术可分为两大类：合成技术和生成技术。

- 合成技术：在合成技术中，构件（Building Blocks）是复用的基石。构件方法以抽象数据类型为理论基础，借用了硬件中集成电路芯片的思想，即将功能细节与数据结构隐藏封装在构件内部，有着精心设计的接口。构件在开发中像芯片那样使用，它们可以组装成更大的构件。构件可以是某一函数、过程、子程序、数据类型、算法等可复用软件成分的抽象，利用构件来构造软件系统，有较高的生产率和较短的开发周期。
- 生成技术：生成技术利用可复用的模式（Patterns），通过生成程序产生一个新的程序或程序段，产生的程序可以看成是模式的实例。可复用的模式有两种不同的形式：代码模式和规则模式。前者的例子是应用生成器，可复用的代码模式就存在于生成器自身。通过特定的参数替换，生成抽象软件模块的具体实体。后者的例子是变换系统，它利用变换规则集合。其变换方法中通常采用超高级的规格说明语言形式化地给出软件的需求规格说明，利用程序变换系统（有时要经过一系列变换）把用超高级规格说明语言编写的程序转化成某种可执行语言的程序。这种超高级语言抽象能力高、逻辑性强、形式化好，便于软件使用者维护。

## 5.5　软件测试

1. 测试的定义

使用人工或自动手段来运行或测定某个系统的过程，目的在于检验它是否满足规定的需求或是弄清预期结果与实际结果之间的差别。

2. 测试的目的

尽可能揭露和发现程序中隐藏的错误，好的测试方案是尽可能发现尚未发现的错误的测试方案；成功的测试是发现了至今为止尚未发现的错误的测试。因此，一般不由软件编写者测试程序，而由其他人组成的一个测试小组来进行。而且，就算是经过了最严密的测试，仍可能存在未发现的错误。总之，测试只能发现错误，不能证明程序中没有错误。

3. 基本测试方法

（1）静态测试。静态测试包括代码检查、静态结构分析、代码质量度量。一般不实际运行软件，主要通过人工进行。

（2）动态测试：是基本的计算机的测试，主要包括白盒测试方法和黑盒测试方法。

- 黑盒测试（功能测试）：在程序接口进行的测试，根据规格说明书检查程序接口，而不考虑程序的内部结构和实现过程。主要诊断功能不对或遗漏、界面错误、数据结构或外部数据库访问错误、性能错误、初始化和终止条件错误，用于软件确认。主要方法有等价类划分法、边界值分析法、错误推测法、因果图等。
- 白盒测试（结构测试）：按照程序的内部逻辑实现来测试程序，了解程序的每条通路是否都按预定要求正确实现。在程序内部进行，主要用于完成软件内部操作的验证。主要方法有逻辑覆盖、基本路径测试。

4. 测试策略

测试过程必须分步进行，一般分成单元测试、集成测试、验收测试（确认测试）和系统测试。

（1）单元测试：着重测试每个单独模块，以确保其作为一个单元功能是正确的。单元测试大量使用白盒测试，检查模块的控制结构。

（2）集成测试：把模块装配（集成）为一个完整的软件包，在装配的同时进行测试。集成测试主要使用黑盒测试技术，要同时解决程序验证和程序构造两个问题。

（3）验收测试：检查已实现的软件是否满足了需求规格说明书中确定的各种需求，以及软件配置是否完全、正确。

（4）系统测试：把已经经过确认的软件纳入实际运行环境中，与其他系统成分组合在一起进行测试。

5. 软件维护

软件维护的任务是使软件能够持久地满足用户的需求。具体地说，当软件在使用过程中发现错误时，能及时地改正；当用户在使用过程中提出新要求时，能按要求进行更新；当系统环境改变时，能对软件进行修正，以适应新的环境。

维护可分为 4 类：纠错性维护、适应性维护、完善性维护和预防性维护。

纠错性维护是对软件在使用过程中发现的错误进行诊断和改正；适应性维护是为了让软件适应新的环境（如操作系统的改变、支撑环境的改变等）而进行的修改；完善性维护是为了改进和扩充软件的功能而进行的修改；预防性维护是为将来的维护活动所做的准备。每一项维护都要以正式文档的形式记录下来，作为软件配置的一部分。

## 5.6　程序调试

程序调试的任务是诊断和改正程序中的错误，主要在开发阶段进行，调试程序应该由编制源程序的程序员来完成。

程序调试的基本步骤：①错误定位；②纠正错误；③回归测试。软件在调试后要进行回归测试，防止引进新的错误。

软件调试可分为静态调试和动态调试。静态调试主要是指通过人的思维来分析源程序代码和排错，是主要的调试手段，而动态调试是辅助静态调试的。

对软件主要的调试方法可以采用：

（1）强行排错法。主要方法有通过内存全部打印来排错；在程序特定部位设置打印语句；自动调试工具。

（2）回溯法。发现了错误，分析错误征兆，确定发现"症状"的位置。一般用于小程序。

（3）原因排除法。是通过演绎、归纳和二分法来实现的。

- 演绎法。根据已有的测试用例，设想及枚举出所有可能出错的原因作为假设；然后再用原始测试数据或新的测试从中逐个排除不可能正确的假设；最后，再用测试数据验证余下的假设确定出错的原因。
- 归纳法。从错误征兆着手，通过分析它们之间的关系来找出错误。大致分为4步：收集有关的数据；组织数据；提出假设；证明假设。
- 二分法。在程序的关键点给变量赋正确值，然后运行程序并检查程序的输出。如果输出结果正确，则错误原因在程序的前半部分；反之，错误原因在程序的后半部分。

# 第 6 章  数据库设计基础

数据库技术是计算机领域的一个重要分支。在计算机应用的三大领域（科学计算、数据处理和过程控制）中，数据处理约占 70%，而数据库技术就是作为一门数据处理技术发展起来的。随着计算机应用的普及和深入，数据库技术变得越来越重要，而了解、掌握数据库系统的基本概念和基本技术是应用数据库技术的前提。本章首先介绍数据库系统的基础知识，然后对基本数据模型进行讨论，特别是 E-R 模型和关系模型；之后介绍关系代数及其在关系数据库中的应用，并对关系的规范化理论进行简单说明；最后，较为详细地讨论数据库的设计过程。

- 数据库系统的基本概念、数据库系统的发展及特点、数据库系统的内部体系结构。
- 数据模型的基本概念、E-R 模型图示法、关系模型的数据结构、关系的操作和数据约束。
- 关系代数之关系模型的基本操作、基本运算及扩充运算。
- 数据库的设计与管理，数据库概念设计、逻辑设计、物理设计各个阶段的方法和特点。

## 6.1  数据库系统的基本概念

### 6.1.1  基本概念

**1. 数据**

数据（Data）实际上就是描述事物的符号记录。

计算机中的数据一般分为两部分：一部分数据与程序仅有短时间的交互关系，随着程序的结束而消亡，它们称为临时性（Transient）数据，这类数据一般存放于计算机内存中；另一部分数据则对系统起着长期持久的作用，它们称为持久性（Persistent）数据。数据库系统中处理的就是这种持久性数据。

软件中的数据是有一定结构的。数据有型（Type）与值（Value）之分，数据的型给出了数据表示的类型，如整型、实型、字符型等，而数据的值给出了符合给定型的值，如整型值15。随着应用需求的扩大，数据的型有了进一步的扩大，它包括了将多种相关数据以一定结构方式组合构成特定的数据框架，这样的数据框架称为数据结构（Data Structure），数据库中在特定条件下称之为数据模式（Data Schema）。

在过去的软件系统中是以程序为主体，而数据则以私有形式从属于程序，此时数据在系统中是分散的、凌乱的，这也造成了数据管理的混乱，如数据冗余度高、数据一致性差、数据的安全性差等多种弊病。近10多年来，数据在软件系统中的地位产生了变化，在数据库系统及数据库应用系统中数据已占有主体地位，而程序已退居附属地位。在数据库系统中需要对数据进行集中、统一的管理，以达到数据被多个应用程序共享的目标。

2. 数据库

数据库（Database，DB）是数据的集合，它具有统一的结构形式并存放于统一的存储介质内，是多种应用数据的集成，并可被各个应用程序所共享。

数据库存放数据是按数据所提供的数据模式存放的，它能构造复杂的数据结构以建立数据间的内在联系与复杂的关系，从而构成数据的全局结构模式。

数据库中的数据具有"集成"和"共享"的特点，也就是说数据库集中了各种应用的数据，进行统一的构造与存储，而使它们可被不同的应用程序所使用。

3. 数据库管理系统

数据库管理系统（Database Management System，DBMS）是数据库的机构，它是一种系统软件，负责数据库中的数据组织、数据操纵、数据维护、控制及保护和数据服务等。数据库中的数据是海量级的，并且结构复杂，因此需要提供管理工具。数据库管理系统是数据库系统的核心，它主要有如下几方面的具体功能：

（1）数据模式定义。

数据库管理系统负责为数据库构建模式，也就是为数据库构建其数据框架。

（2）数据存取的物理构建。

数据库管理系统负责为数据模式的物理存取及构建提供有效的存取方法与手段。

（3）数据操纵。

数据库管理系统为用户使用数据库中的数据提供方便，它一般提供查询、插入、修改、删除数据的功能。此外，它自身还具有进行简单算术运算及统计的能力，而且可以与某些过程性语言结合，使其具有强大的过程性操作能力。

（4）数据的完整性、安全性定义与检查。

数据库中的数据具有内在语义上的关联性与一致性，它们构成了数据的完整性，数据的完整性是保证数据库中数据正确的必要条件，因此必须经常检查以维护数据的正确。

数据库中的数据具有共享性，而数据共享可能会引发数据的非法使用，因此必须要对数据正确使用作出必要的规定，并在使用时进行检查，这就是数据的安全性。

数据完整性与安全性的维护是数据库管理系统的基本功能。

（5）数据库的并发控制与故障恢复。

数据库是一个集成、共享的数据集合体，它能为多个应用程序服务，所以就存在着多个应用程序对数据库的并发操作。在并发操作中如果不加控制和管理，多个应用程序间就会相互干扰，从而对数据库中的数据造成破坏。因此，数据库管理系统必须对多个应用程序的并发操作进行必要的控制以保证数据不受破坏，这就是数据库的并发控制。

数据库中的数据一旦遭受破坏，数据库管理系统必须有能力及时进行恢复，这就是数据库的故障恢复。

（6）数据的服务。

数据库管理系统提供对数据库中数据的多种服务功能，如数据拷贝、转存、重组、性能监测、分析等。

为完成以上 6 个功能，数据库管理系统一般提供相应的数据语言（Data Language），它们是：

- 数据定义语言（Data Definition Language，DDL）：负责数据的模式定义与数据的物理存取构建。
- 数据操纵语言（Data Manipulation Language，DML）：负责数据的操纵，包括查询及增、删、改等操作。
- 数据控制语言（Data Control Language，DCL）：负责数据完整性、安全性的定义与检查以及并发控制、故障恢复等功能，包括系统初启程序、文件读写与维护程序、存取路径管理程序、缓冲区管理程序、安全性控制程序、完整性检查程序、并发控制程序、事务管理程序、运行日志管理程序、数据库恢复程序等。

上述数据语言按其使用方式具有两种结构形式：

- 交互式命令语言。它的语言简单，能在终端上即时操作，又称为自含型语言或自主型语言。
- 宿主型语言。它一般可嵌入某些宿主语言（Host Language）中，如 C、C++和 COBOL 等高级过程性语言中。

此外，数据库管理系统还有为用户提供服务的服务性（Utility）程序，包括数据初始装入程序、数据转存程序、性能监测程序、数据库再组织程序、数据转换程序、通信程序等。

目前流行的 DBMS 均为关系数据库系统，如 Oracle、Sybase 的 PowerBuilder、IBM 的 DB2、

微软的 SQL Server 等，它们均为严格意义上的 DBMS 系统。另外有一些小型的数据库，如微软的 Visual FoxPro 和 Access 等，它们只具备数据库管理系统的一些简单功能。

4. 数据库管理员

由于数据库的共享性，因此对数据库的规划、设计、维护、监视等需要有专人管理，称他们为数据库管理员（Database Administrator，DBA）。其主要工作如下：

（1）数据库设计（Database Design）。DBA 的主要任务之一是做数据库设计，具体地说是进行数据模式的设计。由于数据库的集成与共享性，因此需要有专门人员（即 DBA）对多个应用的数据需求作全面的规划、设计与集成。

（2）数据库维护。DBA 必须对数据库中的数据安全性、完整性、并发控制及系统恢复、数据定期转存等进行实施与维护。

（3）改善系统性能，提高系统效率。DBA 必须随时监视数据库运行状态，不断调整内部结构，使系统保持最佳状态与最高效率。当效率下降时，DBA 需要采取适当的措施，如进行数据库的重组、重构等。

5. 数据库系统

数据库系统（Database System，DBS）由如下几部分组成：数据库（数据）、数据库管理系统（软件）、数据库管理员（人员）、系统平台之一：硬件平台（硬件）、系统平台之二：软件平台（软件）。这 5 个部分构成了一个以数据库为核心的完整的运行实体，称为数据库系统。

在数据库系统中，硬件平台包括：

- 计算机：它是系统中硬件的基础平台，目前常用的有微型机、小型机、中型机、大型机、巨型机。
- 网络：过去数据库系统一般建立在单机上，但是近年来它较多地建立在网络上，从目前形势看，数据库系统今后将以建立在网络上为主，而其结构形式又以客户/服务器（C/S）方式和浏览器/服务器（B/S）方式为主。

在数据库系统中，软件平台包括：

- 操作系统：它是系统的基础软件平台，目前常用的有各种 UNIX（包括 Linux）与 Windows 两种。
- 数据库系统开发工具：为开发数据库应用程序所提供的工具，包括过程性程序设计语言如 C、C++等，也包括可视化开发工具 VB、PB、Delphi 等，还包括与 Internet 有关的 HTML 和 XML 等；以及一些专用开发工具。
- 接口软件：在网络环境下数据库系统中数据库与应用程序、数据库与网络间存在着多种接口，它们需要用接口软件进行联接，否则数据库系统整体就无法运作，这些接口软件包括 ODBC、JDBC、OLEDB、CORBA、COM、DCOM 等。

6. 数据库应用系统（Database Application System，DBAS）

利用数据库系统进行应用开发可构成一个数据库应用系统，数据库应用系统是数据库系统再加上应用软件及应用界面这三者所组成的，具体包括：数据库、数据库管理系统、数据库管理员、硬件平台、软件平台、应用软件、应用界面。其中应用软件是由数据库系统所提供的数据库管理系统（软件）及数据库系统开发工具所书写而成，而应用界面大多由相关的可视化工具开发而成。

数据库应用系统的 7 个部分以一定的逻辑层次结构方式组成一个有机的整体。如果不计数据库管理员（人员）并将应用软件与应用界面记成应用系统，则数据库应用系统的结构如图 6-1 所示。

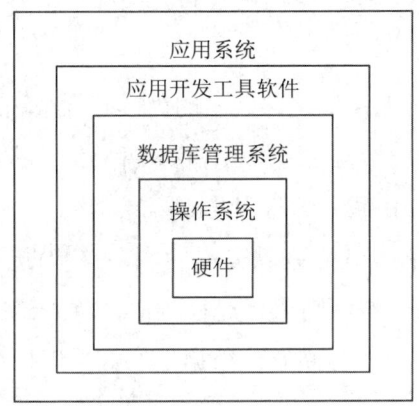

图 6-1 数据库系统的软硬件层次结构

下面以一个用户读取某数据记录为例，展示在数据库系统中访问数据的具体执行过程，该过程如图 6-2 所示。

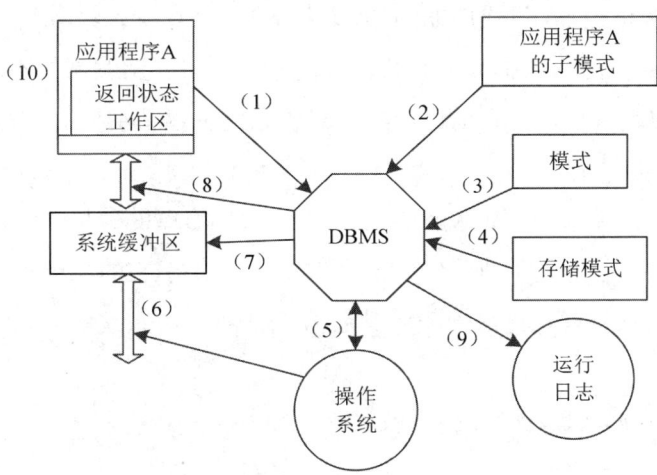

图 6-2 数据库系统访问数据的步骤

对其各个步骤的简单说明如下：

（1）用户程序中有一条读数据库记录的 DML 语句，当计算机执行到该语句时，即向 DBMS 发出读取相应记录的命令。

（2）DBMS 接到该命令后，访问该用户对应的子模式，检查该操作是否在合法授权范围内及欲读记录的正确性、有效性，若不合法则拒绝执行，并向应用程序状态返回区发出回答状态信息；反之执行下一步。

（3）DBMS 读取模式描述并从子模式映像到全局模式，从而确定所需的逻辑记录类型。

（4）DBMS 从逻辑模式映像到存储模式，从而确定读入哪些物理记录以及具体的地址信息。

（5）DBMS 向操作系统发出从指定地址读取记录的命令。

（6）操作系统执行读命令，按指定地址从数据库中把记录读入系统缓冲区，并在操作结束后向 DBMS 作出回答。

（7）DBMS 按照模式将读入系统缓冲区中的内容映像成用户要求读取的逻辑记录。

（8）DBMS 将导出的逻辑记录送入用户工作区，并将操作执行情况的状态信息返回给用户。

（9）DBMS 将已执行的操作载入运行日志。

（10）应用程序根据返回的状态信息决定是否利用该数据进行操作等。

如果用户是更新一个记录内容，则执行过程类似。首先读出目标记录，并在用户工作区中进行修改，然后向 DBMS 发出"写回修改数据"的数据库指令。

### 6.1.2 数据库系统的发展

数据管理发展至今已经历了 3 个阶段：人工管理阶段、文件系统阶段和数据库系统阶段。人工管理阶段是在 20 世纪 50 年代中期以前，主要用于科学计算，硬件无磁盘，直接存取，软件没有操作系统。20 世纪 50 年代后期到 20 世纪 60 年代中期，进入文件系统阶段。20 世纪 60 年代之后，数据管理进入数据库系统阶段。随着计算机应用领域的不断扩大，数据库系统的功能和应用范围也越来越广，目前已成为计算机系统基本及主要的支撑软件。

1. 文件系统阶段

文件系统是数据库系统发展的初级阶段，它提供了简单的数据共享与数据管理能力，但是它无法提供完整的、统一的管理和共享数据的能力。由于它的功能简单，因此它附属于操作系统而不成为独立的软件，目前一般将其看成仅是数据库系统的雏形，而不是真正的数据库系统。

2. 层次数据库与网状数据库系统阶段

从 20 世纪 60 年代末期起，真正的数据库系统——层次数据库与网状数据库开始发展，它们为统一管理与共享数据提供了有力支撑，这个时期数据库系统蓬勃发展，形成了有名的"数据库时代"。但是这两种系统也存在不足，主要是它们脱胎于文件系统，受文件的物理影响较大，对数据库使用带来诸多不便，同时，此类系统的数据模式构造烦琐不宜于推广使用。

3. 关系数据库系统阶段

关系数据库系统出现于 20 世纪 70 年代，在 80 年代得到蓬勃发展，并逐渐取代前两种系统。关系数据库系统结构简单，使用方便，逻辑性强物理性少，因此在 80 年代以后一直占据数据库领域的主导地位。但是由于此系统来源于商业应用，适合于事务处理领域而对非事务处理领域应用受到限制，因此在 80 年代末期兴起了与应用技术相结合的各种专用数据库系统，如下：

- 工程数据库系统：是数据库与工程领域的结合。
- 图形数据库系统：是数据库与图形应用的结合。
- 图像数据库系统：是数据库与图像应用的结合。
- 统计数据库系统：是数据库与工程应用的结合。
- 知识库系统：是数据库与人工智能应用领域的结合。
- 分布式数据库系统：是数据库与网络应用的结合。
- 并行数据库系统：是数据库与多机并行应用的结合。

面向对象数据库系统：是数据库与面向对象方法的结合。

关于数据管理 3 个阶段中的软硬件背景及处理特点简单概括在表 6-1 中。

表 6-1 数据管理 3 个阶段的比较

| 阶段<br>比较项目 | 人工管理 | 文件系统 | 数据库系统 |
| --- | --- | --- | --- |
| 应用背景 | 科学计算 | 科学计算、管理 | 大规模管理 |
| 硬件背景 | 无直接存取设备 | 磁盘、磁鼓 | 大容量磁盘 |
| 软件背景 | 没有操作系统 | 有文件系统 | 有数据库管理系统 |
| 处理方式 | 批处理 | 联机实时处理<br>批处理 | 联机实时处理<br>分布处理<br>批处理 |
| 数据管理者 | 人 | 文件系统 | 数据库管理系统 |
| 数据面向对象 | 某个应用程序 | 某个应用程序 | 现实世界 |
| 数据共享程度 | 无共享<br>冗余度大 | 共享性差<br>冗余度大 | 共享性大<br>冗余度小 |
| 数据独立性 | 不独立，完全依赖于程序 | 独立性差 | 具有高度的物理独立性和一定的逻辑独立性 |
| 数据结构化 | 无结构 | 记录内有结构<br>整体无结构 | 整体结构化，用数据模型描述 |
| 数据控制能力 | 应用程序自己控制 | 应用程序自己控制 | 由 DBMS 提供数据安全性、完整性、并发控制和恢复 |

目前，数据库技术也与其他信息技术一样在迅速发展之中，计算机处理能力的增强和越来越广泛的应用是促进数据库技术发展的重要动力。一般认为，未来的数据库系统应支持数据管理、对象管理和知识管理，应该具有面向对象的基本特征。在关于数据库的诸多新技术中，以下 3 种是比较重要的：

- 面向对象数据库系统：用面向对象方法构筑面向对象数据模型，使其具有比关系数据库系统更为通用的能力。
- 知识库系统：用人工智能中的方法特别是用谓词逻辑知识表示方法构筑数据模型，使其模型具有特别通用的能力。
- 关系数据库系统的扩充：利用关系数据库作进一步扩展，使其在模型的表达能力与功能上有进一步的加强，如与网络技术相结合的 Web 数据库、数据仓库、嵌入式数据库等。

### 6.1.3 数据库系统的基本特点

数据库技术是在文件系统基础上发展产生的，两者都以数据文件的形式组织数据，但由于数据库系统在文件系统之上加入了 DBMS 对数据进行管理，从而使得数据库系统具有以下特点：

（1）数据的集成性。

数据库系统的数据集成性主要表现在如下几个方面：

- 在数据库系统中采用统一的数据结构方式，如在关系数据库中采用二维表作为统一结构方式。
- 在数据库系统中按照多个应用的需要组织全局的统一的数据结构（即数据模式），数据模式不仅可以建立全局的数据结构，还可以建立数据间的语义联系，从而构成一个内在紧密联系的数据整体。
- 数据库系统中的数据模式是多个应用共同的、全局的数据结构，而每个应用的数据则是全局结构中的一部分，称为局部结构（即视图），这种全局与局部的结构模式构成了数据库系统数据集成性的主要特征。

（2）数据的高共享性与低冗余性。

由于数据的集成性使得数据可为多个应用所共享，特别是在网络发达的今天，数据库与网络的结合扩大了数据关系的应用范围。数据的共享自身又可极大地减少数据冗余性，不仅减少了不必要的存储空间，更为重要的是可以避免数据的不一致性。所谓数据的一致性是指在系统中同一数据的不同出现应保持相同的值，而数据的不一致性指的是同一数据在系统的不同拷贝处有不同的值。因此，减少冗余性以避免数据的不同出现是保证系统一致性的基础。

（3）数据独立性。

数据独立性是数据与程序间的互不依赖性，即数据库中的数据独立于应用程序而不依赖于应用程序。也就是说，数据的逻辑结构、存储结构与存取方式的改变不会影响应用程序。

数据独立性一般分为物理独立性与逻辑独立性两级。

- 物理独立性：是指数据的物理结构（包括存储结构、存取方式等）的改变，如存储设备的更换、物理存储的更换、存取方式改变等都不影响数据库的逻辑结构，从而不致引起应用程序的变化。
- 逻辑独立性：是指数据库总体逻辑结构的改变，如修改数据模式、增加新的数据类型、改变数据间联系等，不需要相应修改应用程序。

（4）数据统一管理与控制。

数据库系统不仅为数据提供高度集成环境，同时还为数据提供统一管理的手段，这主要包含以下3个方面：

- 数据的完整性检查：检查数据库中数据的正确性以保证数据的正确。
- 数据的安全性保护：检查数据库访问者以防止非法访问。
- 并发控制：控制多个应用的并发访问所产生的相互干扰以保证其正确性。

### 6.1.4 数据库系统的内部结构体系

数据库系统在其内部具有三级模式及二级映射，三级模式分别是概念级模式、内部级模式与外部级模式，二级映射分别是概念级到内部级的映射和外部级到概念级的映射。这种三级模式与二级映射构成了数据库系统内部的抽象结构体系，如图6-3所示。

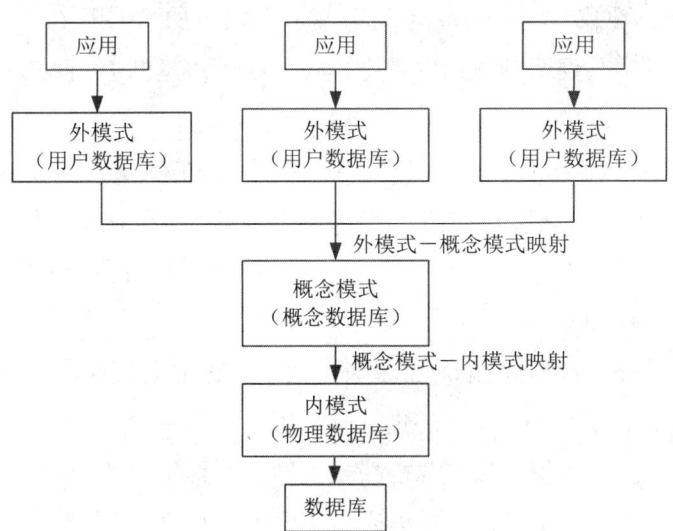

图6-3 三级模式、两种映射关系图

1. 数据库系统的三级模式

数据模式是数据库系统中数据结构的一种表示形式,它具有不同的层次与结构方式。

(1)概念模式。概念模式(Conceptual Schema)是数据库系统中全局数据逻辑结构的描述,是全体用户(应用)公共数据视图。这种描述是一种抽象的描述,它不涉及具体的硬件环境与平台,也与具体的软件环境无关。

概念模式主要描述数据的概念记录类型以及它们之间的关系,还包括一些数据间的语义约束,对它的描述可用 DBMS 中的 DDL 语言定义。

(2)外模式。外模式(External Schema)也称子模式(Subschema)或用户模式(User's Schema)。它是用户的数据视图,也就是用户所见到的数据模式,它由概念模式推导而出。概念模式给出了系统全局的数据描述,而外模式则给出每个用户的局部数据描述。一个概念模式可以有若干个外模式,每个用户只关心与它有关的模式,这样不仅可以屏蔽大量无关信息,而且有利于数据保护。在一般的 DBMS 中都提供有相关的外模式描述语言(外模式 DDL)。

(3)内模式。内模式(Internal Schema)又称物理模式(Physical Schema),它给出了数据库的物理存储结构与物理存取方法,如数据存储的文件结构、索引、集簇、hash 等存取方式与存取路径,内模式的物理性主要体现在操作系统及文件级上,它还未深入到设备级上(如磁盘及磁盘操作)。内模式对一般用户是透明的,但它的设计直接影响数据库的性能。DBMS一般提供相关的内模式描述语言(内模式 DDL)。

数据模式给出了数据库的数据框架结构,数据是数据库中真正的实体,但这些数据必须按框架所描述的结构组织,以概念模式为框架所组成的数据库叫概念数据库(Conceptual Database),以外模式为框架所组成的数据库叫用户数据库(User's Database),以内模式为框架所组成的数据库叫物理数据库(Physical Database)。这 3 种数据库中只有物理数据库是真实存在于计算机外存中的,其他两种数据库并不真正存在于计算机中,而是通过两种映射由物理数据库映射而成。

模式的 3 个级别层次反映了模式的 3 个不同环境以及它们的不同要求,其中内模式处于最底层,它反映了数据在计算机物理结构中的实际存储形式;概念模式处于中层,它反映了设计者的数据全局逻辑要求;外模式处于最外层,它反映了用户对数据的要求。

2. 数据库系统的两级映射

数据库系统的三级模式是对数据的三个级别抽象,它把数据的具体物理实现留给物理模式,使用户与全局设计者不必关心数据库的具体实现与物理背景;同时,它通过两级映射建立了模式间的联系与转换,使得概念模式与外模式虽然并不具备物理存在,但是也能通过映射而获得其实体。此外,两级映射也保证了数据库系统中数据的独立性,亦即数据的物理组织改变与逻辑概念级改变相互独立,使得只要调整映射方式而不必改变用户模式。

（1）概念模式到内模式的映射。该映射给出了概念模式中数据的全局逻辑结构到数据的物理存储结构间的对应关系，此种映射一般由 DBMS 实现。

（2）外模式到概念模式的映射。概念模式是一个全局模式，而外模式是用户的局部模式。一个概念模式中可以定义多个外模式，而每个外模式是概念模式的一个基本视图。外模式到概念模式的映射给出了外模式与概念模式的对应关系，这种映射一般也是由 DBMS 来实现的。

## 6.2 数据模型

### 6.2.1 数据模型的基本概念

数据库中的数据模型可以将复杂的现实世界要求反映到计算机数据库中的物理世界，这种反映是一个逐步转化的过程，它分为两个阶段：由现实世界开始，经历信息世界而至计算机世界，从而完成整个转化。

（1）现实世界（Real World）：用户为了某种需要，需将现实世界中的部分需求用数据库实现，这样，我们所见到的是客观世界中的划定边界的一个部分环境，它称为现实世界。

（2）信息世界（Information World）：通过抽象对现实世界进行数据库级上的刻画所构成的逻辑模型叫信息世界。信息世界与数据库的具体模型有关，如层次模型、网状模型、关系模型等。

（3）计算机世界（Computer World）：在信息世界基础上致力于其在计算机物理结构上的描述，从而形成的物理模型叫计算机世界。现实世界的要求只有在计算机世界中才得到真正的物理实现，而这种实现是通过信息世界逐步转化得到的。

数据是现实世界符号的抽象，而数据模型（Data Model）是数据特征的抽象，它从抽象层次上描述了系统的静态特征、动态行为和约束条件，为数据库系统的信息表示与操作提供一个抽象的框架。数据模型所描述的内容有 3 个部分：数据结构、数据操作、数据约束。

（1）数据结构。数据模型中的数据结构主要描述数据的类型、内容、性质以及数据间的联系等。数据结构是数据模型的基础，数据操作与数据约束均建立在数据结构上。不同的数据结构有不同的操作与约束，因此，一般数据模型的分类均以数据结构的不同而分。

（2）数据操作。数据模型中的数据操作主要描述在相应数据结构上的操作类型与操作方式。

（3）数据约束。数据模型中的数据约束主要描述数据结构内数据间的语法、语义联系，它们之间的制约与依存关系，以及数据动态变化的规则，以保证数据的正确、有效与相容。

数据模型按不同的应用层次分成 3 种类型：概念数据模型（Conceptual Data Model）、逻辑数据模型（Logic Data Model）、物理数据模型（Physical Data Model）。

（1）概念数据模型，简称概念模型，它是一种面向客观世界、面向用户的模型，它与具体的数据库管理系统无关，与具体的计算机平台无关。概念模型着重于对客观世界复杂事物的结构描述及它们之间的内在联系的刻画。概念模型是整个数据模型的基础。目前，较为有名的概念模型有 E-R 模型、扩充的 E-R 模型、面向对象模型、谓词模型等。

（2）逻辑数据模型，又称数据模型，它是一种面向数据库系统的模型，该模型着重于在数据库系统一级的实现。概念模型只有在转换成数据模型后才能在数据库中得以表示。目前，逻辑数据模型也有很多种，较为成熟并先后被人们大量使用过的有层次模型、网状模型、关系模型、面向对象模型等。

（3）物理数据模型，又称物理模型，它是一种面向计算机物理表示的模型，此模型给出了数据模型在计算机上物理结构的表示。

### 6.2.2　E-R 模型

概念模型是面向现实世界的，它的出发点是有效和自然地模拟现实世界，给出数据的概念化结构。长期以来被广泛使用的概念模型是 E-R 模型（Entity-Relationship Model）（或实体联系模型），它于 1976 年由 Peter Chen 首先提出。该模型将现实世界的要求转化成实体、联系、属性等几个基本概念，以及它们间的两种基本联接关系，并且可以用一种图非常直观地表示出来。

1. E-R 模型的基本概念

（1）实体。现实世界中的事物可以抽象成为实体，实体是概念世界中的基本单位，它们是客观存在的且又能相互区别的事物。凡是有共性的实体可组成一个集合，称为实体集（Entity Set）。如小赵、小李是实体，他们又均是学生而组成一个实体集。

（2）属性。现实世界中事物均有一些特性，这些特性可以用属性来表示。属性刻画了实体的特征。一个实体往往可以有若干个属性。每个属性可以有值，一个属性的取值范围称为该属性的值域（Value Domain）或值集（Value Set）。如小赵年龄取值为 17，小李为 19。

（3）联系。现实世界中事物间的关联称为联系。在概念世界中联系反映了实体集间的一定关系，如工人与设备之间的操作关系，上下级间的领导关系，生产者与消费者之间的供求关系。

实体集间的联系有多种，就实体集的个数而言有：

- 两个实体集间的联系。两个实体集间的联系是一种最为常见的联系，前面举的例子均属两个实体集间的联系。
- 多个实体集间的联系。这种联系包括 3 个实体集间的联系以及 3 个以上实体集间的联系。如工厂、产品、用户这 3 个实体集间存在着工厂提供产品为用户服务的联系。

- 一个实体集内部的联系。一个实体集内有若干个实体,它们之间的联系称实体集内部联系。如某公司职工这个实体集内部可以有上下级联系。

实体集间联系的个数可以是单个也可以是多个。如工人与设备之间有操作联系,另外还可以有维修联系。两个实体集间的联系实际上是实体集间的函数关系,这种函数关系可以有以下几种:

- 一对一的联系,简记为 1:1。这种函数关系是常见的函数关系之一,如学校与校长间的联系,一个学校与一个校长间相互一一对应。
- 一对多或多对一联系,简记为 1:M(1:m)或 M:1(m:1)。这两种函数关系实际上是一种函数关系,如学生与其宿舍房间的联系是多对一的联系(反之,则为一对多联系),即多个学生对应一个房间。
- 多对多联系,简记为 M: N 或 m: n。这是一种较为复杂的函数关系,如教师与学生这两个实体集间的教与学的联系是多对多的,因为一个教师可以教授多个学生,而一个学生又可以受教于多个教师。

2. E-R 模型 3 个基本概念之间的联接关系

E-R 模型由上面 3 个基本概念组成。由实体、联系、属性三者结合起来才能表示现实世界。

(1)实体集(联系)与属性间的联接关系。

实体是概念世界中的基本单位,属性附属于实体,它本身并不构成独立单位。一个实体可以有若干个属性,实体以及它的所有属性构成了实体的一个完整描述。因此实体与属性间有一定的联接关系。如在人事档案中每个人(实体)可以有:编号、姓名、性别、年龄、籍贯、政治面貌等若干属性,它们组成了一个有关人(实体)的完整描述。

属性有属性域,每个实体可取属性域内的值。一个实体的所有属性取值组成了一个值集叫元组(Tuple)。在概念世界中,可以用元组表示实体,也可用它区别不同的实体。如在人事档案简表中,每一行表示一个实体,这个实体可以用一组属性值表示。比如(101,谢一凡,男,18,浙江,团员)和(102,王平,男,21,江苏,党员),这两个元组分别表示两个不同的实体。

实体有型与值之别,一个实体的所有属性构成了这个实体的型,如人事档案中的实体,它的型是由编号、姓名、性别、年龄、籍贯、政治面貌等属性组成,而实体中属性值的集合(即元组)则构成了这个实体的值。

相同型的实体构成了实体集。如表 6-2 中的每一行是一个实体,它们均有相同的型,因此表内诸实体构成了一个实体集。

联系也可以附有属性,联系和它的所有属性构成了联系的一个完整描述,因此,联系与属性间也有联接关系。如有教师与学生两个实体集间的教与学的联系,该联系尚可附有属性"教室号"。

表 6-2　人事档案简表

| 编号 | 姓名 | 性别 | 年龄 | 籍贯 | 政治面貌 |
|---|---|---|---|---|---|
| 101 | 谢一凡 | 男 | 18 | 浙江 | 团员 |
| 102 | 王　平 | 男 | 21 | 江苏 | 党员 |
| 103 | 孔　帅 | 女 | 20 | 辽宁 | 群众 |
| 104 | 简菲雪 | 男 | 21 | 陕西 | 群众 |
| 105 | 李美丽 | 女 | 18 | 安徽 | 团员 |

（2）实体（集）与联系。

实体集间可通过联系建立联接关系，一般而言，实体集间无法建立直接关系，它只能通过联系才能建立起联接关系。如教师与学生之间无法直接建立关系，只有通过"教与学"的联系才能在相互之间建立关系。

在 E-R 模型中有 3 个基本概念以及它们之间的两种基本联接关系。它们将现实世界中错综复杂的现象抽象成简单明了的几个概念与关系，具有极强的概括性和表达能力。因此，E-R 模型目前已成为表示概念世界的有力工具。

### 3. E-R 模型的图示法

E-R 模型可以用一种非常直观的图的形式表示，这种图称为 E-R 图（Entity-Relationship Diagram）。在 E-R 图中分别用不同的几何图形表示 E-R 模型中的 3 个概念与两个联接关系。

（1）实体集表示法。在 E-R 图中用矩形表示实体集，在矩形内写上该实体集的名字。如实体集学生（student）、课程（course）可用图 6-4 表示。

（2）属性表示法。在 E-R 图中用椭圆形表示属性，在椭圆形内写上该属性的名称。如学生有属性：学号（S#）、姓名（Sn）和年龄（Sa），它们可以用图 6-5 表示。

（3）联系表示法。在 E-R 图中用菱形（内写上联系名）表示联系。如学生与课程间的联系 SC 可用图 6-6 表示。

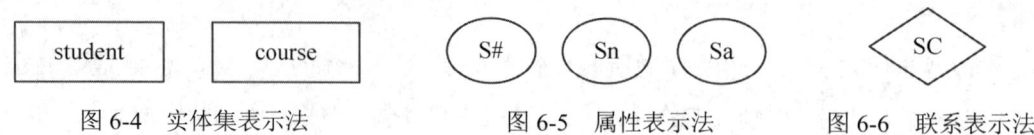

图 6-4　实体集表示法　　　　图 6-5　属性表示法　　　　图 6-6　联系表示法

3 个基本概念分别用 3 种几何图形表示，它们之间的联接关系也可用图形表示。

（4）实体集（联系）与属性间的联接关系。属性依附于实体集，因此它们之间有联接关系。在 E-R 图中这种关系可用联接这两个图形间的无向线段表示（一般情况下可用直线）。如实体集 student 有属性 S#（学号）、Sn（学生姓名）和 Sa（学生年龄）；实体集 course 有属性 C#（课程号）、Cn（课程名）和 P#（预修课号），此时它们可用图 6-7 联接。

属性也依附于联系，它们之间也有联接关系，因此也可用无向线段表示。如联系 SC 可与学生的课程成绩属性 G 建立联接并可用图 6-8 表示。

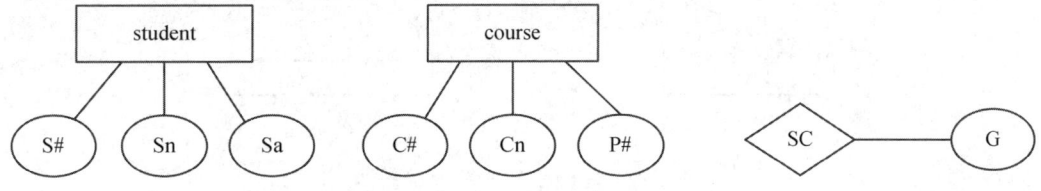

图 6-7　实体集与属性间的联接　　　　　图 6-8　联系与属性间的联接

（5）实体集与联系间的联接关系。在 E-R 图中实体集与联系间的联接关系可用联接这两个图形间的无向线段表示。如实体集 student 与联系 SC 间有联接关系，实体集 course 与联系 SC 间也有联接关系，因此它们之间可用无向线段相联，构成一个如图 6-9 所示的图。

有时为了进一步刻画实体间的函数关系，还可在线段边上注明其对应函数关系，如 1: 1、1: n、n: m 等，如 student 与 course 间有多对多联系，此时在图中可以用图 6-10 所示的形式表示。

图 6-9　实体集与联系间的联接关系　　　图 6-10　实体集间的联系表示图

实体集与联系间的联接可以有多种，上面所举例子均是两个实体集间联系，叫二元联系，也可以是多个实体集间联系，叫多元联系。如工厂、产品与用户间的联系（FPU）是一种三元联系，此种联接关系可用图 6-11 表示。

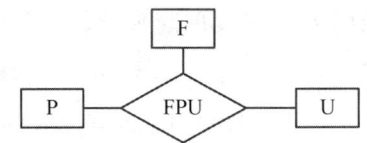

图 6-11　多个实体集间联系的联接方法

一个实体集内部可以有联系。如某公司职工（Employee）间上下级管理（Manage）的联系，此时其联接关系可用图 6-12（a）表示。

实体集间可有多种联系。如教师（T）与学生（S）之间可以有教学（E）联系，也可有管理（M）联系，此种联接关系可用图 6-12（b）表示。

由矩形、椭圆形、菱形以及按一定要求相互间联接的线段构成了一个完整的 E-R 图。

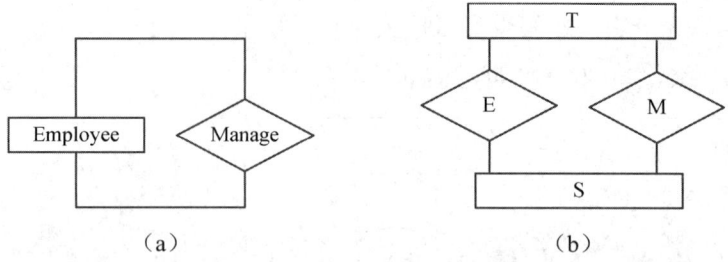

图 6-12 实体集间的多种联系

**例 6-1** 由前面所述的实体集 student、course 以及附属于它们的属性和它们间的联系 SC 以及附属于 SC 的属性 G 构成了一个学生课程联系的概念模型，可用图 6-13 所示的 E-R 图表示。

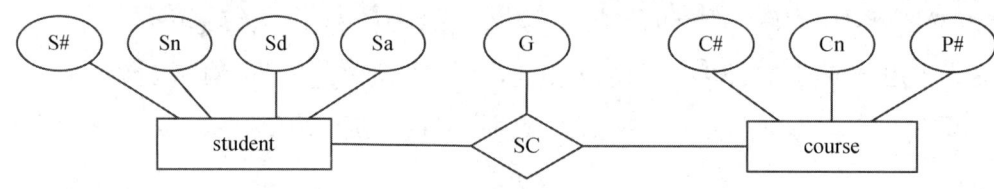

图 6-13 E-R 图的一个实例

在概念上，E-R 模型中的实体、属性与联系是 3 个有明显区别的不同概念。但是在分析客观世界的具体事物时，对某个具体数据对象，究竟它是实体，还是属性或联系，则是相对的，所做的分析设计与实际应用的背景以及设计人员的理解有关。这是工程实践中构造 E-R 模型的难点之一。

### 6.2.3 层次模型

层次模型（Hierarchical Model）是最早发展起来的数据库模型。层次模型的基本结构是树型结构，这种结构方式在现实世界中很普遍，如家族结构、行政组织机构，它们自顶向下，层次分明。图 6-14 给出了一个学校行政机构图的简化 E-R 图，略去了其中的属性。

由图论中树的性质可知，任一树结构均有以下特性：

（1）每棵树有且仅有一个无双亲节点，称为根（Root）。

（2）树中除根外所有节点有且仅有一个双亲。因此，树结构是受到一定限制的，从 E-R 模型观点看，它对于联系也加上了许多限制。

层次数据模型支持的操作主要有查询、插入、删除和更新。在对层次模型进行插入、删除、更新操作时，要满足层次模型的完整性约束条件：进行插入操作时，如果没有相应的双亲节点值就不能插入子女节点值；进行删除操作时，如果删除双亲节点值，则相应的子女节点值也被同时删除；进行更新操作时，应更新所有相应记录，以保证数据的一致性。

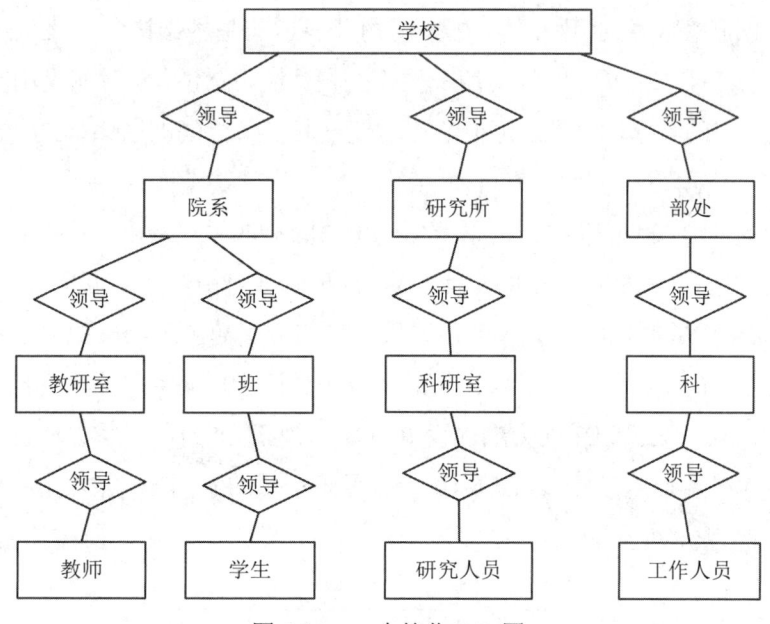

图 6-14　一个简化 E-R 图

层次模型的数据结构比较简单，操作简单；对于实体间联系是固定的且预先定义好的应用系统，层次模型有较高的性能；同时，层次模型还可以提供良好的完整性支持。但由于层次模型形成早，受文件系统影响大，模型受限制多，物理成分复杂，操作与使用均不甚理想，它不适合于表示非层次性的联系；对于插入和删除操作的限制比较多；此外，查询子女节点必须通过双亲节点。

### 6.2.4　网状模型

网状模型（Network Model）的出现略晚于层次模型。从图论观点看，网状模型是一个不加任何条件限制的无向图。网状模型在结构上较层次模型好，不像层次模型那样要满足严格的条件。图 6-15 所示是学校行政机构图中学校与学生联系的简化 E-R 图。

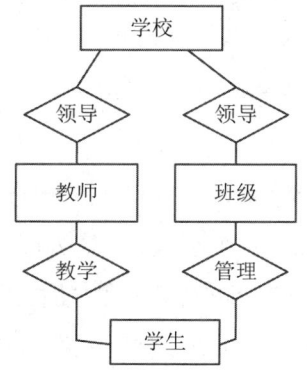

图 6-15　一个简化的教学关系 E-R 图

在实现中，网状模型将通用的网络拓扑结构分成一些基本结构。一般采用的分解方法是将一个网络分成若干个二级树，即只有两个层次的树。换句话说，这种树是由一个根及若干个叶所组成。为了实现的方便，一般规定根节点与任一叶子节点间的联系均是一对多联系（包含一对一联系）。

在网状模型的 DBTG 标准中，基本结构简单二级树叫系（Set），系的基本数据单位是记录（Record），它相当于 E-R 模型中的实体（集）；记录又可由若干数据项（Data Item）组成，它相当于 E-R 模型中的属性。系有一个首记录，它相当于简单二级树的根；系同时有若干个成员记录，它相当于简单二级树中的叶；首记录与成员记录之间的联系用有向线段表示（线段方向仅表示由首记录至成员记录的方向，而并不表示搜索方向），在系中首记录与成员记录间是一对多联系（包括一对一联系）。图 6-16 给出了一个系的实例。

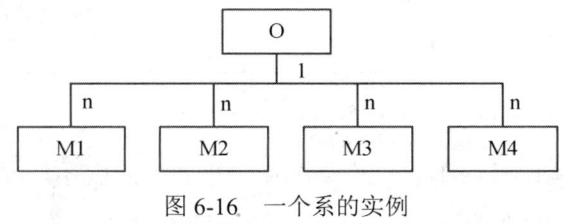

图 6-16　一个系的实例

一般地，现实世界的一个实体结构往往可以由若干个系组成。在网状模型的数据库管理系统中，一般提供 DDL 语言，用它可以构造系。网状模型中的基本操作是简单二级树中的操作，包括查询、增加、删除、修改等，对于这些操作，不仅需要说明做什么，还需要说明怎么做。比如，在进行查询时，不但要说明查找对象，而且还要规定存取的路径。在 DBTG 报告中，提供了在系上进行操纵的 DML 语言，它们有包括打开（OPEN）、关闭（CLOSE）、定位（FIND）、取（GET）、删除（DELETE）、存储（STORE）等在内的许多操作。

网状模型明显优于层次模型，不管是数据表示还是数据操纵均显示了更高的效率，更为成熟。但是，网状模型数据库系统也有一定的不足，在使用时涉及系统内部的物理因素较多，用户操作使用并不方便，其数据模式与系统实现也均不甚理想。

### 6.2.5　关系模型

**1. 关系的数据结构**

关系模型采用二维表来表示，简称表。二维表由表框架（Frame）和表的元组（Tuple）组成。表框架由 n 个命名的属性（Attribute）组成，n 称为属性元数（Arity）。每个属性有一个取值范围，称为值域（Domain）。表框架对应了关系的模式，即类型的概念。

在表框架中按行可以存放数据，每行数据称为元组，实际上，一个元组是由 n 个元组分量所组成，每个元组分量是表框架中每个属性的投影值。一个表框架可以存放 m 个元组，m

称为表的基数（Cardinality）。

一个 n 元表框架及框架内 m 个元组构成了一个完整的二维表。表 6-3 给出了有关学生（S）二维表的一个实例。

表 6-3 二维表的一个实例

| S# | Sn | Sd | Sa |
| --- | --- | --- | --- |
| 2017001 | 谢一凡 | EE | 20 |
| 2017002 | 王 平 | EE | 19 |
| 2017003 | 孔 帅 | EE | 18 |
| 2017004 | 简菲雪 | EE | 19 |

二维表一般满足以下 7 个性质：

- 二维表中元组个数是有限的——元组个数有限性。
- 二维表中元组均不相同——元组的唯一性。
- 二维表中元组的次序可以任意交换——元组的次序无关性。
- 二维表中元组的分量是不可分割的基本数据项——元组分量的原子性。
- 二维表中属性名各不相同——属性名唯一性。
- 二维表中属性与次序无关，可任意交换——属性的次序无关性。
- 二维表属性的分量具有与该属性相同的值域——分量值域的同一性。

满足以上 7 个性质的二维表称为关系（Relation），以二维表为基本结构所建立的模型称为关系模型。

关系模型中的一个重要概念是键（Key）或码。键具有标识元组、建立元组间联系等重要作用。

在二维表中凡能唯一标识元组的最小属性集称为该表的键或码。

二维表中可能有若干个键，它们称为该表的候选码或候选键（Candidata Key）。

从二维表的所有候选键中选取一个作为用户使用的键，称为主键（Primary key）或主码，一般主键也简称键或码。

表 A 中的某属性集是表 B 的键，则称该属性集为 A 的外键（Foreign Key）或外码。

表中一定要有键，因为如果表中所有属性的子集均不是键，则表中属性的全集必为键（称为全键），因此也一定有主键。

在关系元组的分量中允许出现空值（Null Value）以表示信息的空缺。空值用于表示未知的值或不可能出现的值，一般用 NULL 表示。一般关系数据库系统都支持空值，但是有两个限制，即关系的主键中不允许出现空值，因为如果主键为空值则失去了其元组标识的作用；需要定义有关空值的运算。

关系框架与关系元组构成了一个关系。一个语义相关的关系集合构成一个关系数据库（Relational Database）。关系的框架称为关系模式，而语义相关的关系模式集合构成了关系数据库模式（Relational Database Schema）。

关系模式支持子模式，关系子模式是关系数据库模式中用户所见到的那部分数据模式描述。关系子模式也是二维表结构，关系子模式对应用户数据库称视图（View）。

### 2. 关系操纵

关系模型的数据操纵即是建立在关系上的数据操纵，一般有查询、增加（插入）、删除、修改4种操作。

（1）数据查询。用户可以查询关系数据库中的数据，包括一个关系内的查询和多个关系间的查询。

1）对一个关系内查询的基本单位是元组分量，其基本过程是先定位后操作。所谓定位包括纵向定位与横向定位两部分，纵向定位即是指定关系中的一些属性（称列指定），横向定位即是选择满足某些逻辑条件的元组（称行选择）。通过纵向定位与横向定位后一个关系中的元组分量即可确定。在定位后即可进行查询操作，就是将定位的数据从关系数据库中取出并放入至指定内存。

2）对多个关系间的数据查询则可分为三步：第一步，将多个关系合并成一个关系；第二步，对合并后的一个关系作定位；第三步，操作。其中第二步与第三步为对一个关系的查询。对多个关系的合并可分解成两个关系的逐步合并，如有3个关系$R_1$、$R_2$和$R_3$，合并过程是先将$R_1$与$R_2$合并成$R_4$，然后再将$R_4$与$R_3$合并成最终结果$R_5$。

因此，对关系数据库的查询可以分解成一个关系内的属性指定、一个关系内的元组选择、两个关系的合并三个基本定位操作和一个查询操作。

（2）数据删除。数据删除的基本单位是一个关系内的元组，它的功能是将指定关系内的指定元组删除。它也分为定位与操作两部分，其中定位部分只需要横向定位而无需纵向定位，定位后即执行删除操作。因此数据删除可以分解为一个关系内的元组选择和关系中元组删除两个基本操作。

（3）数据插入。数据插入仅对一个关系而言，在指定关系中插入一个或多个元组。在数据插入中不需要定位，仅需要做关系中的元组插入操作，因此数据插入只有一个基本操作。

（4）数据修改。数据修改是在一个关系中修改指定的元组与属性。数据修改不是一个基本操作，它可以分解为删除需要修改的元组和插入修改后的元组两个更基本的操作。

以上4种操作的对象都是关系，而操作结果也是关系，因此都是建立在关系上的操作。这4种操作可以分解成6种基本操作，称为关系模型的基本操作：

- 关系的属性指定。

- 关系的元组选择。
- 两个关系的合并。
- 一个或多个关系的查询。
- 关系中元组的插入。
- 关系中元组的删除。

3. 关系中的数据约束

关系模型允许定义 3 类数据约束：实体完整性约束、参照完整性约束、用户定义完整性约束，其中前两种完整性约束由关系数据库系统自动支持。对于用户定义完整性约束，则由关系数据库系统提供完整性约束语言，用户利用该语言写出约束条件，运行时由系统自动检查。

（1）实体完整性约束（Entity Integrity Constraint）。该约束要求关系的主键中属性值不能为空值，这是数据库完整性的最基本要求，因为主键是唯一决定元组的，如为空值则其唯一性就成为不可能的了。

（2）参照完整性约束（Reference Integrity Constraint）。该约束是关系之间相关联的基本约束，它不允许关系引用不存在的元组，即在关系中的外键要么是所关联关系中实际存在的元组，要么就为空值。比如在关系 S (S#,Sn,Sd,Sa)与 SC (S#,C#,G)中，SC 中主键为(S#,C#)，而外键为 S#，SC 与 S 通过 S#相关联，参照完整性约束要求 SC 中的 S#的值必在 S 中有相应元组值，如有 SC (S13, C8, 70)，则必在 S 中存在 S (S13,...)。

（3）用户定义完整性约束（User defined Integrity Constraint）。这是针对具体数据环境与应用环境由用户具体设置的约束，它反映了具体应用中数据的语义要求。

实体完整性约束和参照完整性约束是关系数据库所必须遵守的规则，在任何一个关系数据库管理系统（RDBMS）中均由系统自动支持。

## 6.3 关系代数

关系数据库系统的特点之一是它建立在数学理论的基础之上，有很多数学理论可以表示关系模型的数据操作，其中最为著名的是关系代数（Relational Algebra）和关系演算（Relational Calculus）。数学上已经证明两者在功能上是等价的。下面将介绍关于关系数据库的理论——关系代数。

1. 关系模型的基本操作

关系由若干个不同的元组所组成，因此关系可视为元组的集合。n 元关系是一个 n 元有序组的集合。设有一个 n 元关系 R，它有 n 个域，分别是 $D_1, D_2,...,D_n$，此时，它们的笛卡尔积是：

$$D_1 \times D_2 \times ... \times D_n$$

该集合的每个元素都是具有如下形式的 n 元有序组：

$$(d_1, d_2, \ldots, d_n) \quad d_i \in D_i \ (i=1,2,\ldots,n)$$

该集合与 n 元关系 R 有如下联系：

$$R \subseteq D_1 \times D_2 \times \ldots \times D_n$$

即 n 元关系 R 是 n 元有序组的集合，是它的域的笛卡尔积的子集。

关系模型有插入、删除、修改和查询 4 种操作，它们又可以进一步分解成 6 种基本操作：

- 关系的属性指定。指定一个关系内的某些属性，用它确定关系这个二维表中的列，主要用于检索或定位。
- 关系的元组的选择。用一个逻辑表达式给出关系中满足此表达式的元组，用它确定关系这个二维表的行，主要用于检索或定位。

用上述两种操作即可确定一张二维表内满足一定行、列要求的数据。

- 两个关系的合并。将两个关系合并成一个关系。用此操作可以不断合并从而可以将若干个关系合并成一个关系，以建立多个关系间的检索与定位。

用上述三个操作可以进行多个关系的定位。

- 关系的查询。在一个关系或多个关系间进行查询，查询的结果也为关系。
- 关系元组的插入。在关系中增添一些元组，用它完成插入与修改。
- 关系元组的删除。在关系中删除一些元组，用它完成删除与修改。

2. 关系模型的基本运算

由于操作是对关系的运算，而关系是有序组的集合，因此可以将操作看成是集合的运算。

（1）插入。设有关系 R 需要插入若干元组，要插入的元组组成关系 R'，则插入可用集合并运算表示为：

$$R \cup R'$$

（2）删除。设有关系 R 需要删除一些元组，要删除的元组组成关系 R'，则删除可用集合差运算表示为：

$$R - R'$$

（3）修改。修改关系 R 内的元组内容可用下面的方法实现：

1）设需要修改的元组构成关系 R'，则先进行删除得：

$$R - R'$$

2）设修改后的元组构成关系 R''，此时将其插入即得到结果：

$$(R - R') \cup R''$$

（4）查询。用于查询的 3 个操作无法用传统的集合运算表示，需要引入一些新的运算。

1）投影（Projection）运算。对于关系内的域指定可引入新的运算叫投影运算。投影运算是一个一元运算，一个关系通过投影运算（并由该运算给出所指定的属性）后仍为一个关系 R'。

R'是这样一个关系，它是 R 中投影运算所指出的那些域的列所组成的关系。设 R 有 n 个域：$A_1$，$A_2$，…，$A_n$，则在 R 上对域 $A_{i_1}$，$A_{i_2}$，…，$A_{i_m}$（$A_{i_j} \in \{A_1, A_2, …, A_n\}$）的投影可以表示成下面的一元运算：

$$\pi_{A_1, A_2, …, A_{i_m}}(R)$$

2）选择（Selection）运算。选择运算也是一个一元运算，关系 R 通过选择运算（并由该运算给出所选择的逻辑条件）后仍为一个关系。这个关系是由 R 中那些满足逻辑条件的元组所组成。设关系的逻辑条件为 F，则 R 满足 F 的选择运算可以写成：

$$\sigma_F(R)$$

逻辑条件 F 是一个逻辑表达式，它由以下规则组成：

它可以具有 αθβ 的形式，其中 α、β 是域（变量）或常量，但 α、β 又不能同为常量，θ 是比较符，它可以是<、>、≤、≥、=、≠。αθβ 称为基本逻辑条件。由若干个基本逻辑条件经逻辑运算得到，逻辑运算为∧（并）、∨（或）和~（否）构成，称为复合逻辑条件。

有了上述两个运算后，我们对一个关系内的任意行、列的数据都可以方便地找到。

3）卡尔积（Cartesian Product）运算。对于两个关系的合并操作可以用笛卡尔积表示。设有 n 元关系 R 及 m 元关系 S，它们分别有 p、q 个元组，则关系 R 与 S 的笛卡尔积记为 R×S，该关系是一个 n+m 元关系，元组个数是 p×q，由 R 与 S 的有序组组合而成。

表 6-4 给出了两个关系 R、S 的实例以及 R 与 S 的笛卡尔积 T=R×S。

表 6-4　关系 R、S 及 T=R×S

| R | | | S | | |
|---|---|---|---|---|---|
| $R_1$ | $R_2$ | $R_3$ | $S_1$ | $S_2$ | $S_3$ |
| a | b | c | j | k | l |
| d | e | f | m | n | o |
| g | h | i | p | q | r |

T=R×S

| $R_1$ | $R_2$ | $R_3$ | $S_1$ | $S_2$ | $S_3$ |
|---|---|---|---|---|---|
| a | b | c | j | k | l |
| a | b | c | m | n | o |
| a | b | c | p | q | r |
| d | e | f | j | k | l |
| d | e | f | m | n | o |
| d | e | f | p | q | r |
| g | h | i | j | k | l |
| g | h | i | m | n | o |
| g | h | i | p | q | r |

## 3. 关系代数中的扩充运算

关系代数中除了上述几个最基本的运算外，为操纵方便还需要增添一些运算，这些运算均可由基本运算导出。常用的扩充运算有交、除、连接、自然连接等。

（1）交（Intersection）运算。关系 R 与 S 经交运算后所得到的关系是由那些既在 R 内又在 S 内的有序组所组成，记为 R∩S。表 6-5 给出了两个关系 R 与 S 及它们经交运算后得到的关系 T。

表 6-5  关系 R、S 及 R∩S

R

| A | B | C | D |
|---|---|---|---|
| 1 | 2 | 3 | 4 |
| 2 | 2 | 5 | 7 |
| 9 | 0 | 3 | 8 |

S

| A | B | C | D |
|---|---|---|---|
| 2 | 2 | 3 | 8 |
| 1 | 2 | 3 | 4 |
| 9 | 1 | 2 | 3 |

T=R∩S

| A | B | C | D |
|---|---|---|---|
| 1 | 2 | 3 | 4 |

交运算可由基本运算推导而得：

$$R \cap S = R - (R - S)$$

（2）除（Division）运算。

如果将笛卡尔积运算看作乘运算的话，那么除运算就是它的逆运算。当关系 T=R×S 时，则可将除运算写成：

$$T \div R = S \text{ 或 } T/R = S$$

S 称为 T 除以 R 的商（Quotient）。

由于除是采用的逆运算，因此除运算的执行是需要满足一定条件的。设有关系 T、R，T 能被除的充分必要条件是：T 中的域包含 R 中的所有属性；T 中有一些域不出现在 R 中。

在除运算中 S 的域由 T 中那些不出现在 R 中的域所组成，对于 S 中的任一有序组，由它与关系 R 中每个有序组所构成的有序组均出现在关系 T 中。

表 6-6 给出了关系 R 及一组 S，对这一组不同的 S 给出了经除法运算后的商 R/S，从中可以清楚地看出除法的含义及商的内容。

表6-6 3个除法

R

| A | B | C | D |
|---|---|---|---|
| 1 | 2 | 3 | 4 |
| 7 | 8 | 5 | 6 |
| 7 | 8 | 3 | 4 |
| 1 | 2 | 5 | 6 |
| 1 | 2 | 4 | 2 |

S

| C | D |
|---|---|
| 3 | 4 |
| 5 | 6 |

S

| C | D |
|---|---|
| 3 | 4 |

S

| C | D |
|---|---|
| 3 | 4 |
| 5 | 6 |
| 4 | 2 |

T

| A | B |
|---|---|
| 1 | 2 |
| 7 | 8 |

T

| A | B |
|---|---|
| 1 | 2 |
| 7 | 8 |

T

| A | B |
|---|---|
| 1 | 2 |

除法运算不是基本运算,它可以由基本运算推导而出。设关系 R 有域 $A_1$,$A_2$,…,$A_n$,关系 S 有域 $A_{n-s+1}$,$A_{n-s+2}$,…,$A_n$,此时有:

$$R \div S = \pi_{A_1, A_2, \ldots, A_{n-s}}(R) - \pi_{A_1, A_2, \ldots, A_{n-s}}((\pi_{A_1, A_2, \ldots, A_{n-s}}(R) \times S) - R))$$

除法的定义虽然比较复杂,但在实际中,除法的意义还是比较容易理解的。

**例 6-2** 设关系 R 给出了学生修读课程的情况,关系 S 给出了所有课程号,如表 6-7 所示。试找出修读所有课程的学号。

修读所有课程的学号可用 T=R/S 表示,结果如表 6-7 所示。

表 6-7 学生修读课程的除法运算

| R | | S | T |
|---|---|---|---|
| S# | C# | S# | C# |
| $S_1$ | $C_1$ | $S_2$ | $C_1$ |
| $S_1$ | $C_2$ | | $C_2$ |
| $S_2$ | $C_1$ | | $C_3$ |
| $S_2$ | $C_2$ | | |
| $S_2$ | $C_3$ | | |
| $S_3$ | $C_2$ | | |

（3）连接（Join）运算与自然连接（Natural Join）运算。

在数学上，可以用笛卡尔积建立两个关系间的连接，但这样得到的关系庞大，而且数据大量冗余。在实际应用中一般两个相互连接的关系往往必须满足一些条件，所得到的结果也较为简单。这样就引入了连接运算与自然连接运算。

连接运算又可称为 θ 连接运算，这是一种二元运算，通过它可以将两个关系合并成一个大关系。设有关系 R、S 以及比较式 iθj，其中 i 为 R 中的域，j 为 S 中的域，θ 含义同前，则可以将 R、S 在域 i、j 上的 θ 连接记为：

$$R \underset{i\theta j}{|\times|} S$$

它的含义可用下式定义：

$$R \underset{i\theta j}{|\times|} S = \sigma_{i\theta j}(R \times S)$$

即 R 与 S 的 θ 连接是由 R 与 S 的笛卡尔积中满足限制 iθj 的元组构成的关系，一般其元组的数目远远少于 R×S 的数目。应当注意的是，在 θ 连接中，i 与 j 需要具有相同的域，否则无法作比较。

在 θ 连接中如果 θ 为"="，就称此连接为等值连接，否则称为不等值连接，如 θ 为"<"时称为小于连接，θ 为">"时称为大于连接。

**例 6-3** 设有关系 R、S，$T_1 = R \underset{D>E}{|\times|} S$，$T_2 = R \underset{D=E}{|\times|} S$，如表 6-8 所示。

表 6-8  R、S 及 $T_1 = R \underset{D>E}{|\times|} S$ 和 $T_2 = R \underset{D=E}{|\times|} S$

R

| A | B | C | D |
|---|---|---|---|
| 1 | 2 | 3 | 4 |
| 3 | 2 | 1 | 8 |
| 7 | 3 | 2 | 1 |

S

| E | F |
|---|---|
| 1 | 8 |
| 7 | 9 |
| 5 | 2 |

$T_1$

| A | B | C | D | E | F |
|---|---|---|---|---|---|
| 1 | 2 | 3 | 4 | 1 | 8 |
| 3 | 2 | 1 | 8 | 1 | 8 |
| 3 | 2 | 1 | 8 | 7 | 9 |
| 3 | 2 | 1 | 8 | 5 | 2 |

$T_2$

| A | B | C | D | E | F |
|---|---|---|---|---|---|
| 7 | 3 | 2 | 1 | 1 | 8 |

在实际应用中最常用的连接是一个叫自然连接的特例，它满足下面的条件：

- 关系间有公共域。
- 通过公共域的相等值进行连接。

设有关系 R、S，R 有域 $A_1, A_2, \cdots, A_n$，S 有域 $B_1, B_2, \cdots, B_m$，并且 $A_{i_1}, A_{i_2}, \cdots, A_{i_j}$ 与 $B_1, B_2, \cdots, B_j$ 分别为相同域，此时它们的自然连接可记为：

$$R|\times|S$$

自然连接的含义可用下式表示：

$$R|\times|S = \pi_{A_1, A_2, \ldots, A_n, B_{j+1}, \ldots, B_m}(\sigma_{A_{i_1}=B_1 \wedge A_{i_2}=B_2 \wedge \ldots \wedge A_{i_j}=B_j}(R\times S))$$

**例 6-4** 设有关系 R、S，T= R|×|S，如表 6-9 所示。

表 6-9　R、S 及 T= R|×|S

| R | | | | S | | T | | | | |
|---|---|---|---|---|---|---|---|---|---|---|
| A | B | C | D | D | E | A | B | C | D | E |
| 1 | 2 | 3 | 4 | 5 | 1 | 2 | 4 | 2 | 6 | 4 |
| 1 | 5 | 8 | 3 | 6 | 4 | 2 | 4 | 2 | 6 | 8 |
| 2 | 4 | 2 | 6 | 7 | 3 | 1 | 1 | 4 | 7 | 3 |
| 1 | 1 | 4 | 7 | 6 | 8 | | | | | |

在以上运算中最常用的是投影运算、选择运算、自然连接运算、并运算和差运算。

**4. 关系代数的应用实例**

关系代数虽然形式简单，但它已经足以表达对表的查询、插入、删除和修改等要求。在所有这些操作中，查询是最复杂的操作。在 20 世纪 70 年代，关系数据库系统始终无法走向商品化，最主要的原因就是它的查询效率低下。关系数据库的查询语言一般是非过程语言，即仅仅说明要查询的要求，而不说明如何去进行查询。最终，通过查询优化技术解决了此问题，而对于查询语句（即代数表达式）本身的优化即代数优化是最基本的技术。下面通过一个例子来体会一下如何将关系代数应用于查询。

**例 6-5** 建立一个学生选课的关系数据库，它由以下 3 个关系模式组成：

S(S#,Sn,Sd,Sa)
C(C#,Cn,P#)
SC(S#,C#,G)

其中 S#、C#、Sn、Sd、Sa、Cn、P#、G 分别表示学号、课程号、学生姓名、学生系别、学生年龄、课程名、预修课程号、成绩，而 S、C、SC 则分别表示学生、课程、学生选课关系。

写出对关系模式 S、C 和 SC 中的下述查询表达式：

（1）检索学生的所有情况：

$$S$$

（2）检索学生年龄大于等于 20 岁的学生姓名：

$$\pi_{Sn}(\sigma_{Sa \geq 20}(S))$$

（3）检索预修课程号为 C2 的课程的课程号：

$$\pi_{C\#}(\sigma_{P\#=C_2}(C))$$

（4）检索课程号为 C 且成绩为 A 的所有学生姓名：

$$\pi_{Sn}(\sigma_{C\#=C \wedge G=A}(S|\times|SC))$$

**注意**：这是一个涉及两个关系的检索，此时需要用连接运算。

（5）检索 $s_1$ 所修读的所有课程名及其预修课程号：

$$\pi_{Cn,P\#}(\sigma_{S\#=S_1}(C|\times|SC))$$

（6）检索年龄为 23 岁的学生所修读的课程名：

$$\pi_{Cn}(\sigma_{Sa=23}(S|\times|SC|\times|C))$$

**注意**：这是涉及 3 个关系的检索。

（7）检索至少修读 $S_5$ 所修读的一门课的学生姓名。

这个例子比较复杂，需要作一些分析。将问题分以下 3 步解决：

第 1 步：取得 $S_5$ 修读的课程号，可以表示为：

$$R=\pi_{C\#}(\sigma_{S\#=S_5}(SC))$$

第 2 步：取得至少修读 $S_5$ 修读的一门课的学号：

$$W=\pi_{S\#}(SC|\times|R)$$

第 3 步：最后结果：

$$\pi_{Sn}(S|\times|W)$$

分别将 R、W 代入后即得检索要求的表达式：

$$\pi_{Sn}(S|\times|(\pi_{S\#}(SC|\times|(\pi_{C\#}(\sigma_{S\#=S_5}(SC))))))$$

对于一般较为复杂的查询，都是通过这样多步来解决的。注意到该过程中会产生一些中间表，而查询优化中一般应尽可能使这些中间表比较小。

## 6.4 数据库设计与管理

数据库设计是数据库应用的核心。本节讨论数据库设计的任务特点、基本步骤和方法，重点介绍数据库的需求分析、概念设计和逻辑设计 3 个阶段，并用实际例子来说明如何进行相关的设计。此外本节还简单讨论数据库管理的内容及 DBA 的工作。

### 6.4.1 数据库设计概述

在数据库应用系统中，一个核心问题就是设计一个能满足用户要求，性能良好的数据库，这就是数据库设计（Database Design）。

数据库设计的基本任务是根据用户对象的信息需求、处理需求和数据库的支持环境（包括硬件、操作系统与 DBMS）设计出数据模式。所谓信息需求主要是指用户对象的数据及其结构，它反映了数据库的静态要求；所谓处理需求则表示用户对象的行为和动作，它反映了数据库的动态要求。数据库设计中有一定的制约条件，它们是系统设计平台，包括系统软件、工具软件以及设备、网络等硬件。因此，数据库设计即是在一定平台制约下，根据信息需求与处理需求设计出性能良好的数据模式。

在数据库设计中有两种方法，一种是以信息需求为主，兼顾处理需求，称为面向数据的方法；另一种方法是以处理需求为主，兼顾信息需求，称为面向过程的方法。这两种方法目前都有使用，在早期由于应用系统中处理多于数据，因此以面向过程的方法使用较多，而近期由于大型系统中数据结构复杂、数据量庞大，而相应处理流程趋于简单，因此用面向数据的方法较多。由于数据在系统中稳定性高，数据已成为系统的核心，因此面向数据的设计方法已成为主流方法。

数据库设计目前一般采用生命周期法，即将整个数据库应用系统的开发分解成目标独立的若干阶段，它们是需求分析阶段、概念设计阶段、逻辑设计阶段、物理设计阶段、编码阶段、测试阶段、运行阶段、进一步修改阶段。在数据库设计中采用上面几个阶段中的前 4 个阶段，并且重点以数据结构与模型的设计为主线，如图 6-17 所示。

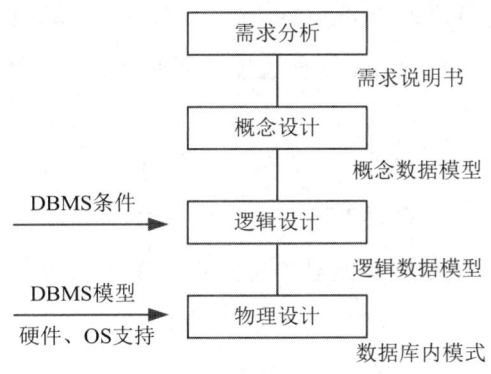

图 6-17　数据库设计的 4 个阶段

### 6.4.2　数据库设计的需求分析

需求收集和分析是数据库设计的第一阶段，这一阶段收集到的基础数据和一组数据流图是下一步设计概念结构的基础。概念结构是整个组织中所有用户关心的信息结构，对整个数据库设计具有深刻影响。而要设计好概念结构，就必须在需求分析阶段用系统的观点来考虑问题，收集和分析数据及其处理。

需求分析阶段的任务是通过详细调查现实世界要处理的对象（组织、部门、企业等），充分了解原系统的工作概况，明确用户的各种需求，然后在此基础上确定新系统的功能。新系统必须充分考虑今后可能的扩充和改变，不能仅按当前应用需求来设计数据库。

调查的重点是"数据"和"处理",通过调查要从中获得每个用户对数据库的如下要求:
- 信息要求。指用户需要从数据库中获得信息的内容与性质。由信息要求可以导出数据要求,即在数据库中需要存储哪些数据。
- 处理要求。指用户要完成什么处理功能,对处理的响应时间有何要求,处理的方式是批处理还是联机处理。
- 安全性和完整性的要求。为了很好地完成调查的任务,设计人员必须不断地与用户交流,与用户达成共识,以便逐步确定用户的实际需求,然后分析和表达这些需求。需求分析是整个设计活动的基础,也是最困难、最花时间的一步。需求分析人员既要懂得数据库技术,又要对应用环境的业务比较熟悉。

分析和表达用户的需求,经常采用的方法有结构化分析方法和面向对象的方法。结构化分析（Structured Analysis,SA）方法用自顶向下、逐层分解的方式分析系统。用数据流图表达了数据和处理过程的关系,数据字典对系统中数据的详尽描述是各类数据属性的清单。对数据库设计来讲,数据字典是进行详细的数据收集和数据分析所获得的主要结果。

数据字典是各类数据描述的集合,通常包括 5 个部分,即数据项,是数据的最小单位;数据结构,是若干数据项有意义的集合;数据流,可以是数据项,也可以是数据结构,表示某一处理过程的输入或输出;数据存储,处理过程中存取的数据,常常是手工凭证、手工文档或计算机文件;处理过程。

数据字典是在需求分析阶段建立,在数据库设计过程中不断修改、充实、完善的。

在实际开展需求分析工作时有以下两点需要特别注意:
- 在需求分析阶段一个重要而困难的任务是收集将来应用所涉及的数据。新数据的加入不仅会影响数据库的概念结构,而且将影响逻辑结构和物理结构,因此设计人员应充分考虑到可能的扩充和改变,使设计易于更动。
- 必须强调用户的参与,这是数据库应用系统设计的特点。数据库应用系统和广泛的用户有密切的联系,其设计和建立又可能对更多人的工作环境产生重要影响。因而,设计人员应该和用户充分合作进行设计,并对设计工作的最后结果承担共同的责任。

### 6.4.3 数据库概念设计

1. 数据库概念设计概述

数据库概念设计的目的是分析数据间的内在语义关联,在此基础上建立一个数据的抽象模型。数据库概念设计的方法有以下两种:
- 集中式模式设计法。这是一种统一的模式设计方法,它根据需求由一个统一机构或人员设计一个综合的全局模式。这种方法设计简单方便,它强调统一与一致,适用于小型或并不复杂的单位或部门，而对大型的或语义关联复杂的单位则并不适合。
- 视图集成设计法。这种方法是将一个单位分解成若干个部分，先对每个部分作局部模式设计，建立各个部分的视图，然后以各视图为基础进行集成。在集成过程中可能会出现一些冲突，这是由于视图设计的分散性形成的不一致所造成的，因此需要对视图作修正，最终形成全局模式。

视图集成设计法是一种由分散到集中的方法，它的设计过程复杂但它能较好地反映需求，适合于大型与复杂的单位，避免设计的粗糙与不周到，目前此种方法使用较多。

2. 数据库概念设计的过程

使用 E-R 模型与视图集成法进行设计时，需要按以下步骤进行：首先选择局部应用，再进行局部视图设计，最后对局部视图进行集成得到概念模式。

（1）选择局部应用。根据系统的具体情况，在多层的数据流图中选择一个适当层次的数据流图，让这组图中每一部分对应一个局部应用，以这一层次的数据流图为出发点设计分 E-R 图。

（2）视图设计。视图设计一般有以下 3 种设计次序：
- 自顶向下。这种方法是先从抽象级别高且普遍性强的对象开始逐步细化、具体化与特殊化，如学生这个视图可先从一般学生开始，再分成大学生、研究生等，进一步再由大学生细化为本科生与专科生，研究生细化为硕士生与博士生等，还可以再细化成学生姓名、年龄、专业等细节。
- 由底向上。这种设计方法是先从具体的对象开始，逐步抽象，普遍化与一般化，最后形成一个完整的视图设计。
- 由内向外。这种设计方法是先从最基本与最明显的对象着手逐步扩充至非基本、不明显的其他对象，如学生视图可从最基本的学生开始逐步扩展至学生所读的课程、上课的教室与任课的教师等其他对象。

上面 3 种方法为视图设计提供了具体的操作方法，设计者可根据实际情况灵活掌握，可以单独使用也可混合使用。有某些共同特性和行为的对象可以抽象为一个实体。对象的组成成分可以抽象为实体的属性。

在进行设计时，实体与属性是相对而言的。同一事物，在一种应用环境中作为"属性"，在另一种应用环境中就必须作为"实体"。但是，在给定的应用环境中，属性必须是不可分的数据项，属性不能与其他实体发生联系，联系只发生在实体之间。

**例 6-6** 学籍管理局部应用中主要涉及的实体包括学生、宿舍、档案材料、班级、班主任、教室。这些实体之间的联系有：
- 一个宿舍可以住多个学生，一个学生只能住在一个宿舍中，因此宿舍与学生之间是

1:N 的联系。
- 一个班有若干名学生，一个学生只能属于一个班级，因此班级与学生之间也是 1:N 的联系。
- 班主任与学生之间是 1:N 的联系。
- 学生和他自己的档案材料之间是 1:1 的联系。
- 班级与班主任之间是 1:1 的联系。
- 班级与教室之间是 M:N 的联系。

于是，省略了实体的属性后学籍管理的 E-R 图如图 6-18 所示。

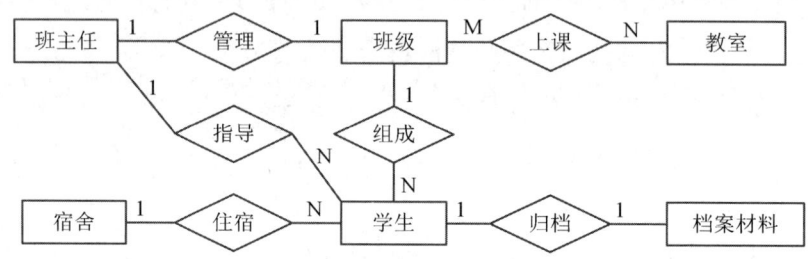

图 6-18 学籍管理局部 E-R 图

对应于各实体的属性分别为：

学生：{<u>学号</u>，姓名，出生日期，所在系，何时入学，平时成绩}

档案材料：{<u>档案号</u>，…}

班级：{<u>班级号</u>，学生人数}

班主任：{<u>职工号</u>，姓名，性别，是否为优秀班主任}

宿舍：{<u>宿舍编号</u>，地址，人数}

教室：{<u>教室编号</u>，地址，容量}

其中有下划线的属性为实体的码。

**例 6-7** 课程管理局部视图的设计：在这一视图中共有 5 个实体，分别是学生、课程、教室、教师和教科书，描述这些实体的属性分别为：

学生：{<u>学号</u>，姓名，年龄，性别，入学时间}

课程：{<u>课程号</u>，课程名，学时数}

选修：{<u>学号</u>，<u>课程号</u>，成绩}

教科书：{<u>书号</u>，书名，ISBN，作者，出版时间，关键字}

教室：{<u>教室编号</u>，地址，容量}

同样，省略了实体的属性后课程管理的 E-R 图如图 6-19 所示。

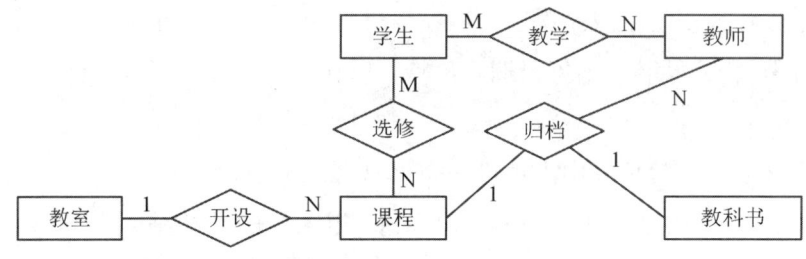

图 6-19 课程管理局部 E-R 图

（3）视图集成。视图集成的实质是将所有的局部视图统一与合并成一个完整的数据模式。在进行视图集成时，最重要的工作便是解决局部设计中的冲突。在集成过程中由于每个局部视图在设计时的不一致性会产生矛盾，引起冲突，常见冲突有以下几种：

- 命名冲突。命名冲突有同名异义和同义异名两种。如上面的实例中学生属性"何时入学"与"入学时间"属同义异名。
- 概念冲突。同一概念在一处为实体而在另一处为属性或联系。
- 域冲突。相同的属性在不同视图中有不同的域，如学号在某视图中的域为字符串而在另一个视图中可为整数，有些属性采用不同度量单位也属域冲突。
- 约束冲突。不同的视图可能有不同的约束。

视图经过合并生成的是初步 E-R 图，其中可能存在冗余的数据和冗余的实体间联系。冗余数据和冗余联系容易破坏数据库的完整性，给数据库维护增加困难。因此，对于视图集成后所形成的整体的数据库概念结构还必须进行进一步验证，确保它能够满足以下条件：

- 整体概念结构内部必须具有一致性，即不能存在互相矛盾的表达。
- 整体概念结构能准确地反映原来的每个视图结构，包括属性、实体及实体间的联系。
- 整体概念结构能满足需求分析阶段所确定的所有要求。

整体概念结构最终还应该提交给用户，征求用户和有关人员的意见，进行评审、修改和优化，然后把它确定下来，作为数据库的概念结构，作为进一步设计数据库的依据。

**例 6-8** 学籍管理局部视图与课程管理局部视图的集成。

根据上面所述的方法，集成过程可按以下步骤进行：

1）消除冲突。这两个子 E-R 图存在着多方面的冲突：

- 班主任也属于教师，学籍管理中的班主任实体与课程管理中的教师实体属于异名同义，可以统一称为教师。
- 将班主任改为教师后，教师与学生之间呈现两种不同类型的联系：指导联系和教学联系。由于指导联系实际上可以包含在教学联系之中，因此可以将这两种联系综合为教学联系。

- 调整学生实体属性组成及次序，调整结果可为：
  学生：{学号，姓名，出生日期，年龄，所在系，年级，平均成绩}

2）消除冗余。
- 学生实体中的年龄可以由出生日期推算出来，属于冗余数据。
  学生：{学号，姓名，出生日期，所在系，年级，平均成绩}
- 教室实体与班级实体之间的上课联系可以由教室与课程之间的开设联系、课程与学生之间的选修联系、学生与班级之间的组成联系三者推导出来，因此属于冗余联系。
- 学生实体中的平均成绩可以从选修联系中的成绩属性中推算出来。

如果需要经常查询学生的平均成绩，可以考虑保留该冗余数据，以提高效率。但是为了维护数据一致性，应采用一定的机制以保持数据的一致。

这样，集成这两个子 E-R 图后的学生管理子系统的 E-R 图如图 6-20 所示。

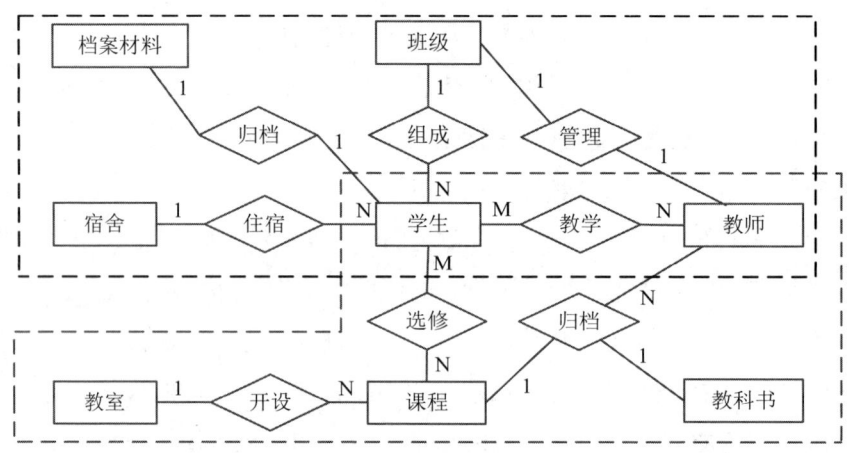

图 6-20 学生管理子系统的 E-R 图

学生管理子系统的基本 E-R 图还必须进一步和教师管理子系统以及后勤管理子系统等的基本 E-R 图合并，才能生成整个学校管理系统的基本 E-R 图。

### 6.4.4 数据库逻辑设计

1. 从 E-R 图向关系模式转换

数据库逻辑设计的主要工作是将 E-R 图转换成指定 RDBMS 中的关系模式。从 E-R 图到关系模式的转换是比较直接的，实体与联系都可以表示成关系，E-R 图中的属性也可以转换成关系的属性，实体集也可以转换成关系。E-R 模型与关系间的转换如表 6-10 所示。

下面讨论由 E-R 图转换成关系模式时会遇到的一些转换问题。

（1）命名与属性域的处理。关系模式中的命名可以用 E-R 图中的原有命名，也可另行命名,但是应尽量避免重名,RDBMS 一般只支持有限种数据类型而 E-R 中的属性域则不受此限制,如出现有 RDBMS 不支持的数据类型时则要进行类型转换。

表 6-10  E-R 模型与关系间的比较

| E-R 模型 | 关系 | E-R 模型 | 关系 |
|---|---|---|---|
| 属性 | 属性 | 实体集 | 关系 |
| 实体 | 元组 | 联系 | 关系 |

(2)非原子属性处理。E-R 图中允许出现非原子属性,但在关系模式中一般不允许出现非原子属性,非原子属性主要有集合型和元组型。如果出现此种情况时可以进行转换,其转换办法是,集合属性纵向展开,元组属性横向展开。

**例 6-9**  学生实体有学号、学生姓名和选读课程,其中前两个为原子属性,而后一个为集合型非原子属性,因为一个学生可选读若干课程,设有学生 S1307,王承志,他修读 Database、Operating System 和 Computer Network 三门课,此时可将其纵向展开用关系形式,如表 6-11 所示。

表 6-11  学生实体

| 学号 | 学生姓名 | 选读课程 |
|---|---|---|
| S1307 | 王承志 | Database |
| S1307 | 王承志 | Operating System |
| S1307 | 王承志 | Computer Network |

(3)联系的转换。在一般情况下联系可用关系表示,但是在有些情况下联系可归并到相关联的实体中。

2. 逻辑模式规范化及调整、实现

(1)规范化。在逻辑设计中还需要对关系进行规范化验证。

(2)RDBMS。对逻辑模式进行调整以满足 RDBMS 的性能、存储空间等要求,同时对模式进行适应 RDBMS 限制条件的修改,它们包括如下内容:

- 调整性能以减少连接运算。
- 调整关系大小,使每个关系数量保持在合理水平,从而可以提高存取效率。
- 尽量采用快照,因在应用中经常仅需某固定时刻的值,此时可用快照将某时刻值固定并定期更换,此种方式可以显著提高查询速度。

3. 关系视图设计

逻辑设计的另一个重要内容是关系视图的设计,又称为外模式设计。关系视图是在关系模式基础上所设计的直接面向操作用户的视图,它可以根据用户需求随时创建,一般 RDBMS

均提供关系视图的功能。

关系视图的作用大致有如下 3 点：

（1）提供数据逻辑独立性：使应用程序不受逻辑模式变化的影响。数据的逻辑模式会随着应用的发展而不断变化，逻辑模式的变化必然会影响到应用程序的变化，这就会产生极为麻烦的维护工作。关系视图则起了逻辑模式与应用程序之间的隔离墙作用，有了关系视图后建立在其上的应用程序就不会随逻辑模式修改而产生变化，此时变动的仅是关系视图的定义。

（2）能适应用户对数据的不同需求：每个数据库有一个非常庞大的结构，而每个数据库用户则希望只知道他们自己所关心的那部分结构，不必知道数据的全局结构以减轻用户在此方面的负担。此时，可用关系视图屏蔽用户所不需要的模式，而仅将用户感兴趣的部分呈现出来。

（3）有一定的数据保密功能：关系视图为每个用户划定了访问数据的范围，从而在应用的各用户间起了一定的保密隔离作用。

### 6.4.5 数据库物理设计

数据库物理设计的主要目标是对数据库内部物理结构进行调整并选择合理的存取路径，以提高数据库访问速度及有效利用存储空间。在现代关系数据库中已大量屏蔽了内部物理结构，因此留给用户参与物理设计的余地并不多，一般的 RDBMS 中留给用户参与物理设计的内容大致有如下 3 种：索引设计、集簇设计和分区设计。

### 6.4.6 数据库管理

数据库是一种共享资源，它需要维护与管理，这种工作称为数据库管理，而实施此项管理的人则称为数据库管理员（Database Administrator，DBA）。数据库管理一般包含如下一些内容：数据库的建立、数据库的调整、数据库的重组、数据库的安全性控制与完整性控制、数据库的故障恢复和数据库的监控。下面对这些管理内容进行简单讨论。

1. 数据库的建立

数据库的建立包括两部分内容：数据模式的建立和数据加载。

（1）数据模式的建立。数据模式由 DBA 负责建立，DBA 利用 RDBMS 中的 DDL 语言定义数据库名，定义表及相应属性，定义主关键字、索引、集簇、完整性约束、用户访问权限，申请空间资源，定义分区等，此外还需要定义视图。

（2）数据加载。在数据模式定义后即可加载数据，DBA 可以编制加载程序将外界数据加载至数据模式内，从而完成数据库的建立。

2. 数据库的调整

在数据库建立并经一段时间运行后往往会产生一些不适应的情况，此时需要对其进行调整。数据库的调整一般由 DBA 完成，调整内容包括：

（1）调整关系模式与视图使之更能适应用户的需求。

（2）调整索引与集簇使数据库性能与效率更佳。

（3）调整分区、数据库缓冲区大小以及并发度使数据库物理性能更好。

3. 数据库的重组

数据库在经过一定时间运行后，其性能会逐步下降，下降主要是由于不断的修改、删除与插入所造成的。由于不断的删除而造成盘区内废块的增多而影响 I/O 速度，由于不断的删除与插入而造成集簇的性能下降，同时也造成了存储空间分配的零散化，使得一个完整表的空间分散，从而造成存取效率下降。基于这些原因需要对数据库进行重新整理，重新调整存储空间，此种工作叫数据库重组。一般数据库重组需要花费大量时间，并做大量的数据搬迁工作。实际中，往往是先做数据卸载，然后再重新加载从而达到数据重组的目的。目前一般 RDBMS 都提供一定的手段，以实现数据重组功能。

4. 数据库的安全性控制与完整性控制

数据库是一个单位的重要资源，它的安全性是极端重要的，DBA 应采取措施保证数据不受非法盗用与破坏。此外，为保证数据的正确性，使录入库内的数据均能保持正确，需要有数据库的完整性控制。

5. 数据库的故障恢复

一旦数据库中的数据遭受破坏，则需要及时进行恢复，RDBMS 一般都提供此种功能，并由 DBA 负责执行故障恢复功能。

6. 数据库的监控

DBA 需要随时观察数据库的动态变化，并在发生错误、故障或产生不适应情况时随时采取措施，如数据库死锁、对数据库的误操作等；同时还需要监视数据库的性能变化，在必要时对数据库进行调整。

# 第 7 章　计算机网络基础

随着互联网技术的迅猛发展，网络的应用逐渐渗透到各个技术领域，甚至在现代社会生活中，计算机网络的应用已无所不在。计算机网络属于多机系统的范畴，是计算机和通信这两大现代技术相结合的产物，它代表着当前计算机体系结构发展的一个重要方向。对计算机网络知识的了解和掌握是现代社会对人们的基本要求。

本章主要介绍计算机网络的基础知识，包括计算机网络体系结构、计算机网络协议的实质、计算机网络的工作原理、互联网基础和应用的相关知识、网络安全基础知识。希望读者通过本章的学习，能对计算机网络有一个整体的认识，为将来应用计算机网络打下基础。

- 计算机网络的发展历史和组成。
- 计算机网络的拓扑结构和体系结构。
- 局域网的结构及相关设备。
- Internet 的接入方式及应用。
- 计算机网络安全及防范技术。

## 7.1　计算机网络概述

### 7.1.1　计算机网络的形成

自从第一台数字电子计算机问世以来，有近十年，计算机与通信没有很大关系。1954 年制造出了终端,人们用这种终端将穿孔卡片上的数据从电话线路上发送到远地的计算机。此后，又有了电传打字机，用户可在远地的电传打字机上键入程序，而计算出来的结果又可以从计算机传送到电传打字机打印出来，计算机与通信的结合就这样开始了。

20 世纪 50 年代初，美国航空公司与 IBM 公司开始联合研究计算机通信技术，并于 60 年代初投入使用了飞机订票系统 SABRE-I。该系统于 1968 年投入运行，成为当时世界上最大的商用数据处理网络,其地理范围从美国本土延伸到欧洲、澳洲和亚洲的日本。该系统具有交互式处理和批处理能力,且地理范围大,可以利用时差达到资源的充分利用。

在这一类早期的计算机通信网络中,为了提高通信线路的利用率并减轻主机的负担,已经开始使用多点通信线路、终端集中器、前端处理机等现代通信技术。这些技术对以后计算机网络的发展有着深刻的影响。例如,以多点线路连接的终端和主机间的通信建立过程,可以用主机对各终端轮询或是由各终端连接成雏菊链的形式实现。

1969 年 12 月,由美国国防部(DOD)资助、国防部高级研究计划局(ARPA)主持研究建立了数据包交换计算机网络 ARPANet。ARPANet 网络利用租用的通信线路将美国加州大学洛杉机分校、加州大学圣巴巴拉分校、斯坦福大学和犹太大学 4 个节点的计算机连接起来,构成了专门完成主机之间通信任务的通信子网。通过通信子网互连的主机负责运行用户程序,向用户提供资源共享服务,它们构成了资源子网。该网络采用分组交换技术传送信息,这种技术能够保证如果这 4 所大学之间的某一条通信线路因某种原因被切断以后,信息仍能够通过其他线路在各主机之间传递。随着网络技术的发展,ARPANet 网络已从最初的 4 个节点发展为横跨全世界一百多个国家和地区、挂接有几万个网络、几百万台计算机、几亿用户的因特网(Internet)。Internet 已成为当今世界上最大的国际性计算机互联网络,在现代信息社会中扮演了非常重要的角色,而且还在不断地迅速发展之中。

### 7.1.2 计算机网络的发展

下面讲述计算机网络发展的主要阶段。

1. 第一阶段:网络萌芽阶段

在 20 世纪 60 年代,以单个计算机为中心的远程联机系统构成面向终端的计算机通信网。其典型应用是由一台计算机和全美国范围内 2000 多个终端组成的飞机订票系统。终端是一台包括显示器和键盘、无 CPU 和内存的计算机外部设备。在当时,人们把计算机网络定义为"以传输信息为目的而连接起来,实现远程信息处理或进一步达到资源共享的系统",这样的通信系统是网络的雏形,标志着计算机网络的诞生。

2. 第二阶段:形成发展阶段

20 世纪 60 年代末,多个自主功能的主机通过通信线路互联,形成资源共享的计算机网络。在这个阶段形成的典型代表是 ARPANet。ARPANet 是 1969 年美国国防部创建的第一个分组交换网。要连接在 ARPANet 上的主机都直接与就近的节点交换机相连。到了 70 年代,ARPA 开始研究多种网络互连技术,这就导致后来互连网的出现。在这个时期,人们将网络定义为"以能够相互共享资源为目的互联起来的具有独立功能的计算机的集合体",这也就是计算机网络的基本概念。

### 3. 第三阶段：互联互通阶段

20世纪70年代末，形成了具有统一的网络体系结构、遵循国际标准化协议的计算机网络。在ARPANet兴起之后，计算机网络得到迅速的发展，由于计算机网络没有统一的标准和规则，导致不同的厂商生产的产品很难实现互连，人们必须制定形成一种开放性的国际标准来约束计算机网络，这样便产生了TCP/IP协议。TCP/IP协议的产生使得各种不同的网络之间可以实现相互兼容、相互连接，计算机网络进入了互联互通的全新时期。

### 4. 第四阶段：高速发展阶段

从20世纪90年代初开始至今，计算机网络向互连、高速、智能化方向发展。在这段时间，由于局域网技术的成熟与发展，出现了光纤、高速网络等全新技术。在这个时期，整个网络就像一个对用户透明的、大的计算机系统，随着时间的推移，零零散散的网络最终发展为以Internet为代表的互联网。

### 5. 计算机网络的发展趋势

（1）IP协议的快速发展。

IP协议产生于20世纪70年代，发展至今，它已更新为IPv4，并得到了广泛应用。尽管IPv4是过去互联网发展史上的一项创举，但随着网络技术的不断发展，IPv4自身也日益暴露出下列缺陷与不足：①安全系数不高；②无法为携带灵活的Mobile提供全方位的支持；③缺乏QoS的支撑与保障；④路由表开始处于膨胀状态，且选择路由的效率不高；⑤地址资源面临枯竭。IPv6是Internet协议的一个新版本，与IPv4相比，IPv6既保留了它原有的部分使用功能，同时在此基础上做出了一定的突破与创新。对比过去的版本，IPv6有其自身的两大特征：①安全性更高；②使邻居发现与应用邻居发现间实现了自动化配置。

（2）三网合一技术的发展。

现阶段来看，实现三网合一是计算机网络技术未来发展的一个重要趋势。所谓三网合一，即将传统电信网络、计算机互联网与有线电视网络集中起来，这不仅能降低网络技术的投资和使用成本，实现网络应用效率的最大化，同时还可有效提高Internet的整体效益。三网合一是计算机网络的重要发展方向，也是一种必然趋势。它的出现，使一个复杂、多样化的产业开始形成，同时也带动了与之相关的其他产业向前发展。随着三网合一技术的逐步深入，在线咨询、远程教育、线上就诊、在线交易、电子政务与商务等新兴业务如雨后春笋般涌现，它改变了人们按部就班的工作、生活、学习方式，打破了空间、时间的局限性，让在家办公、娱乐和学习的愿望变成现实。

（3）网络高速化与移动化。

高速化的含义有两点：一是网络设备运行速度的高速化，即未来网络应当拥有更大的传输带宽、更精简的路由表及更快的网络分包传输机制；二是网络服务的高速化，对于高计算强度、大数据的网络业务，借助庞大的云系统，在服务质量机制（QoS）保证下可以快速完成。高速化是大数据趋势的技术基础。移动化是指未来网络可以摆脱地理位置与环境条件的束缚，各类终端几乎在任何地点、任何时间都可以接入网络。高质量的无线接入与卫星通信技术将在未来网络中得到广泛的运用。现已研发出的 HSPA、WiMax、LTE、AIE 等新型移动接入技术都促进了网络移动性的发展。

总体来讲，未来计算机网络的发展方向可概括为：集成性、开放性、智能化、高速化和移动化。未来的计算机网络系统，其资源、相关服务与媒体应用等将更加集中，整个计算机网络的体系结构将更为开放，接口标准也将逐步统一。因此，我们要把握计算机网络技术未来的发展趋势，并加大对它的投入力度，发挥其对人类社会发展的重要推动作用。

### 7.1.3 计算机网络的定义

计算机网络，是指将地理位置不同的具有独立功能的多台计算机及其外部设备，通过通信线路连接起来，在网络操作系统、网络管理软件及网络通信协议的管理和协调下，实现资源共享和信息传递的计算机系统。

计算机网络的发展经历了面向终端的单级计算机网络、计算机网络对计算机网络和开放式标准化计算机网络 3 个阶段。在计算机网络发展过程的不同阶段，计算机网络有着不同的定义，它们分别反映了当时网络技术发展的水平和人们对网络的认识程度。从目前计算机网络的特点来看，资源共享观点的定义更能准确地描述计算机网络的基本特征。计算机网络是通过各种通信设备和传输介质将处于不同位置的多台相互独立的计算机连接起来，并在相应网络软件的管理下实现多台计算机之间信息传递和资源共享的系统。可以从以下几个方面来理解：

（1）至少有两台计算机。它们可以分布在一间办公室，也可以分布在地球的不同地方。并且组成网络的这些计算机都是相互独立的，也就是说，脱离网络不影响每台计算机作为单机的正常工作。

（2）计算机之间必须用媒介连接起来。媒介即定义中提到的通信设备和传输介质。例如家中的电话通过电话线连接到电信局的交换机上，再从交换机呼叫你要拨打的电话，当对方拿起电话后，线路就接通，这时通话双方是由电话线和电话交换机连接的。

（3）网络需要通过网络软件、通信协议和网络操作系统来进行管理。硬件的工作总是在软件的控制下进行的，有了硬件，还要有相应的软件来进行管理。

（4）网络中的每台计算机都可实现资源共享和互相通信。

简单来说，网络就是一群通过一定形式连接起来的计算机。

## 7.2 计算机网络的组成与分类

### 7.2.1 计算机网络的组成

计算机网络是利用通信设备和线路将不同地理位置、功能独立的多个计算机系统互联起来，以功能完善的网络软件实现网络中资源共享和信息传递的系统。通过计算机的互联，实现计算机之间的通信，从而实现计算机系统之间的信息、软件和设备资源的共享以及协同工作等功能，其本质特征在于提供计算机之间的各类资源的高度共享，实现便捷地交流信息和交换思想。

组成计算机网络的主要要素有：

（1）通信主体：工作站（终端设备，通常指 PC）、网络服务器（通常都是高性能计算机）。

（2）通信设备：包括网卡、网线、集线器（Hub）、中继器、交换机、网关、网桥、路由器等。

（3）通信协议：两台计算机之间完成通信或服务所必须遵循的规则和约定。目前世界上有很多通信协议，应用最广的是 TCP/IP 协议，它是互联网所采用的协议。

（4）网络软件：包括网络操作系统（如 UNIX、NetWare、Windows NT 等）、客户连接软件（包括基于 DOS、Windows、UNIX 操作系统的等）、网络管理软件等。

### 7.2.2 计算机网络的分类

计算机网络分类的标准很多，如按地理覆盖范围、交换方式、传输技术、传输介质等。

1. 按照地理覆盖范围分类

按照覆盖的地理范围进行分类，计算机网络可以分为局域网（LAN）、城域网（MAN）和广域网（WAN）3 类。

（1）局域网（LAN）。

局域网是一种在小区域内使用的，由多台计算机组成的网络，覆盖范围通常局限在 10 千米范围之内，属于一个单位或部门组建的小范围网。

（2）城域网（MAN）。

城域网是作用范围在广域网与局域网之间的网络，其网络覆盖范围在几十千米到上百千米，通常可以延伸到整个城市，借助通信光纤将多个局域网联通公用城市网络形成大型网络，使得不仅局域网内的资源可以共享，局域网之间的资源也可以共享。

（3）广域网（WAN）。

广域网是一种远程网，涉及长距离的通信，覆盖范围从几百千米到几千千米，可以是一个国家或多个国家,甚至是整个世界。由于广域网地理上的距离可以超过几千千米,所以信息衰减非常严重,这种网络一般要租用专线,通过接口信息处理协议和线路连接起来,构成网状结构,解决寻径问题。

#### 2. 按照交换方式分类

按照交换方式可以分为 3 类:电路交换、报文交换、分组交换。

(1) 电路交换。

最早出现在电话系统中,早期的计算机网络就是采用此方式来传输数据的,数字信号经过变换成为模拟信号后才能在线路上传输。

(2) 报文交换。

是一种数字化网络。当通信开始时,源机发出的一个报文被存储在交换机里,交换机根据报文的目的地址选择合适的路径发送报文,这种方式称为存储-转发方式。

(3) 分组交换。

采用报文传输,但它不是以不定长的报文作为传输的基本单位,而是将一个长的报文划分为许多定长的报文分组,以分组作为传输的基本单位。灵活性高且传输效率高。这不仅大大简化了对计算机存储器的管理,而且也加速了信息在网络中的传播速度。由于分组交换优于线路交换和报文交换,具有许多优点,因此它已成为计算机网络的主流。

#### 3. 按照传输技术分类

网络所采用的传输技术决定了网络的主要技术特点,因此根据网络所采用的传输技术对网络进行划分是一种很重要的方法。按照网络传输技术可将计算机网络分成点到点网络和广播式网络。

(1) 点到点式网络。

点到点传播指网络中每两台主机、两台节点交换机之间或主机与节点交换机之间都存在一条物理信道,即每条物理线路连接一对计算机。机器(包括主机和节点交换机)沿某信道发送的数据确定无疑地只有信道另一端的唯一一台机器收到。假如两台计算机之间没有直接连接的线路,那么它们之间的分组传输就要通过中间节点的接收、存储、转发直至目的节点。由于连接多台计算机之间的线路结构可能是复杂的,因此从源节点到目的节点可能存在多条路由,决定分组从通信子网的源节点到达目的节点的路由需要有路由选择算法。采用分组存储转发是点到点式网络与广播式网络的重要区别之一。在这种点到点的网络结构中,没有信道竞争,几乎不存在介质访问控制问题。点到点信道无疑可能浪费一些带宽,因为在长距离信道上一旦发生信道访问冲突,控制起来是相当困难的,所以广域网都采用点到点信道,用带宽来换取信道访问控制的简化。

（2）广播式网络。

广播式网络中的广播是指网络中所有连网计算机都共享一个公共通信信道，当一台计算机利用共享通信信道发送报文分组时，所有其他计算机都将会接收并处理这个分组。由于发送的分组中带有目的地址与源地址，网络中所有接收到该分组的计算机将检查目的地址是否与本节点的地址相同。如果被接收报文分组的目的地址与本节点地址相同，则接收该分组，否则将收到的分组丢弃。在广播式网络中，若分组是发送给网络中的某些计算机，则被称为多点播送或组播；若分组只发送给网络中的某一台计算机，则称为单播。在广播式网络中，由于信道共享可能引起信道访问错误，因此信道访问控制是要解决的关键问题。

4. 按传输介质分类

传输介质就是指用于网络连接的通信线路。目前常用的传输介质有同轴电缆、双绞线、光纤、卫星、微波等有线或无线传输介质，相应地可将网络分为同轴电缆网、双绞线网、光纤网、卫星网和无线网。

### 7.2.3 计算机网络的拓扑结构

计算机网络的拓扑结构，指网上计算机或设备与传输媒介形成的节点与线的物理构成模式。网络的节点有两类：一类是转换和交换信息的转接节点，包括节点交换机、集线器和终端控制器等；另一类是访问节点，包括计算机主机和终端等。线则代表各种传输媒介，包括有形的和无形的。

计算机网络的拓扑结构主要有星型拓扑、总线型拓扑、环型拓扑、树型拓扑、网状拓扑和混合型拓扑。

1. 星型拓扑结构

这种结构以一台设备作为中央节点，其他外围节点都单独连接在中央节点上。各外围节点之间不能直接通信，必须通过中央节点进行通信，如图 7-1 所示。中央节点可以是文件服务器或专门的接线设备，负责接收某个外围节点的信息，再转发给另外一个外围节点。这种结构的优点是结构简单、服务方便、建网容易、故障诊断与隔离比较简便、便于管理。缺点是需要的电缆长、共享资源能力差、安装维护费用高；网络运行依赖于中央节点，因而可靠性低；若要增加新的节点，就必须增加中央节点的连接，扩充比较困难。

星型拓扑结构广泛应用于网络中智能集中于中央节点的场合。在目前传统的数据通信中，该拓扑结构仍占支配地位。

2. 总线型拓扑结构

这种结构所有节点都直接连到一条主干电缆上，这条主干电缆就称为总线。该类结构没有关键性节点，任何一个节点都可以通过主干电缆与连接到总线上的所有节点通信，如图 7-2

所示。这种结构的优点是电缆长度短，布线容易；结构简单，可靠性高；增加新节点时，只需在总线的任何点接入，易于扩充。总线结构的缺点是故障检测需要在各个节点进行，故障诊断困难，隔离也困难，尤其是总线故障会引起整个网络的瘫痪。

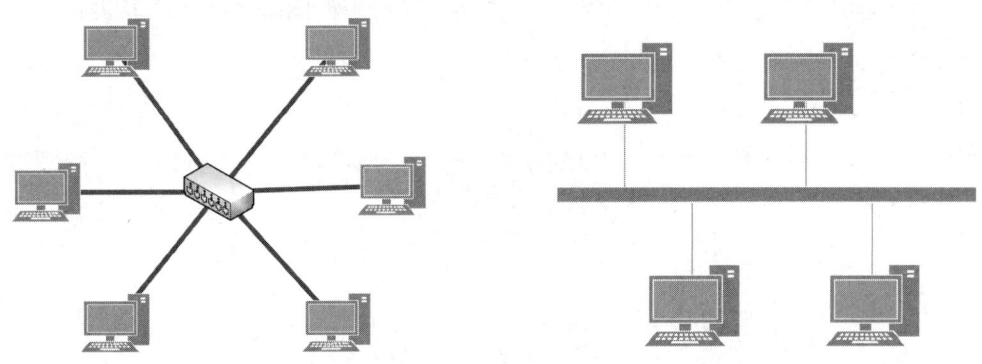

图 7-1　星型拓扑结构　　　　　　　图 7-2　总线型拓扑结构

3. 环型拓扑结构

这种结构各节点形成闭合的环，信息在环中进行单向流动，可实现环上任意两节点间的通信，如图 7-3 所示。环型结构的优点是电缆长度短、成本低；缺点是某一节点出现故障会引起全网故障，且故障诊断涉及每一个节点，故障诊断困难；若要扩充环的配置，就需要关掉部分已接入网中的节点，重新配置困难。

4. 树型拓扑结构

树型拓扑从总线型拓扑演变而来，形状像一棵倒置的树，顶端是树根，树根以下带分支，每个分支还可再带子分支，如图 7-4 所示。树根接收各站点发送的数据，然后再广播发送到全网。树型拓扑结构的特点大多与总线型拓扑结构的特点相同，并且易于扩展和故障隔离较容易。树型拓扑结构的缺点是各个节点对根的依赖性太大，如果根发生故障，则全网不能正常工作。

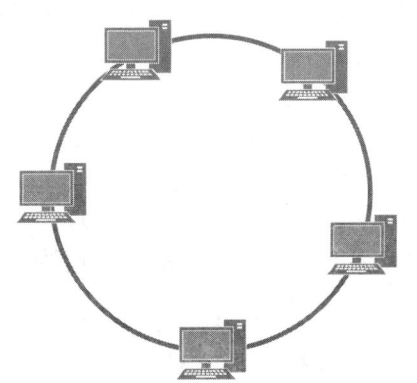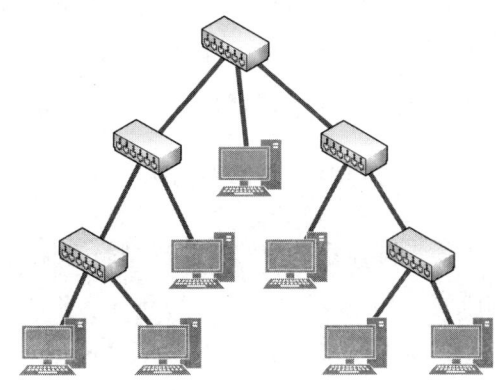

图 7-3　环型拓扑结构　　　　　　　图 7-4　树型拓扑结构

### 5. 网状拓扑

这种结构在广域网中得到了广泛的应用，优点是不受瓶颈问题和失效问题的影响。由于节点之间有许多条路径相连，可以为数据流的传输选择适当的路由，从而绕过失效的部件或过忙的节点。这种结构虽然比较复杂，成本也比较高，网络协议比较复杂，不易管理，但由于它的可靠性高，目前广域网基本上采用这种结构。

### 6. 混合型拓扑

混合型拓扑结构是将两种单一拓扑结构混合起来，取两者的优点构成的拓扑。该结构的优点是故障诊断和隔离方便，易于扩展和方便安装，缺点是需要选用智能网络设备，网络建设成本高。

## 7.3 计算机网络体系结构

计算机网络是一个非常复杂的系统，需要解决的问题很多并且性质各不相同。所以，在 ARPANet 设计时就提出了"分层"的思想，即将庞大而复杂的问题分为若干较小的易于处理的局部问题。1974 年美国 IBM 公司按照分层的方法制定了系统网络体系结构（System Network Architecture，SNA）。SNA 已成为世界上较广泛使用的一种网络体系结构。一开始，各个公司都有自己的网络体系结构，就使得各公司自己生产的各种设备容易互联成网，有助于该公司垄断自己的产品。但是，随着社会的发展，不同网络体系结构的用户迫切要求能互相交换信息。要想让两台计算机进行通信，必须使它们采用相同的信息交换规则。我们把在计算机网络中用于规定信息的格式以及如何发送和接收信息的一套规则称为网络协议或通信协议。为了减少网络协议设计的复杂性，网络设计者并不是设计一个单一、巨大的协议来为所有形式的通信规定完整的细节，而是采用把通信问题划分为许多个小问题，然后为每个小问题设计一个单独的协议的方法。这样做使得每个协议的设计、分析、编码和测试都比较容易。分层模型是一种用于开发网络协议的设计方法。网络体系结构最常用的有两种：OSI 七层结构和 TCP/IP 四层结构。

### 7.3.1 ISO/OSI 分层体系结构

为了使不同体系结构的计算机网络都能互联，国际标准化组织（ISO）于 1977 年成立专门机构研究这个问题。1978 年 ISO 提出了"异种机连网标准"的框架结构，这就是著名的开放系统互连参考模型（Open Systems Interconnection Reference Modle，OSI/RM，简称 OSI），如图 7-5 所示。OSI 得到了国际上的承认，成为其他各种计算机网络体系结构依照的标准，大大推动了计算机网络的发展。20 世纪 70 年代末到 80 年代初，出现了利用人造通信卫星进行中继的国际通信网络。网络互连技术不断成熟和完善,局域网和网络互连开始商品化。OSI参考模型用物理层、数据链路层、网络层、传输层、会话层、表示层和应用层七个层次描述网络的结构,它的规范对所有的厂商是开放的,具有指导国际网络结构和开放系统走向的作用。它直接影响总线、接口和网络的性能。常见的网络体系结构有FDDI、以太网、令牌环网和快速以太网等。从网络互连的角度看,网络体系结构的关键要素是协议和拓扑。

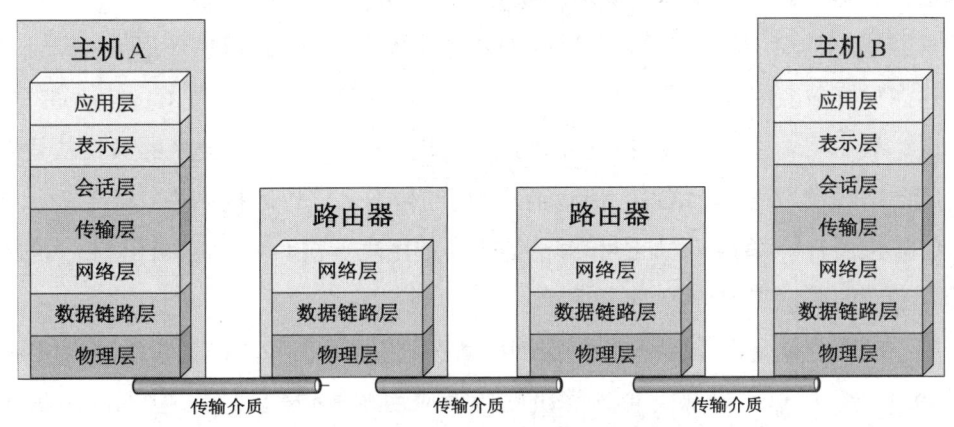

图 7-5  OSI 七层参考模型

第一层:物理层。规定通信设备的机械的、电气的、功能的和规程的特性,用以建立、维护和拆除物理链路连接。具体地讲,机械特性规定了网络连接时所需接插件的规格尺寸、引脚数量和排列情况等;电气特性规定了在物理连接上传输 bit 流时线路上信号电平的大小、阻抗匹配、传输速率、距离限制等;功能特性是指对各个信号先分配确切的信号含义,即定义了 DTE 和 DCE 之间各个线路的功能;规程特性定义了利用信号线进行 bit 流传输的一组操作规程,是指在物理连接的建立、维护和交换信息时,DTE 和 DCE 双方在各电路上的动作系列。在这一层,数据的单位称为比特(bit)。物理层的主要设备:中继器、集线器。

第二层:数据链路层。在物理层提供比特流服务的基础上,建立相邻节点之间的数据链路,通过差错控制提供数据帧(Frame)在信道上无差错的传输,并进行各电路上的动作系列。数据链路层在不可靠的物理介质上提供可靠的传输。该层的作用包括物理地址寻址、数据的成帧、流量控制、数据的检错、重发等。在这一层,数据的单位称为帧(Frame)。数据链路层的主要设备:二层交换机、网桥。

第三层:网络层。在计算机网络中进行通信的两个计算机之间可能会经过很多个数据链路,也可能还要经过很多通信子网。网络层的任务就是选择合适的网间路由和交换节点,确保数据及时传送。网络层将数据链路层提供的帧组成数据包,包中封装有网络层包头,其中含有逻辑地址信息——源站点和目的站点地址的网络地址。在这一层,数据的单位称为数据包

(Packet)。网络层的主要设备：路由器。

第四层：传输层。也称为处理信息的传输层。这一层负责获取全部信息，因此它必须跟踪数据单元碎片、乱序到达的数据包和其他在传输过程中可能发生的危险。这一层为上层提供端到端（最终用户到最终用户）的透明的、可靠的数据传输服务。所谓透明的传输是指在通信过程中传输层对上层屏蔽了通信传输系统的具体细节。

第五层：会话层。也可以称为会晤层或对话层，在会话层及以上的高层次中，数据传送的单位不再另外命名，统称为报文。会话层不参与具体的传输，它提供包括访问验证和会话管理在内的建立和维护应用之间通信的机制。如服务器验证用户登录便是由会话层完成的。

第六层：表示层。主要解决用户信息的语法表示问题。它将欲交换的数据从适合于某一用户的抽象语法转换为适合于 OSI 系统内部使用的传送语法，即提供格式化的表示和转换数据服务。数据的压缩和解压缩、加密和解密等工作都由表示层负责。例如图像格式的显示，就是由位于表示层的协议来支持。

第七层：应用层。是操作系统或网络应用程序中提供通信和数据传输的网络服务接口。

通过 OSI 层，信息可以从一台计算机的软件应用程序传输到另一台的应用程序上。例如，主机 A 上的应用程序要将信息发送到主机 B 的应用程序，则主机 A 中的应用程序需要将信息先发送到其应用层（第七层），然后此层将信息发送到表示层（第六层），表示层将数据转送到会话层（第五层），如此继续，直至物理层（第一层）。在物理层，数据被放置在物理网络媒介中并被发送至主机 B。主机 B 的物理层接收来自物理媒介的数据，然后将信息向上发送至数据链路层（第二层），数据链路层再转送给网络层，依次继续，直到信息到达主机 B 的应用层。最后，主机 B 的应用层再将信息传送给应用程序接收端，从而完成通信过程。

### 7.3.2　TCP/IP 分层体系结构

TCP/IP（Transmission Control Protocol/Internet Protocol，传输控制协议/互联网络协议）是美国国防部高级研究计划局的研究结果，早在 20 世纪 70 年代就已诞生，后来被集成在 UNIX 中使用，进而得到推广，成为互联网的通信协议。随着互联网的不断壮大，TCP/IP 协议不断发展，不仅在广域网上被普遍使用，在局域网上也已经取代其他协议而成为被普遍采用的协议。如今，TCP/IP 协议已经成为一种普遍且通用的网络互联标准。

TCP/IP 协议的层次结构基本上是按照 OSI 参考模型设计的，只是在上三层的分层上，TCP/IP 协议将 OSI 参考模型的应用层、表示层和会话层统一整合成为一个单一的应用层，从而使数据格式的表示、会话的建立等功能和应用软件更紧密地结合起来，与 OSI 参考模型相比更为实用和简单，如图 7-6 所示。我们虽然在习惯上把 TCP/IP 称为协议，但实际上它并不是一个单一的协议，而是一组协议的集合，称为 TCP/IP 协议族。

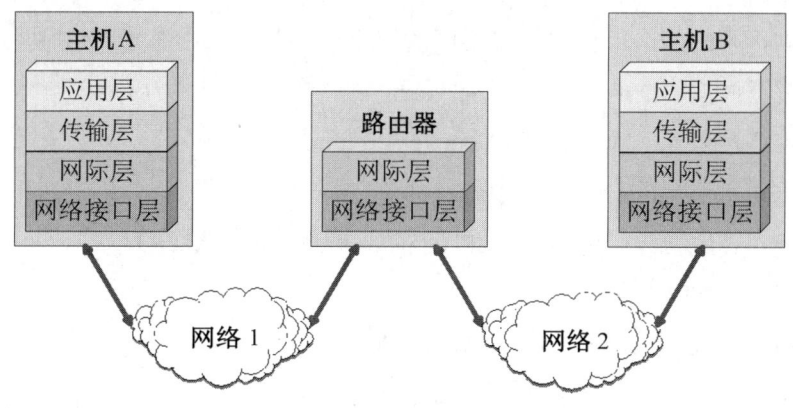

图 7-6　TCP/IP 网络参考模型

第一层：网络接口层。实际上 TCP/IP 参考模型没有真正描述这一层的实现，只是要求能够提供给其上层——网际层一个访问接口，以便在其上传递 IP 分组。这个过程能够在网卡的软件驱动程序中控制，也可以在固件或者专用芯片中控制。这将完成如添加报头准备发送、通过物理媒介实际发送这样一些数据链路功能。另一端链路层将完成数据帧接收、去除报头并且将接收到的包传到网络层。

第二层：网际层。网际层是整个 TCP/IP 协议族的核心，功能是把分组发往目标网络或主机。同时，为了尽快地发送分组，可能需要沿不同的路径同时进行分组传递。因此，分组到达的顺序和发送的顺序可能不同，这就需要上层必须对分组进行排序。

网际层除了需要完成路由的功能外，也可以完成将不同类型的网络（异构网）互连的任务。除此之外，网际层还需要完成拥塞控制的功能。

网际层包括 IP（Internet Protocol）协议、ICMP（Internet Control Message Protocol）协议、控制报文协议、ARP（Address Resolution Protocol）地址转换协议、RARP（Reverse ARP）反向地址转换协议。

第三层：传输层。在 TCP/IP 模型中，传输层的功能是使源端主机和目标端主机上的对等实体可以进行会话。在传输层定义了两种服务质量不同的协议：传输控制协议（Transmission Control Protocol，TCP）和用户数据报协议（User Datagram Protocol，UDP）。

TCP 协议是一个面向连接的、可靠的协议。它将一台主机发出的字节流无差错地发往互联网上的其他主机。在发送端，它负责把上层传送下来的字节流分成报文段并传递给下层。在接收端，它负责把收到的报文进行重组后递交给上层。TCP 协议还要处理端到端的流量控制，以避免缓慢接收的接收方没有足够的缓冲区接收发送方发送的大量数据。

UDP 协议是一个不可靠的、无连接协议，适用于不需要对报文进行排序和流量控制的场合。

第四层：应用层。TCP/IP 模型将 OSI 参考模型中的会话层和表示层的功能合并到应用层实现。

应用层面向不同的网络应用引入了不同的应用层协议，其中基于 TCP 协议的有：

- 域名解析协议（Domain Name Service，DNS）。
- 超文本链接协议（Hyper Text Transfer Protocol，HTTP）。
- 文件传输协议（File Transfer Protocol，FTP）
- 简单邮件传输协议（Simple Mail Transfer Protocol，SMTP）
- 虚拟终端协议（Telnet）。
- 邮局协议（Post Office Protocol 3，POP3）。

### 7.3.3 TCP/IP 协议和 IP 地址

#### 1. TCP/IP 协议

TCP/IP 协议（Transmission Control Protocol/Internet Protocol，传输控制协议/因特网互联协议）又名网络通信协议，是 Internet 最基本的协议、Internet 国际互联网络的基础，由网络层的 IP 协议和传输层的 TCP 协议组成。IP 协议可以进行 IP 数据包的分割和组装，但是通过 IP 协议并不能清楚地了解到数据包是否顺利地发送给目标计算机。而使用 TCP 协议就不同了，在该协议传输模式中在将数据包成功发送给目标计算机后，TCP 会要求发送一个确认；如果在某个时限内没有收到确认，那么 TCP 将重新发送数据包。另外，在传输的过程中，如果接收到无序、丢失以及被破坏的数据包，TCP 还可以负责恢复。

IP 协议（Internet Protocol）又称互联网协议，是支持网间互连的数据报协议，与 TCP 协议一起构成了 TCP/IP 协议族的核心。它提供网间连接的完善功能，包括 IP 数据报规定互联网络范围内的 IP 地址格式。

#### 2. IP 地址

IP 地址（Internet Protocol Address）是指互联网协议地址。IP 地址是 IP 协议提供的一种统一的地址格式，它为互联网上的每一个网络和每一台主机分配一个逻辑地址，以此来屏蔽物理地址的差异。

目前的 IP 地址（IPv4，IP 第 4 版本）由 32 个二进制位表示，通常被分割为 4 个"8 位二进制数"（也就是 4 个字节）。IP 地址通常用"点分十进制"表示成 a.b.c.d 的形式，其中 a、b、c、d 都是 0~255 之间的十进制整数，如 100.3.4.5。IP 地址层次上采用逻辑网络结构划分，一个 IP 地址划分为两部分：网络地址和主机地址。网络地址标识一个逻辑网络，主机地址标识该网络中的一台主机，IP 地址由因特网信息中心（NIC）统一分配。NIC 负责分配最高级 IP 地址，并给下一级网络中心授权在其自治系统中再次分配 IP 地址。在国内，用户可向电信公司、ISP 或单位局域网管理部门申请 IP 地址，这个 IP 地址在因特网中是唯一的。如果是使用 TCP/IP 协议构成局域网，则可自行分配 IP 地址，该地址在局域网内是唯一的，但对外通信时经过代理服务器。

最初设计互联网络时，为了便于寻址以及层次化构造网络，每个 IP 地址包括两个标识码（ID），即网络 ID 和主机 ID。同一个物理网络上的所有主机都使用同一个网络 ID，网络上的一台主机（包括网络上的工作站、服务器和路由器等）有一个主机 ID 与其对应。IP 地址根据网络 ID 的不同分为 5 种类型：A 类地址、B 类地址、C 类地址、D 类地址和 E 类地址。A、B、C 是基本分类，D、E 类保留使用，如图 7-7 所示。

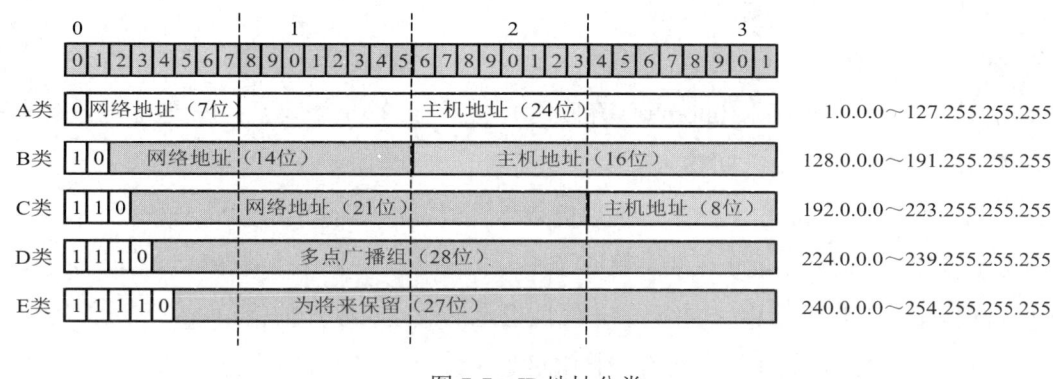

图 7-7　IP 地址分类

（1）A 类 IP 地址。一个 A 类 IP 地址由 1 字节的网络地址和 3 字节的主机地址组成，网络地址的最高位必须是 0，地址范围从 1.0.0.0 到 127.255.255.255。可用的 A 类网络有 126 个，每个网络能容纳 1670 多万台主机。

（2）B 类 IP 地址。一个 B 类 IP 地址由 2 字节的网络地址和 2 字节的主机地址组成，网络地址的最高位必须是 10，地址范围从 128.0.0.0 到 191.255.255.255。可用的 B 类网络有 16382 个，每个网络能容纳 6 万多台主机。

（3）C 类 IP 地址。一个 C 类 IP 地址由 3 字节的网络地址和 1 字节的主机地址组成，网络地址的最高位必须是 110。地址范围从 192.0.0.0 到 223.255.255.255。C 类网络可达 209 万余个，每个网络能容纳 254 台主机。

（4）D 类 IP 地址。用于多点广播（Multicast），D 类 IP 地址第一个字节以 1110 开始，它是一个专门保留的地址，并不指向特定的网络，目前这一类地址被用在多点广播中。多点广播地址用来一次寻址一组计算机，它标识共享同一协议的一组计算机。224.0.0.0 到 239.255.255.255 用于多点广播。

（5）E 类 IP 地址：以 11110 开始，为将来使用保留，地址范围为从 240.0.0.0 到 254.255.255.255。

（6）全零（0.0.0.0）地址对应于当前主机，全 1 的 IP 地址（255.255.255.255）是当前子网的广播地址。

在 IP 地址的 3 种主要类型里，各保留了 3 个区域作为私有地址，其地址范围如下：A 类地址：10.0.0.0～10.255.255.255；B 类地址：172.16.0.0～172.31.255.255；C 类地址：192.168.0.0～192.168.255.255。

网络地址 127.0.0.0～127.255.255.255 也是一段保留地址，用于网络软件测试以及本地机进程间通信，叫做回送地址。无论什么程序，一旦使用回送地址发送数据，协议软件立即返回它，不进行任何网络传输。127.0.0.1 是自环地址，可以代表本级 IP 地址，ping 通了说明网卡没有问题，因此发往 127 的消息不会出网卡。

3. 网络配置要素

我们要配置一台主机接入 Internet（互联网），必须具备 4 个要素：IP 地址、子网掩码、网关和域名解析服务器地址（DNS）。

（1）IP 地址。IP 地址用于网络内数据的寻址，就好比要寄信给别人，只写别人的姓名不行，因为无法定位，而如果写上地址，就有了唯一的标识，信就不会寄错地址。同时你留下你的地址，对方就可以回信给你。网络内 IP 地址也是这么一个唯一的标识。

（2）子网掩码。IP 地址是以网络号和主机号来标示网络上的主机的，只有在一个网络号下的计算机之间才能"直接"互通，不同网络号的计算机要通过网关才能互通。但这样的划分在某些情况下显得并十分不灵活。为此 IP 网络还允许划分成更小的网络，称为子网，这样就产生了子网掩码。子网掩码的作用就是用来判断任意两个 IP 地址是否属于同一子网，这时只有在同一子网的计算机才能"直接"互通。子网掩码不能单独存在，它必须结合 IP 地址一起使用。子网掩码只有一个作用，就是将某个 IP 地址划分成网络地址和主机地址两部分。子网掩码是一个 32 位地址，用于屏蔽 IP 地址的一部分以区别网络标识和主机标识。对于 A 类地址来说，默认的子网掩码是 255.0.0.0；对于 B 类地址来说，默认的子网掩码是 255.255.0.0；对于 C 类地址来说，默认的子网掩码是 255.255.255.0。

（3）网关。又称网间连接器、协议转换器。网关在网络层以上实现网络互连，是最复杂的网络互连设备，仅用于两个高层协议不同的网络互连。网关既可以用于广域网互连，也可以用于局域网互连。网关是一种充当转换重任的计算机系统或设备，使用在不同的通信协议、数据格式或语言，甚至体系结构完全不同的两种系统之间，是一个翻译器。打个比方，如果从一个房间走到另一个房间，必然要经过一扇门。同样，从一个网络向另一个网络发送信息，也必须经过一道"关口"，这道关口就是网关。顾名思义，网关就是一个网络连接到另一个网络的"关口"。

（4）域名解析服务器（DNS）。域名解析是把域名指向网站空间 IP，让人们通过注册的域名可以方便地访问到网站的一种服务。IP 地址是网络上标识站点的数字地址，为了方便记忆，采用域名来代替 IP 地址标识站点地址。域名解析就是域名到 IP 地址的转换过程。域名的解析工作由 DNS 服务器完成。

4．IP 地址设置

（1）在计算机桌面上的"网络"图标上右击并选择"属性"选项，如图 7-8 所示。

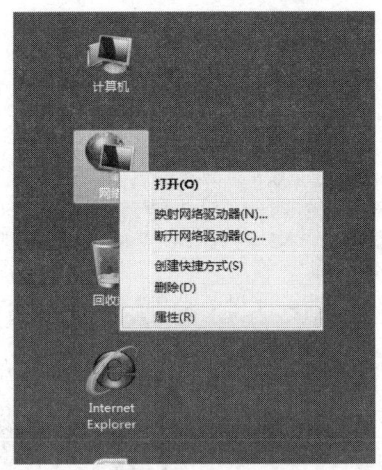

图 7-8　"网络"图标右键快捷菜单

（2）在打开的窗口中选择左上角的"更改适配器设置"，如图 7-9 所示。

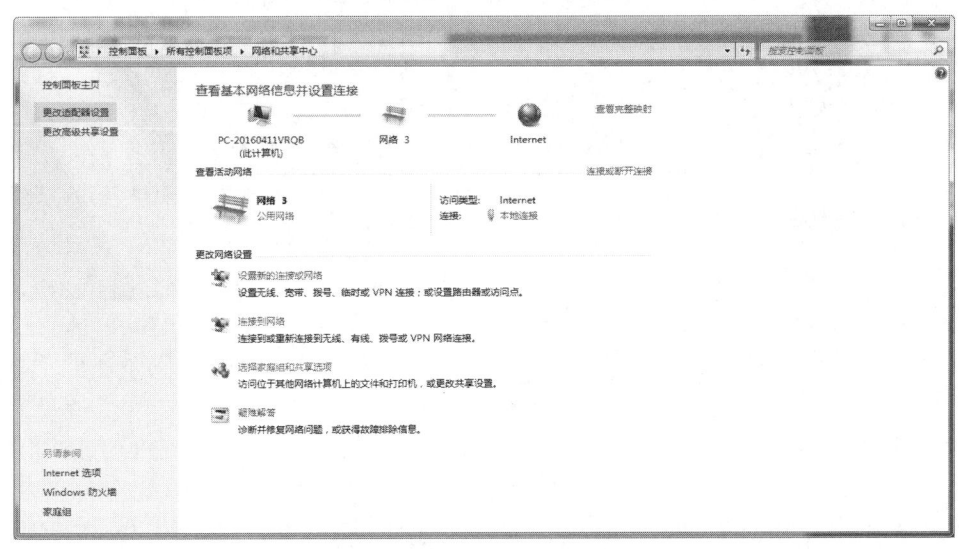

图 7-9　"更改适配器设置"界面

（3）在"本地连接"图标上右击并选择"属性"选项，如图 7-10 所示。

（4）在弹出的对话框中选择"Internet 协议版本 4（TCP/IPv4）"复选项后单击"确定"按钮，如图 7-11 所示。

图 7-10 "本地连接"图标的右键快捷菜单

（5）进入到 IP 设置界面，设置 IP 地址和掩码、网关和 DNS，然后单击"确定"按钮保存，如图 7-12 所示。

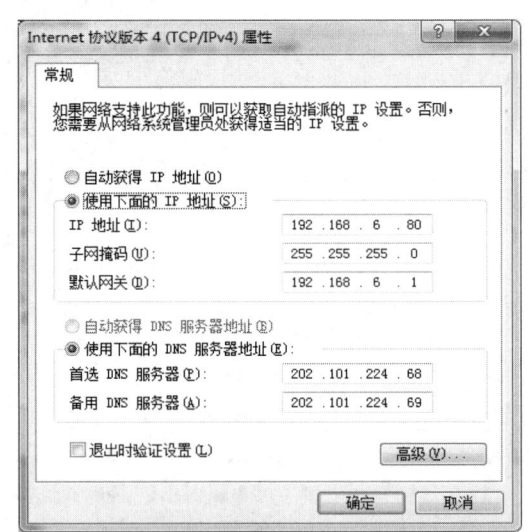

图 7-11 "本地连接 属性"对话框　　图 7-12 "Internet 协议版本 4（TCP/IPv4）属性"对话框

### 7.3.4　IPv6 协议

IPv6 是 Internet Protocol Version 6 的缩写，也被称为下一代互联网协议，它是由 IETF 小组（Internet Engineering Task Force，Internet 工程任务组）设计的用来替代现行的 IPv4 协议的一种新的 IP 协议，号称可以为全世界的每一粒沙子编上一个网址。

目前，Internet 的主机都有一个唯一的 IP 地址，IP 地址用一个 32 位二进制数表示一个主机号码，但 32 位地址资源有限，已经不能满足用户的需求，因此 Internet 研究组织发布新的主机标识方法，即 IPv6。在 RFC1884 中（RFC 是 Request for Comments document 的缩写。RFC 实际上就是 Internet 有关服务的一些标准，规定的标准语法建议把 IPv6 地址的 128 位（16 个字节）写成 8 个 16 位的无符号整数，每个整数用 4 个十六进制位表示，这些数之间用冒号（:）分开，例如 3aae:1043:2222:1280:ffdd:fead:ab61。

IPv6 当前在全球范围内还仅仅处于研究阶段，许多技术问题还有待于进一步解决，并且支持 IPv6 的设备非常有限。但总体来说，全球 IPv6 技术的发展不断进行着，并且随着 IPv4 消耗殆尽，许多国家已经意识到了 IPv6 技术所带来的优势，特别是中国，通过一些国家级的项目推动了 IPv6 下一代互联网的全面部署和大规模商用。随着 IPv6 的各项技术日趋完善，IPv6 最终会完全取代 IPv4 在互联网上占据统治地位。

IPv6 的主要特点：

- IPv6 具有更大的地址空间。IPv4 中规定 IP 地址长度为 32，最大地址个数为 $2^{32}$。而 IPv6 中 IP 地址的长度为 128，即最大地址个数为 $2^{128}$，地址空间增大了 $2^{96}$ 倍。
- IPv6 地址长度为 128 位，有灵活的 IP 报文头部格式。使用一系列固定格式的扩展头部取代了 IPv4 中可变长度的选项字段。IPv6 中选项部分的出现方式也有所变化，使路由器可以简单路过选项而不做任何处理，加快了报文处理速度。
- IPv6 简化了报文头部格式，字段只有 8 个，加快了报文转发，提高了吞吐量。
- 提高安全性。身份认证和隐私权是 IPv6 的关键特性。
- 支持更多的服务类型。
- 允许协议继续演变，增加新的功能，使之适应未来技术的发展。

## 7.4 局域网基础

### 7.4.1 局域网概述

为了完整地给出 LAN 的定义，必须使用两种方式：一种是功能性定义，另一种是技术性定义。前一种将 LAN 定义为一组计算机和其他设备，在物理地址上彼此相隔不远，以允许用户相互通信和共享诸如打印机和存储设备之类的计算资源的方式互连在一起的系统。这种定义适用于办公环境下的 LAN、工厂和研究机构中使用的 LAN。

就 LAN 的技术性定义而言，它定义为由特定类型的传输媒体（如电缆、光缆和无线媒体）和网络适配器（亦称网卡）互连在一起的计算机，并受网络操作系统监控的网络系统。

功能性定义和技术性定义之间的差别是很明显的，功能性定义强调的是外界行为和服务，技术性定义强调的则是构成 LAN 所需的物质基础和构成的方法。

局域网（LAN）的名字本身就隐含了这种网络地理范围的局域性。由于较小的地理范围，LAN 通常要比广域网（WAN）具有高得多的传输速率，例如，目前 LAN 的传输速率为 10Mb/s，FDDI 的传输速率为 100Mb/s，而 WAN 的主干线速率国内目前仅为 64kb/s 或 2.048Mb/s，最终用户的上线速率通常为 14.4kb/s。

LAN 的拓扑结构目前常用的是总线型和环型。这是由有限地理范围决定的。这两种结构很少在广域网环境下使用。

LAN 的特点：

- 可靠性、易扩缩、易于管理和安全等多种特性。
- 局域网的通信设备是广义的，包括计算机、终端、电话机等通信设备。
- 局域网的数据通信速率高、误码率低。
- 局域网覆盖一个有限的地理范围，如一个办公室、一幢大楼或几幢大楼之间的地域范围，适用于机关、学校、公司、工厂等单位，一般属于一个单位所有。

### 7.4.2 网络的传输介质

传输介质是连接局域网各节点的物理通路。在局域网中，常用的网络传输介质有双绞线、同轴电缆、光缆和无线电。

#### 1. 双绞线

双绞线是综合布线工程中最常用的一种传输介质，是由两根具有绝缘保护层的铜导线组成的。把两根绝缘的铜导线按一定密度互相绞在一起，每一根导线在传输中辐射出来的电波会被另一根线上发出的电波抵消，有效降低信号干扰的程度。

双绞线电缆定义了 9 种不同的型号，常见的有三类线、五类线、超五类线和六类线等。

（1）一类线（CAT1）：线缆最高频率带宽是 750kHz，用于报警系统或只适用于语音传输（一类标准主要用于 20 世纪 80 年代初之前的电话线缆），不用于数据传输。

（2）二类线（CAT2）：线缆最高频率带宽是 1MHz，用于语音传输和最高传输速率 4Mb/s 的数据传输，常见于使用 4Mb/s 规范令牌传递协议的旧的令牌网。

（3）三类线（CAT3）：指在 ANSI 和 EIA/TIA568 标准中指定的电缆，该电缆的传输频率为 16MHz，最高传输速率为 10Mb/s，主要应用于语音、10Mb/s 以太网（10Base-T）和 4Mb/s 令牌环，最大网段长度为 100m，采用 RJ 形式的连接器，现已淡出市场。

（4）四类线（CAT4）：该类电缆的传输频率为 20MHz，用于语音传输和最高传输速率 16Mb/s（指的是 16Mb/s 令牌环）的数据传输，主要用于基于令牌的局域网和 10Base-T/100Base-T 网络。最大网段长为 100m，采用 RJ 形式的连接器，未被广泛采用。

（5）五类线（CAT5）：该类电缆增加了绕线密度，外套一种高质量的绝缘材料，线缆最高频率带宽为 100MHz，最高传输速率为 100Mb/s，用于语音传输和最高传输速率为 100Mb/s 的数据传输，主要用于 100Base-T 和 1000Base-T 网络，最大网段长为 100m，采用 RJ 形式的连接器。这是最常用的以太网电缆。在双绞线电缆内，不同线对具有不同的绞距长度。通常，4 对双绞线绞距周期在 38.1mm 长度内，按逆时针方向扭绞，一对线对的扭绞长度在 12.7mm 以内。

（6）超五类线（CAT5e）：超五类线衰减小、串扰少，并且具有更高的衰减与串扰的比值（ACR）和信噪比（SNR）、更小的时延误差，性能得到很大提高。超五类线主要用于千兆位以太网（1000Mb/s）。

（7）六类线（CAT6）：该类电缆的传输频率为 1MHz～250MHz，六类布线系统在 200MHz 时综合衰减串扰比（PS-ACR）应该有较大的余量，它提供 2 倍于超五类的带宽。六类布线的传输性能远远高于超五类标准，最适用于传输速率高于 1Gb/s 的应用。六类与超五类的一个重要的不同点在于：改善了在串扰以及回波损耗方面的性能，对于新一代全双工的高速网络应用而言，优良的回波损耗性能是极重要的。六类标准中取消了基本链路模型，布线标准采用星型拓扑结构，要求的布线距离为：永久链路的长度不能超过 90m，信道长度不能超过 100m。

（8）超六类或 6A（CAT6A）：此类产品传输带宽介于六类和七类之间，传输频率为 500MHz，传输速率为 10Gb/s，标准外径 6mm。和七类产品一样，国家还没有出台正式的检测标准，只是行业中有此类产品，各厂家宣布一个测试值。

（9）七类线（CAT7）：传输频率为 600MHz，传输速率为 10Gb/s，单线标准外径 8mm，多芯线标准外径 6mm。

类型数字越大，版本越新，技术越先进，带宽也越宽，当然价格也越贵。这些不同类型的双绞线标注方法是这样规定的，如果是标准类型则按 CATx 方式标注，如常用的五类线和六类线，则在线的外皮上标注为 CAT5、CAT6。而如果是改进版，就按 xe 方式标注，如超五类线就标注为 5e（字母是小写，而不是大写）。

局域网所使用的双绞线分为两类：屏蔽双绞线和非屏蔽双绞线。

屏蔽双绞线由外部保护层、屏蔽层与多对双绞线组成，如图 7-13 所示。非屏蔽双绞线则没有屏蔽层，仅由外部保护层与多对双绞线组成，如图 7-14 所示。

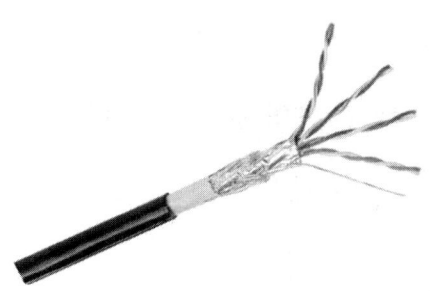
图 7-13　屏蔽双绞线

图 7-14　非屏蔽双绞线

2. 同轴电缆

同轴电缆由一空心金属圆管（外导体）和一根硬铜导线（内导体）组成。内导体位于金属圆管中心，内外导体间用聚乙烯塑料垫片绝缘。在局域网中使用的同轴电缆共有75Ω、50Ω和93Ω三种，其结构如图7-15所示。与双绞线相比，同轴电缆的抗干扰能力强、屏蔽性能好、传输数据稳定、价格便宜，而且它不用连接在集线器或交换机上即可使用。

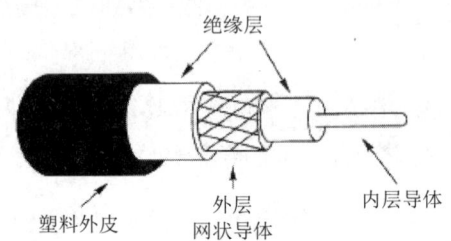

图 7-15　同轴电缆

3. 光缆

光缆是传送光信号的介质，由纤芯、包层和外部一层增强强度的保护层构成。纤芯是采用二氧化硅掺以锗、磷等材料制成，呈圆柱形。外面包层用纯二氧化硅制成，它将光信号折射到纤芯中。光纤分单模和多模两种，单模只提供一条光通路，多模有多条光通路，单模光纤容量大，价格较贵，如图7-16所示。光纤通过内部的全反射来传输一束经过编码的光信号。光缆因其数据传输速率高、抗干扰性强、误码率低、安全保密性好等特点而被认为是最有前途的传输介质。

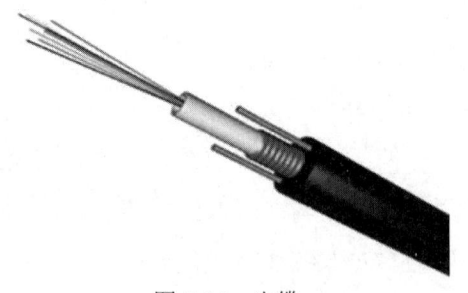

图 7-16　光缆

4. 无线电

使用特定频率的电磁波作为传输介质，可以避免有线介质的束缚，组成无线局域网。随着便携式计算机的增多，无线局域网的应用越来越普及。

### 7.4.3　常用的网络设备

常用的网络设备有网络适配器、网络收发器、网络媒体转换设备、中继器、集线器、网桥、交换机、路由器、网关、防火墙等。

（1）网络适配器：又称网络接口卡（Network Interface Card，NIC），如图 7-17 所示。它插在计算机的总线上将计算机连到其他网络设备上，网络适配器中一般只实现网络物理层和数据链路层的功能。

图 7-17　网络适配器

（2）网络媒体转换设备：是网络中不同传输媒体间的转换设备，如调制解调器（Modem）等。

（3）中继器（Repeater）：也称为转发器，功能是放大信号，缓解其衰减变形，延伸传输媒体的距离，如以太网中继器可以用来连接不同的以太网网段，以构成一个以太网。

（4）集线器（Hub）：如图 7-18 所示，集线器可看成多端口中继器（一个中继器是双端口的），它有多个端口（如 8 口、16 口、24 口等型号）。它起的作用主要有两个：一是实现信号整形和放大；二是设备的集中。

图 7-18　集线器

以上几种设备都是工作在物理层的网络设备。

（5）网桥（Bridge）：可将两个以上独立的物理局域网连成一个独立的逻辑上的局域网，是工作在物理层和数据连路层的网络连接设备。

（6）交换机（Switch）：网络交换机和网桥属于同一类设备，工作在数据链路层上。但网络交换机的端口数多，且交换速度快。在这个意义上，网络交换机可以看作是多端口的高速网桥。交换机比网桥优越的地方是：交换速度快，可实现线速转发；能解决网络主干上的通信拥挤问题；端口密度高，一台交换机可连接多个网段，降低了组网成本。

交换机与集线器的区别：一是带宽共享方式不同，集线器是共享带宽，即100M集线器所有端口的流量之和为100M，而100M交换机每个端口都有100M；二是转发方式不同，集线器通信时，一个端口收到数据便向其他的所有端口进行广播，而交换机根据记录下来的每个端口对应主机的MAC地址，保证数据只发到目的端口，这样能降低网络的数据传输量，提高传输速度。

（7）路由器（Router）：是工作在网络层的多个网络间的互连设备。它可在网络间提供路径选择的功能：在网络之间转发网络分组；为网络分组寻找最佳传输路径；实现子网隔离，限制广播风暴；提供逻辑地址，以识别互联网上的主机；提供广域网服务。

（8）网关（Gateway）：可看成是多个网络间互连设备的统称，但一般指在OSI模型的第4层（传输层）以上实现不同通信协议结构互连的设备。它是硬件和软件的结合体，又称应用层网关。

### 7.4.4 高速局域网

随着计算机数据处理能力的增强、计算机网络应用的深入普及，用户对计算机网络的需求剧增，常规局域网已经远远不能满足日益增长的要求，于是高速局域网便应运而生。高速局域网是指传输速率大于等于100Mb/s的局域网，与传统局域网相比，高速局域网的传输速度更快，并将共享介质方式改变为交换方式。常见的高速局域网有100Base-T高速以太网、FDDI光纤环网、千兆位以太网、10Gb/s以太网等。

#### 1. 100Base-T高速以太网

100Base-T是一种以100Mb/s速率工作的局域网标准，通常被称为快速以太网标准，并使用UTP（非屏蔽双绞线）铜质电缆。快速以太网与10Base-T的区别在于将网络的速率提高了10倍，即100Mb/s。目前很多局域网采用的就是100Base-T以太网。

#### 2. FDDI光纤环网

FDDI即光纤分布式数据接口（Fiber Distributed Data Interface），是计算机网络技术发展到高速数据通信阶段出现的第一项高速网络技术。FDDI光纤环网是由美国国家标准协会ANSI X3T9.5委员会确定的一种使用光纤作为传输媒体的、高速的、通用的令牌环形网。

#### 3. 千兆位以太网

千兆位以太网是建立在以太网标准基础之上的技术。千兆位以太网与大量使用的以太网和快速以太网完全兼容，并利用了原以太网标准所规定的全部技术规范，其中包括CSMA/CD

协议、以太网帧、全双工、流量控制以及 IEEE 802.3 标准中所定义的管理对象。作为以太网的一个组成部分，千兆位以太网也支持流量管理技术，它保证在以太网上的服务质量，这些技术包括 IEEE 802.1P 第二层优先级、第三层优先级的 QoS 编码位、特别服务和资源预留协议（RSVP）。

4. 10Gb/s 以太网

10Gb/s 以太网正式标准 802.3ae 标准由 IEEE 于 2002 年 6 月完成。其采用多模光纤或者单模光纤作为传输介质，8B/10B 两种类型编码作为线路信号码型，并采用与 1Gb/s 以太网相同的帧格式，以至于其传输速率可以达到 10Gb/s。

### 7.4.5 无线局域网

随着无线通信技术的广泛应用和传统有线网络的不足（如灵活性、可移动性和扩展性低，布线和维修成本高等），无线局域网技术（Wireless Local Area Network，WLAN）应运而生。它为人们提供一种更简单、方便、快捷的连接方式。目前，无线局域网主要采用红外线和无线电两种传输介质。常见的无线设备有无线网卡、无线接入点（Access Point，AP）和无线路由器等，它们采用对等式拓扑和有中心拓扑结构组织网络。按照使用技术和应用场合的不同，无线局域网技术主要有 5 种协议：IEEE 802.11x 系列协议、蓝牙规范（Blue Tooth）、HomeRF 标准、HyperLAN/2 标准和 Zigbee 标准。其中 IEEE 802.11x 系列协议是无线局域网中占主导地位的标准，它使用的是 TCP/IP 协议，适用于功率较大、工作距离较长的网络。蓝牙规范（Blue Tooth）和 HomeRF 标准主要为家庭网络设计，都工作在 2.4GHz ISM 频段。其中蓝牙比较适合松散型的网络，具备良好的移动性，而且体积小，适用于多种设备的安装。基于 HyperLAN/2 标准的网络一般用于企业局域网的最后一部分网段，为用户提供远端高速接入因特网的服务，也可作为 3G 的接入技术。Zigbee 标准是一种新兴的近距离、高效率和低功耗的无线网络技术，它使用自己的无线电标准在无数个传感器之间相互协调并完成通信。

## 7.5 Internet 基础

### 7.5.1 Internet 概述

Internet 是世界上规模最大、覆盖面最广、信息资源最为丰富的计算机信息资源网络。它是将遍布全球各个国家和地区的计算机系统连接而成的一个计算机互联网络。从技术角度看，Internet 是一个以 TCP/IP 作为通信协议连接各国、各地区、各机构计算机网络的数据通信网络。从资源角度来看，它是一个集各部门、各领域的各种信息资源为一体的，供网络用户共享的信息资源网络。

Internet 最早起源于美国国防部高级研究计划局（Advanced Research Project Agency，ARPA）建立的军用计算机网络 ARPAnet，它利用分组交换技术将斯坦福研究所、加州大学圣巴巴拉分校、加州大学洛杉矶分校和犹他大学连接起来，于 1969 年开通。ARPAnet 被公认为世界上第一个采用分组交换技术组建的网络，是现代计算机网络诞生的标志。

1985 年，美国国家科学基金会（National Science Foundation，NSF）筹建了互联网中心，将位于新泽西州、加州、伊利诺斯州、纽约州、密西根州和科罗拉多州的 6 台超级计算机连接起来，形成 NSFnet，并通过 NSFnet 资助建立了按地区划分的近 20 个区域性的计算机广域网，同时，NSF 确定了 Internet 的 TCP/IP 通信协议，所有网络都采用 TCP/IP 协议集并连接 ARPAnet，从而使各个 NSFnet 用户都能享用所有用于 Internet 的服务。随后 NSFnet 又把各大学和学术团体的各种区域性网络与全国学术网络连接起来。1990 年 3 月，ARPAnet 停止运转，NSFnet 接替 ARPAnet 成为 Internet 新的主干网络。1995 年 4 月，NSFnet 停止运行，由美国政府指定的 Pacific Bell、Ameritech Advanced Data Services and Bellcore 和 Sprint 三家私营企业介入网络的运作，网络进入了商业化全盛发展时期，Internet 发展成为将遍布世界各地的大小不等的网络连接组成的结构松散、开放性强的计算机网络体系。

Internet 的特点：

- 覆盖范围广。
- Internet 是由数以万计个子网络通过自愿的原则连接起来的网络，因此称 Internet 为"网中网"。
- 每一个 Internet 网络成员都是自愿加入并承担相应的各种费用，与网上的其他成员和睦友好地进行数据传输，不受任何约束，共同遵守协议的全部规定。
- 采用 TCP/IP 协议。
- 具有丰富的网络信息资源。

### 7.5.2　Internet 接入

1. 拨号上网方式接入

拨号上网是以前使用最广泛的 Internet 接入方式，它通过调制解调器和电话线将计算机连接到 Internet 中并进一步访问网络资源。拨号上网的优点是安装和配置简单，一次性投入成本低，用户只需从 ISP（网络运营商）处获取一个上网账号，然后将必要的硬件设备连接起来即可；缺点是速度慢和接入质量差，而且用户在上网的同时不能接收电话。这种上网方式适合于上网时间比较少的个人用户。

## 2. ISDN 方式接入

ISDN 是 Integrated Service Digital Network 的缩写，即窄带综合业务数字网，俗称"一线通"，它也是利用现有电话线来访问 Internet 的。这种接入 Internet 的方式具有如下特点：

（1）多业务性：可以实现电话、传真、可视文字、可视电话等多种业务。

（2）数字化：提供端到端的数字连接，终端到终端之间完全实现数字化，信息交换质量较高。

（3）使用方便性：只需一个入网接口，使用一个统一号码，在这个接口上可以连接不同种类的多个终端。

## 3. ADSL 方式接入

ADSL 英文全称为 Asymmetric DigitalSubscriber Line，即非对称数字用户线。ADSL 技术是一种在普通电话线上高速传输数据的技术，它使用了电话线中一直没有被使用过的频率，所以可以突破调制解调器的 56kb/s 速度的极限。

ADSL 技术的主要特点是可以充分利用现有的电话网络，在线路两端加装 ADSL 设备即可为用户提供高速宽带服务。另外，ADSL 可以与普通电话共存于一条电话线上，在一条普通电话线上接听和拨打电话的同时进行 ADSL 传输而又互不影响。

ADSL 宽带上网的优点是采用星型结构、保密性好、安全系数高、速度快、价格低；缺点是不能传输模拟信号。

## 4. 有线宽带接入（FTTx+LAN）

FTTx+LAN 技术是一种利用光纤加超五类网络线方式实现宽带接入的方案，实现千兆光纤到小区（大楼）中心交换机，中心交换机和楼道交换机以百兆光纤或五类网络线相连，楼道内采用综合布线，用户上网速率可达 10Mb/s，网络可扩展性强，投资规模小。

## 5. 有线电视网（Cable Modem）

有线电视网分布全国，许多地方提供 Cable Modem 接入互联网方式，速率可达 10Mb/s 以上。但是 Cable Modem 是共享带宽的，在某个时段（繁忙时）会出现速率下降的现象。

## 6. 光纤接入（FDDI）

利用光纤电缆兴建的高速城域网，主干网络速率可高达几十 Gb/s，并推出宽带接入。通过光纤接入到小区节点或楼道，再由网线连接到各个共享点上（一般不超过 100m），提供一定区域的高速互联接入。特点是速率高、抗干扰能力强，适用于家庭、个人或各类企事业团体，可以实现各类高速率的互联网应用（视频服务、高速数据传输、远程交互等），缺点是一次性布线成本较高。

## 7. 卫星接入

一些 ISP 服务商提供卫星接入互联网业务，适合偏远地区需要较高带宽的用户。需要安装小口径终端（VSAT），包括天线和接收设备，下行数据的传输速率一般为 1Mb/s 左右，上行通过 ISDN 接入 ISP。

8. 无线接入

无线接入是一种有线接入的延伸技术，使用无线射频（RF）技术越空收发数据，减少使用电线连接，因此无线网络系统既可达到建设计算机网络系统的目的，又可让设备自由安排和搬动。在公共开放的场所或者企业内部，无线网络一般会作为已存在有线网络的一个补充方式，装有无线网卡的计算机通过无线手段方便地接入互联网。

9. 电力网接入（PLC）

电力线通信（Power Line Communication）技术，是指利用电力线传输数据和媒体信号的一种通信方式，也称电力线载波（Power Line Carrier）。把载有信息的高频加载于电流，然后用电线传输到接收信息的适配器，再把高频从电流中分离出来并传送到计算机或电话。PLC属于电力通信网，包括 PLC 和利用电缆管道和电杆铺设的光纤通信网等。电力通信网的内部应用包括电网监控与调度、远程抄表等。面向家庭上网的 PLC 俗称电力宽带，属于低压配电网通信。

### 7.5.3 Internet 应用

1. 万维网（WWW）

万维网（World Wide Web，WWW）是 Internet 上集文本、声音、图像、视频等多媒体信息于一身的全球信息资源网络，是 Internet 的重要组成部分。浏览器（Browser）是用户通向 WWW 的桥梁和获取 WWW 信息的窗口，通过浏览器，用户可以在浩瀚的 Internet 海洋中漫游，搜索和浏览自己感兴趣的所有信息。

WWW 的网页文件是用超文本标记语言（Hyper Text Markup Unpage，HTML）编写，并在超文本传输协议（Hyper Text TransmissionProtocol，HTTP）支持下运行的。超文本中不仅含有文本信息，还包括图形、声音、图像、视频等多媒体信息（故超文本又称超媒体），更重要的是超文本中隐含着指向其他超文本的链接。HTML 并不是一种一般意义上的程序设计语言，它将专用的标记嵌入文档中，对一段文本的语义进行描述，经解释后产生多媒体效果，并可提供文本间的超链。

WWW 浏览器是一个客户端的程序，其主要功能是使用户获取 Internet 上的各种资源。常用的浏览器有 Internet Explorer 11 浏览器（IE11）、谷歌浏览器（Chrome）、火狐浏览器（Firefox）、苹果浏览器（Safari）、Opera 浏览器、360 安全浏览器、QQ 浏览器、百度浏览器。

2. 文件传输（FTP）

FTP 是英文 File Transfer Protocol 的缩写，即文件传输协议。用于在 Internet 上控制文件的双向传输。同时，它也是一个应用程序。基于不同的操作系统有不同的 FTP 应用程序，而所有这些应用程序都遵守同一种协议以传输文件。在 FTP 的使用当中，用户经常遇到两个概念：下载（Download）和上传（Upload）。"下载"文件就是从远程主机拷贝文件到自己的计算机上；"上传"文件就是将文件从自己的计算机中拷贝到远程主机上。用 Internet 语言来说，用户可通过客户机程序向（从）远程主机上传（下载）文件。

FTP 最大的特点是用户可以使用 Internet 上众多的匿名 FTP 服务器。所谓匿名服务器，指的是不需要专门的用户名和口令就可进入的系统。用户连接匿名 FTP 服务器时，都可以用 anonymous（匿名）作为用户名、以自己的 E-mail 地址作为口令登录。登录成功后，用户便可从匿名服务器上下载文件。匿名服务器的标准目录为 pub，用户通常可以访问该目录下所有子目录中的文件。考虑到安全问题，大多数匿名服务器不允许用户上传文件。

3. 电子邮件（E-mail）

E-mail 是 Internet 上使用最广泛的一种服务。用户只要能与 Intemet 连接，具有能收发电子邮件的程序及个人的 E-mail 地址，就可以与 Intemet 上具有 E-mail 地址的所有用户方便、快速、经济地交换电子邮件。电子邮件可以在两个用户间交换，也可以向多个用户发送同一封邮件，或将收到的邮件转发给其他用户。电子邮件中除文本外，还可包含声音、图像、应用程序等各类计算机文件。此外，用户还可以邮件方式在网上订阅电子杂志、获取所需文件、参与有关的公告和讨论组，甚至还可以浏览 WWW 资源。收发电子邮件必须有相应的软件支持。常用的收发电子邮件的软件有 Exchange、Outlook Express 等，这些软件提供邮件的接收、编辑、发送及管理功能。大多数 Internet 浏览器也都包含收发电子邮件的功能。邮件服务器使用的协议有简单邮件传输协议（Simple Mail Transfer Protocol，SMTP）和邮局协议（Post Office Protocol，POP）。POP 服务需要由一个邮件服务器来提供，用户必须在该邮件服务器上取得账号才可以使用这种服务。目前使用得较普遍的 POP 协议为第 3 版，故又称为 POP3 协议。

4. 远程登录（Telnet）

Telnet 是 Internet 远程登录服务的一个协议，该协议定义了远程登录用户与服务器交互的方式。Telnet 允许用户在一台连网的计算机上登录到一个远程分时系统中，然后像使用自己的计算机一样使用该远程系统。

要使用远程登录服务，必须在本地计算机上启动一个客户应用程序，指定远程计算机的名字，并通过 Internet 与之建立连接。一旦连接成功，本地计算机就像通常的终端一样，直接访问远程计算机系统的资源。远程登录软件允许用户直接与远程计算机交互，通过键盘或鼠标操作，客户应用程序将有关的信息发送给远程计算机，再由服务器将输出结果返回给用户。用户退出远程登录后，用户的键盘、显示控制权又回到本地计算机。

## 7.6 计算机网络安全

### 7.6.1 计算机网络安全基础知识

当今社会是信息技术高速发展的社会，人类的一切活动均离不开信息，而计算机系统是实现对信息进行收集、分析、加工、处理、存储、传输等操作的主体部分。同时计算机给人们的日常生活带来了各种便利和快捷。然而，随着 Internet 的快速发展，其本身的开放性、跨国界、无主管、不设防、无法律约束等特性，在给人们带来巨大便利的同时，也带来了一些不容忽视的问题，其中网络安全就是最为显著的问题之一。

1. 计算机网络安全的定义

网络安全从其本质上来讲就是网络上的信息安全，它涉及的领域相当广泛。从广义来说，凡是涉及网络中信息的保密性、完整性、可用性、真实性和可控性的相关技术和理论都是网络安全所要研究的领域。

网络安全是指网络系统的硬件、软件及其系统中的数据受到保护，不因偶然的或者恶意的原因而遭到破坏、更改、泄露，系统可连续、可靠、正常地运行，网络服务不中断。

从用户（个人、企业等）的角度来说，他们希望涉及个人隐私或商业利益的信息在网络上传输时受到机密性、完整性和真实性的保护，避免其他人或竞争对手利用窃听、冒充、篡改、抵赖等手段对用户的利益和隐私造成损害和侵犯，同时也希望保存在计算机系统上的用户信息不受其他非法用户的非授权访问和破坏。

从网络运行和管理者角度说，他们希望对本地网络信息的访问、读写等操作受到保护和控制，避免出现陷阱、病毒、非法存取、拒绝服务、网络资源非法占用和非法控制等威胁，制止和防御网络黑客的攻击。

对安全保密部门来说，他们希望对非法的、有害的、涉及国家或商业机密的信息进行过滤和防堵，避免其通过网络泄露，避免由于这类信息的泄密对社会产生危害，对机构造成经济损失。

从社会教育和意识形态角度来讲，网络上不健康的内容会对社会的稳定和人类的发展造成阻碍，因此必须对其进行控制。

2. 计算机网络不安全的主要因素

（1）互联网具有的不安全性。互联网是对全世界所有国家开放的网络，任何团体或个人都可以在网上方便地传送和获取各种各样的信息，具有开放性、国际性和自由性的特征。互联网使用的基础协议 TCP/IP、FTP、HTTP 等不仅是公开的，而且都存在许多安全漏洞。

（2）操作系统存在的安全问题。操作系统软件自身的不安全性，以及系统设计时的疏忽或考虑不周而留下的"破绽"，都给网络安全留下了许多隐患。

（3）数据的安全问题。在网络中，数据是存放在数据库中的，供不同的用户共享。然而，数据库存在许多不安全因素。

（4）传输线路的安全问题。尽管在光缆、同轴电缆、微波、卫星通信中窃听其中指定一路的信息是很困难的，但是从安全的角度来说，没有绝对安全的通信线路。

（5）网络安全管理问题。网络系统缺少安全管理人员，缺少安全管理的技术规范，缺少定期的安全测试与检查，缺少安全监控，是网络最大的安全问题之一。

3. 计算机网络面临的威胁

网络系统的安全威胁主要表现在主机可能会受到非法入侵者的攻击，网络中的敏感数据有可能泄露或被修改，从内部网向公共网传送的信息可能被他人窃听或篡改等。影响计算机网络安全的因素很多，如有意的或无意的、人为的或非人为的等，外来黑客对网络系统资源的非法使用更是影响计算机网络安全的重要因素。归结起来，网络安全的威胁主要有以下几个方面：

（1）人为的疏忽。人为的疏忽主要包括失误、失职、误操作等。例如操作员安全配置不当所造成的安全漏洞、用户安全意识不强、用户密码选择不慎、用户将自己的账户随意转借给他人或与他人共享等都会对网络安全构成威胁。

（2）人为的恶意攻击。这是计算机网络所面临的最大威胁，敌人的攻击和计算机犯罪就属于这一类。此类攻击又可以分为以下两种：一种是主动攻击，它以各种方式有选择地破坏信息的有效性和完整性；另一类是被动攻击，它是在不影响网络正常工作的情况下，进行截获、窃取、破译以获得重要机密信息。这两种攻击均对计算机网络造成了极大的危害，并导致机密数据的泄漏。

（3）网络软件的漏洞。网络软件不可能没有缺陷和漏洞，这些漏洞和缺陷恰恰是黑客进行攻击的首选目标。曾经出现过的黑客攻入网络内部的事件大多是由于安全措施不完善导致的。另外，软件的隐秘通道都是软件公司的设计编程人员为了自己方便而设置的，一般不为外人所知，但一旦隐秘通道被探知，后果将不堪设想，这样的软件不能保证网络安全。

（4）非授权访问。没有预先经过同意就使用网络或计算机资源被视为非授权访问，如对网络设备及资源进行非正常使用、擅自扩大权限或越权访问信息等，主要包括假冒身份攻击、非法用户进入网络系统进行违法操作、合法用户以未授权方式进行操作等。

（5）信息泄漏或丢失。信息泄漏或丢失指敏感数据被有意或无意地泄漏出去或者丢失，通常包括在传输中丢失或泄漏，例如黑客们利用电磁泄漏或搭线窃听等方式截获机密信息，或通过对信息流向、流量、通信频度和长度等参数的分析进而获取有用信息。

(6) 破坏数据完整性。破坏数据完整性是指以非法手段窃得对数据的使用权，删除、修改、插入或重发某些重要信息，恶意添加、修改数据，以干扰用户的正常使用。

4. 计算机网络信息安全保护技术

网络信息安全强调的是通过技术和管理手段，能够实现和保护消息在公用网络信息系统中传输、交换和存储流通的保密性、完整性、可用性、真实性和不可抵赖性。因此，当前采用的网络信息安全保护技术主要有两种：主动防御保护技术和被动防御保护技术。

（1）主动防御保护技术。主动防御保护技术一般采用数据加密、身份鉴别、存取控制、权限设置和虚拟专用网络等技术来实现。

1）数据加密。密码技术被公认为是保护网络信息安全的最实用方法。对数据最有效的保护就是加密，加密的方式可用不同手段来实现。

2）身份鉴别。身份鉴别强调一致性验证，验证要与一致性证明相匹配。通常，身份鉴别包括验证依据、验证系统和安全要求。

3）存取控制。存取控制表征主体对客体具有规定权限操作的能力。存取控制的内容包括人员限制、访问权限设置、数据标识、控制类型和风险分析等。它是内部网络信息安全的重要方面。

4）权限设置。规定合法用户访问网络信息资源的资格范围，即反映能对资源进行何种操作。

5）虚拟专用网。使用虚拟专用网或虚拟局域网。虚拟网技术就是在公网基础上进行逻辑分割而虚拟构建的一种特殊通信环境，使其具有私有性和隐蔽性。

（2）被动防御保护技术。被动防御保护技术主要有防火墙技术、入侵检测系统、安全扫描器、口令验证、审计跟踪、物理保护及安全管理等。

1）防火墙技术。防火墙是内部网与Internet（或一般外网）间实现安全策略要求的访问控制保护，是一种具有防范免疫功能的系统或系统组保护技术，其核心的控制思想是包过滤技术。

2）入侵检测系统（Intrusion Detection System，IDS）。是在系统中的检查位置执行入侵检测功能的程序或硬件执行体，可对当前的系统资源和状态进行监控，检测可能的入侵行为。

3）安全扫描器。是可自动检测远程或本地主机及网络系统的安全性漏洞点的专用功能程序，可用于观察网络信息系统的运行情况。

4）口令验证。利用密码检查器中的口令验证程序查验口令集中的薄弱子口令，防止攻击者假冒身份登入系统。

5）审计跟踪。对网络信息系统的运行状态进行详尽审计并保持审计记录和日志，帮助发现系统存在的安全弱点和入侵点，尽量降低安全风险。

6）物理保护与安全管理。通过制定标准、管理办法和条例，对物理实体和信息系统加强规范管理，减少人为管理因素不力的负面影响。

### 7.6.2 计算机网络攻击及防范技术

今天计算机已经深入人们的生活,并产生了越来越重要的影响。网络安全问题日益突出,黑客侵扰和网络攻击现象越来越频繁,就像"幽灵"一样闯荡于网络中的各个角落,对网络安全构成威胁,造成破坏。为了维护计算机网络和信息的安全就要认真研究黑客技术,分析黑客入侵及攻击原理,找出对策,最终维护网络的安全环境。

1. 黑客攻击

黑客是英文 Hacker 的译音,原意为热衷于计算机程序的设计者,指对于任何计算机操作系统的奥秘都有强烈兴趣的人。黑客大都是程序员,他们具有操作系统和编程语言方面的高级知识,知道系统中的漏洞及其原因所在,他们不断追求更深的知识,并公开他们的发现,与其他人分享,并且从来没有破坏数据的企图。黑客在微观的层次上考察系统,发现软件漏洞和逻辑缺陷。他们编程去检查软件的完整性。黑客出于改进的愿望,编写程序去检查远程机器的安全体系,这种分析过程是创造和提高的过程。

入侵者(Cracker,攻击者)指怀着不良的企图,闯入远程计算机系统甚至破坏远程计算机系统完整性的人。入侵者利用获得的非法访问权破坏重要数据,拒绝合法用户的服务请求,或为了自己的目的故意制造麻烦。入侵者的行为是恶意的,入侵者可能技术水平很高,也可能是个初学者。

黑客攻击者指利用通信软件通过网络非法进入他人系统,截获或篡改计算机数据。黑客攻击者通过猜测(暴力破解)程序对所截获的用户账户和口令进行破译,以便进入系统后进行更进一步的操作。黑客攻击的步骤如下:

(1)攻击前奏。黑客在发动攻击前,首先锁定需要攻击的目标,然后了解目标的网络结构,确定要攻击的目标后,黑客就会设法了解其所在的网络结构,哪里是网关路由,哪里有防火墙、入侵检测系统(IDS),哪些主机与要攻击的目标主机关系密切等,再对网络上的每台主机进行全面的系统分析,以寻求该主机的安全漏洞或安全弱点。搜集系统信息的方法有开放端口分析、利用信息服务、利用安全扫描器、社会工程等。最后利用安全扫描器来发现系统的各种漏洞,包括各种系统服务漏洞、应用软件漏洞、CGI、弱口令用户等。

(2)实施攻击。当黑客探测到了足够的系统信息,对系统的安全弱点有了了解后就会发动攻击,当然他们会根据不同的网络结构、不同的系统情况而采用不同的攻击手段。一般,黑客攻击的终极目的是能够控制目标系统,窃取其中的机密文件等,但并不是每次攻击黑客都能够达到控制目标主机的目的,所以有时黑客也会发动拒绝服务攻击之类的干扰攻击,使系统不能正常工作。

(3)巩固控制。黑客利用种种手段进入目标主机系统并获得控制权之后,不会马上进行破坏活动，如删除数据、篡改网页等，而是能长时间地保留和巩固它对系统的控制权，而且不被管理员发现，他会做两件事：清除记录和留下后门。日志往往会记录一些黑客攻击的蛛丝马迹，黑客当然不会留下这些"犯罪证据"，他会把它删了或用假日志覆盖它，为了日后可以不被觉察地再次进入系统，黑客会更改某些系统设置，在系统中植入特洛伊木马或其他一些远程操纵程序。

（4）继续深入。用清除日志、删除复制的文件等手段来隐藏自己的踪迹之后，攻击者就开始下一步的行动——窃取主机上的各种敏感信息，如软件资料、客户名单、财务报表、信用卡号等，也可能是什么都不动，只是把你的系统作为他存放黑客程序或资料的仓库，也可能黑客会利用这台已经攻陷的主机去继续他下一步的攻击，如继续入侵内部网络，或者利用这台主机发动 DoS 攻击使网络瘫痪。

网络世界瞬息万变，黑客们各有不同，他们的攻击流程也不会完全相同，这 4 个攻击步骤是对一般情况而言的，是绝大部分黑客在正常情况下采用的攻击步骤。

2. 常用的黑客攻击方法

（1）端口扫描攻击。一个端口就是一个潜在的通信通道，也就是一个入侵通道。对目标计算机进行端口扫描能得到许多有用的信息。进行扫描的方法很多，可以是手工进行扫描，也可以用端口扫描软件进行。手工进行扫描需要熟悉各种命令，对命令执行后的输出进行分析。用扫描软件进行扫描时，许多扫描软件都有分析数据的功能。通过端口扫描，可以得到许多有用的信息，从而发现系统的安全漏洞。常用的端口扫描命令有 ping、tracert。

（2）口令破解攻击。当前，无论是计算机用户，还是一个银行的客户，都由口令来维护他的安全，通过口令来验证用户的身份。发生在 Internet 上的入侵，许多都是因为系统没有口令，或者用户使用了一个容易猜测的口令，或者口令被破译。对付口令攻击的有效手段是加强口令管理，选取特殊的不容易猜测的口令，口令长度不要少于 8 个字符。

（3）缓冲区溢出攻击。缓冲区是程序运行时机器内存中的一个连续块，它保存了给定类型的数据，随着动态分配变量会出现问题。大多数时候为了不占用太多的内存，一个有动态分配变量的程序在程序运行时才决定给它们分配多少内存。这样下去的话，如果说要给程序在动态分配缓冲区放入超长的数据，它就会溢出了。这样会造成两种后果，一是过长的字符串覆盖了相邻的存储单元，引起程序运行失败，严重的可引起死机、系统重新启动等；二是利用这种漏洞可以执行任意指令，甚至可以取得系统特权，使用一类精心编写的程序可以很轻易地取得系统的超级用户权限。

（4）拒绝服务攻击。拒绝服务攻击是一种广泛的系统漏洞，黑客们正热衷于对它的研究，而无数的网络用户将成为这种攻击的受害者。它是一种简单的破坏性攻击，通常黑客利用 TCP/IP 中的某种漏洞，或者系统存在的某些漏洞，对目标系统发起大规模的攻击，使攻击目标失去工作能力,使系统不可访问因而合法用户不能及时得到应得的服务或系统资源,如 CPU 处理时间与网络带宽等。它最本质的特征是延长正常的应用服务的等待时间。对这种攻击,可安装具有入侵检测功能的防火墙,但防火墙只能通过避免数据报文的回应来减少服务器的负荷,无法避免网络的拥塞。

(5)网络监听攻击。网络监听技术本来是提供给网络安全管理人员进行管理的工具,可以用来监视网络的状态、数据流动情况、网络上传输的信息等。当信息以明文的形式在网络上传输时,使用监听技术进行攻击并不是一件难事,只要将网络接口设置成监听模式,便可以源源不断地将网上传输的信息截获。网络监听可以在网上的任何一个位置实施,如局域网中的一台主机、网关上或远程网的调制解调器之间等。对付监听的最有效的办法是采取加密手段。

(6)其他攻击。其他的攻击方法主要是利用一些程序进行攻击,比如后门、程序中有逻辑炸弹和时间炸弹、病毒、蠕虫、特洛伊木马程序等。陷门(Trap door)和后门(Back door)是一段非法的操作系统程序,其目的是为闯入者提供后门。逻辑炸弹和时间炸弹是当满足某个条件或到预定的时间时发作,破坏计算机系统。

### 7.6.3 计算机网络病毒及反病毒技术

计算机病毒是一些人盗取或修改个人信息,破坏计算机系统,进行计算机犯罪的重要手段。对疯狂席卷而来的计算机病毒我们不能坐以待毙,因此应该了解计算机病毒的演变过程、作用机理、发作症状、预防方法与处理技术,有效地保护计算机系统的安全。

1. 什么是计算机病毒

计算机病毒是一种具有自我复制能力的计算机程序,它不仅能够破坏计算机系统,而且还能够传播、感染到其他的系统,它能影响计算机软件、硬件的正常运行,破坏数据的正确与完整。

2. 计算机病毒的特征

要做好反病毒技术的研究,首先要弄清计算机病毒的特点和行为机理,为防范和清除计算机病毒提供充实可靠的依据。根据对计算机病毒的产生、传染和破坏行为的分析,总结出病毒有以下 6 个主要特点:

(1)自我复制能力。计算机病毒可通过各种可能的渠道,如软盘、计算机网络去传染其他的计算机。当你在一台机器上发现了病毒时,往往曾在这台计算机上用过的软盘已感染上了病毒,而与这台机器联网的其他计算机也许也被该病毒传染了。是否具有传染性是判别一个程序是否为计算机病毒的最重要条件。

(2)夺取系统控制权。病毒具有正常程序的一切特性,它隐藏在正常程序中,当用户调用正常程序时窃取到系统的控制权,先于正常程序执行,病毒的动作、目的对用户是未知的,是未经用户允许的。

（3）隐蔽性。不经过代码分析，病毒程序与正常程序是不容易区别开来的。一般在没有防护措施的情况下，计算机病毒程序取得系统控制权后，可以在很短的时间里传染大量程序。而且受到传染后，计算机系统通常仍能正常运行，使用户不会感到任何异常。正是由于隐蔽性，计算机病毒得以在用户没有察觉的情况下扩散传播。计算机病毒的隐蔽性还体现在病毒代码本身设计得非常短小，一般只有几百到几千字节，非常便于隐藏到其他程序中或磁盘的某一特定区域内。随着病毒编写技巧的提高，病毒代码本身还进行加密或变形，使得对计算机病毒的查找和分析更困难，容易造成漏查或错杀。

（4）破坏性。任何病毒只要侵入系统，都会对系统及应用程序产生程度不同的影响。轻者会降低计算机工作效率、占用系统资源，重者可导致系统崩溃。计算机病毒的破坏性多种多样，若按破坏性而粗略分类，可将病毒分为良性病毒与恶性病毒。

（5）潜伏性。大部分病毒感染系统之后一般不会马上发作，它可长期隐藏在系统中，只有在满足其特定条件时才启动其表现（破坏）模块，显示发作信息或进行系统破坏。这样的状态可能保持几天、几个月甚至几年。

（6）不可预见性。从对病毒的检测方面来看，病毒还有不可预见性。不同种类的病毒，它们的代码相差甚远，但有些操作是共有的（如驻内存、改中断）。有些人利用病毒的这种共性，制作了声称可查所有病毒的程序。这种程序的确可查出一些新病毒，但由于目前软件的种类极其丰富，且某些正常程序也使用了类似病毒的操作甚至借鉴了某些病毒的技术。使用这种方法对病毒进行检测势必会造成较多的误报情况。而且病毒的制作技术也在不断地提高，病毒对反病毒软件永远是超前的。

3. 计算机病毒的预防与检测

阻止计算机病毒侵入的最好方法是堵塞病毒的传播途径。也可以使用硬件预防的方法，改变计算机系统结构或者插入附加固件，例如将防毒卡插到主机板上，当系统启动后先自动执行，取得CPU的控制权。

也有人为了避免磁盘被感染病毒，特意加上了写保护，但这样做是于事无补的。尽管在你写保护时病毒不能进入磁盘，但是每次你往磁盘上保存文档时，写保护是必须要去掉的。去掉了写保护，你的磁盘对于病毒来讲就是敞开大门的了。

病毒检测软件的使用是抵御病毒侵袭行之有效的方法。病毒检测软件不仅能够检测出病毒以及所属的病毒种类，一般也都具有清除病毒的功能。

计算机病毒的预防措施是安全使用计算机的要求，主要有以下几个方面：

（1）建立良好的安全习惯。例如对一些来历不明的邮件及附件不要打开、不要上一些不太了解的网站、不要执行从Internet下载后未经杀毒处理的软件，访问受到安全威胁的网站也会造成感染，这些必要的习惯会使您的计算机更安全。

（2）关闭或删除系统中不需要的服务。默认情况下，许多操作系统会安装一些辅助服务，如 FTP 客户端、Telnet 和 Web 服务器。这些服务为攻击者提供了方便，而又对一般用户没有太大用处，如果删除它们，则能大大减少被攻击的可能性。

（3）经常升级安全补丁。据统计，有 80%的网络病毒是通过系统安全漏洞进行传播的，如红色代码、尼姆达等病毒，所以应该定期到微软网站去下载最新的安全补丁，防患于未然。

（4）及时隔离受感染的计算机。当计算机发现病毒或异常时应立刻断网，以防止计算机受到更多的感染，或者成为传播源，再次感染其他计算机。

（5）了解一些病毒知识。这样就可以及时发现新病毒并采取相应的措施，在关键时刻使自己的计算机免受病毒破坏。如果能了解一些 Windows 注册表知识，则可以定期看一看注册表的自启动项是否有可疑键值；如果了解一些内存知识，则可以经常看看内存中是否有可疑程序。

（6）最好是安装专业的防毒软件进行全面监控。在病毒日益增多的今天，使用防毒软件进行防毒是越来越经济的选择，不过用户在安装了反病毒软件之后，应该经常进行升级，将一些主要监控打开，这样才能真正保障计算机的安全。

（7）坚决杜绝使用来路不明的移动盘。不要把他人的移动盘放进自己的计算机，也不要把移动盘随便借给他人使用，更不能下载或使用盗版软件，因为它们极有可能携带病毒。

4. 计算机病毒的处理

如果你的计算机系统被检测出了病毒，应该如何处理呢？因为计算机病毒的特点之一是具有传染性，所以当务之急是阻止病毒的进一步扩散。

如果你的计算机是在网络上，那么应该首先将你的工作站存在病毒的情况报告给网络管理员，以便网络管理员能够及时地采取措施，防止病毒在整个网络上蔓延。如果你的计算机没有连接在网络上，则只需对本机进行处理，删除病毒防止进一步的破坏。删除计算机病毒通常有以下两种方法：

（1）通过病毒检测软件的杀毒功能对被感染的程序或数据进行恢复。

（2）删除被感染的程序，然后从原始盘上重新安装程序。

### 7.6.4 计算机网络安全防黑措施

1. 安全口令

根据多个黑客软件的工作原理，参照口令破译的难易程度，以破解需要的时间为排序指标设置口令。这里列出了常见的采用危险口令的方式：用户名（账号）作为口令；用户名（账号）的变换形式作为口令；生日作为口令；自己的电话号码作为口令；常用的英文单词作为口令；5 位或 5 位以下的字符作为口令。因此，用户在设置口令时应该含有大小写字母、数字，有控制符更好；不要用 Admin、guest、Server、生日、电话号码之类的便于猜测的字符组作为口令；并且应保守口令秘密并经常改变口令。

2. 实施存取控制

存取控制规定何种主体对何种实体有何种操作权力。存取控制是内部网络安全理论的重要方面，包括人员权限、数据标识、权限控制、控制类型、风险分析等内容。管理人员应管好用户权限，在不影响用户工作的情况下，尽量减小用户对服务器的权限，以免一般用户越权操作。

3. 确保数据的安全

最好通过加密算法对数据处理过程进行加密，并采用数字签名及认证来确保数据的安全。

4. 定期分析系统日志

一般黑客在攻击系统之前都会进行扫描，管理人员可以通过记录来进行预测，做好应对准备。

5. 不断完善服务器系统的安全性能

很多服务器系统都被发现有不少漏洞，服务商会不断在网上发布系统的补丁。为了保证系统的安全性，应随时关注这些信息，及时完善自己的系统。

6. 进行动态站点监控

及时发现网络遭受攻击情况并加以追踪和防范，避免对网络造成更大损失。

7. 用安全管理软件测试自己的站点

测试网络安全的最好方法是自己定期地尝试进攻自己的系统，最好能在入侵者发现安全漏洞之前自己先发现。请第三方评估机构或专家来完成网络安全的评估，把未来可能的风险降到最小。

8. 做好数据的备份工作

这是非常关键的一个步骤，有了完整的数据备份，当遭到攻击或系统出现故障时才可能迅速地恢复系统。

9. 使用防火墙

防火墙正在成为控制对网络系统进行访问的非常流行的方法。事实上，在因特网的 Web 网站中，超过 1/3 的 Web 网站都是由某种形式的防火墙加以保护的，这是对黑客防范最严、安全性较强的一种方式，任何关键性的服务器都建议放在防火墙之后。任何对关键服务器的访问都必须通过代理服务器，这虽然降低了服务器的交互能力，但为了安全，这点牺牲是值得的。

# 第8章 多媒体技术基础

本章主要介绍多媒体技术基础,内容包括多媒体技术的概念、媒体的分类、多媒体系统的组成及应用。

- 多媒体技术的概念及分类。
- 多媒体系统的组成。
- 多媒体技术的应用。

## 8.1 多媒体技术

多媒体技术(Multimedia Technology)是利用计算机对文本、图形、图像、声音、动画、视频等多种信息综合处理、建立逻辑关系和人机交互作用的技术。真正的多媒体技术所涉及的对象是计算机技术的产物,而其他的单纯事物,如电影、电视、音响等,均不属于多媒体技术的范畴。

### 8.1.1 媒体

媒体(Media),是指承载或传递信息的载体。日常生活中,大家熟悉的报纸、书本、杂志、广播、电影、电视均是媒体,都以它们各自的媒体形式进行着信息传播。它们中有的以文字作为媒体,有的以声音作为媒体,有的以图像作为媒体,还有的(如电视)将文、图、声、像等综合起来作为媒体。同样的信息内容,在不同领域中采用的媒体形式是不同的,书刊领域采用的媒体形式为文字、表格和图片;绘画领域采用的媒体形式是图形、文字或色彩;摄影领域采用的媒体形式是静止图像、色彩;电影、电视领域采用的是图像或运动图像、声音和色彩。

在计算机行业里,媒体有两种含义:其一是指传播信息的载体,如语言、文字、图像、视频、音频等;其二是指存储信息的载体,如ROM、RAM、磁带、磁盘、光盘等,主要的载体有 CD-ROM、VCD、网页等。

### 8.1.2 多媒体

多媒体一词译自英文"Multimedia",是多种媒体信息的载体,信息借助载体得以交流传播。图、文、声、像构成多媒体,采用如下几种媒体形式传递信息并呈现知识内容:

- 文:文本(Text)。
- 图:包括图形(Graphics)和静止图像(Images)。
- 声:声音(Audio)。
- 像:包括动画(Animation)和运动图像(Motion Video)。

在信息领域中,多媒体是指文本、图形、图像、声音、影像等这些"单"媒体和计算机程序融合在一起形成的信息媒体,是指运用存储与再现技术得到的计算机中的数字信息。

多媒体系统,是指将文字、声音、图形、图像和动画等多种媒体和计算机系统集成在一起的系统。多媒体技术融合了计算机硬件技术、计算机软件技术以及计算机美术、计算机音乐等多种计算机应用技术。多种媒体的集合体将信息的存储、传输和输出有机地结合起来,使人们获取信息的方式变得丰富,引领人们走进了一个多姿多彩的数字世界。图 8-1 给出了图、文、声、像综合动态表现的多媒体示例,从中可以感受到多媒体技术的艺术感染力。

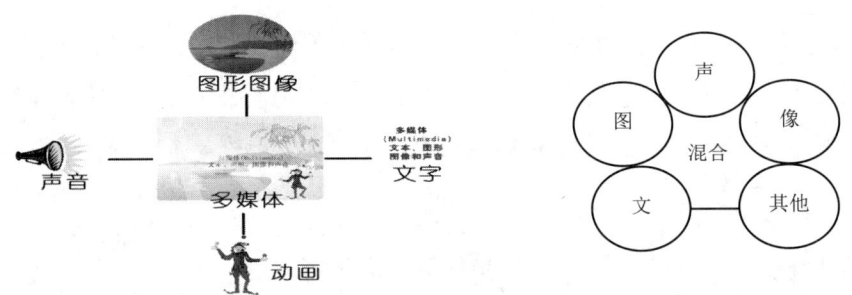

图 8-1 图、文、声、像综合动态表现的多媒体示意图

### 8.1.3 多媒体数据的特点

多媒体数据具有以下特点:

(1)数据量巨大。计算机要完成将多媒体信息数字化的过程,需要采用一定的频率对模拟信号进行采样,并将每次采样得到的信号采用数字方式进行存储,较高质量的采样通常会产生巨大的数据量。构成一幅分辨率为 640×480 的 256 色的彩色照片的数据量是 0.3MB;CD 质量双声道的声音的数据量要每秒 1.4MB。为此,专用于多媒体数据的压缩算法,例如对于声音信息有 MP3、MP4 等;对于图像信息有 JPEG 等;对于视频信息有 MPEG、

RM 等。采用这些压缩算法能够显著地减小多媒体数据的体积,多数压缩算法的压缩率都能达到 80%以上。

(2) 数据类型多。多媒体数据包括文本、图形、图像、声音、动画等多种形式,数据类型丰富多彩。

(3) 数据类型间差距大。多媒体数据在内容和格式上的不同,使其处理方法、组织方式、管理形式上存在很大差别。

(4) 多媒体数据的输入和输出复杂。由于信息输入与输出与多种设备相连,输出结果如声音播放与画面显示的配合等就是多种媒体数据的同步合成效果。

### 8.1.4 多媒体技术及其特性

所谓多媒体技术是指把文字、音频、视频、图形、图像、动画等多种媒体信息通过计算机进行数字化采集、获取、压缩和解压缩、编辑、存储等加工处理,再以单独或合成形式表现出来的一体化技术。

多媒体技术具有 4 方面的显著特性,即多样性、集成性、交互性和实时性。

(1) 多媒体技术的多样性。包括信息媒体的多样性和媒体处理方式的多样性。信息媒体的多样性指使用文本、图形、图像、声音、动画、视频等多种媒体来表示信息。对信息媒体的处理方式可分为一维、二维和三维等不同方式,例如文本属于一维媒体,图形属于二维或三维媒体。多媒体技术的多样性又可称为多维化。

(2) 多媒体技术的集成性。是指以计算机为中心,综合处理多种信息媒体的特性,包括信息媒体的集成和处理这些信息媒体的设备与软件的集成。

(3) 多媒体技术的交互性。是指通过各种媒体信息,使参与交互的各方(发送方和接收方)都可以对有关信息进行编辑、控制和传递。交互性不仅增加用户对信息的注意和理解,延长了信息的保留时间,而且交互活动本身也作为一种媒体加入了信息传递和转换的过程,从而使用户获得更多的信息。

(4) 多媒体技术的实时性。是指在多媒体系统中,声音媒体和视频媒体是与时间因子密切相关的,这决定了多媒体技术具有实时性,意味着多媒体系统在处理信息时有着严格的时序要求和很高的速度要求。

多媒体技术包括将媒体的各种形式转换为数字形式,以便计算机接收、存储、处理和输出。多媒体技术的研究涉及计算机的软硬件技术、计算机体系结构、数值处理技术、编辑技术、声音信号处理、图形学及图像处理、动态技术、人工智能、计算机网络和高速通信技术等很多方面。

### 8.1.5 多媒体技术的发展[①]

多媒体信息技术作为一种新兴技术,其发展前景可观,将是未来社会生产的主要产物,但也存在一定的弊端。结合现在的发展现状,展望未来发展趋势,多媒体技术主要会朝多元化、网络化和媒体终端的部件化、智能化和嵌入化方向发展。

(1) 多元化方向。这里的多元化不仅指应用领域的多方向发展,也是技术从单机到多机的过渡,从基于 CD-ROM 的单机系统向以网络为中心的多媒体应用过渡,解决了传统技术遗留的相关问题。目前,多媒体技术在教育培训、商业服务、医疗服务方面有众多应用。未来,多媒体在服务这些主体时,能给其带来衍生服务,例如在教育培训方面,除了单纯的培训和远程视频方面,我们还可以根据消费者需求提供专业服务,需求者还可以进行纠正,以便达到自己的要求。商业服务更不用说,现代社会的发展已经在满足用户需求方面做出了重大贡献,未来也只会朝着更好的方向发展。

(2) 网络化方向。由于技术进步,信息化速度加快,多媒体信息技术和网络化相互结合起来,解放了人们的思想,转变了教育方式。从根本上解决了文件处理、录像带资料长期保存、图像视频的观看等问题。

(3) 智能化和嵌入化方向。随着计算机硬件和软件的不断更新,计算机的性能指标进一步提高,未来多媒体网络的环境要求增强,使多媒体网络的智能化发展更加完善,智能化机器人将会给人类社会带来翻地覆地的变化,更好地服务人类生活。

### 8.1.6 多媒体技术的应用[②]

(1) 多媒体技术在通信上的应用。随着通信技术的快速发展,人们已经离不开通信设备,通信设备是信息传递和交换的一种方式。多媒体技术在通信应用上实现了文字、影像、音频、视频等多种信息的传递和交流。通信系统和多媒体技术的结合让信息的传递与交换不受地域、距离的影响,保证了信息传递的及时性和有效性。多媒体技术在通信上应用,使人们的沟通不再受地域和距离的影响,使通信系统更加高效。多媒体技术在通信领域的应用,使我国的信息化建设得到迅猛发展。

(2) 多媒体技术在教学中的应用。科技的迅猛发展,人才成为当今最重要的资源,而教学是培养人才的重要途径,人才培养是当今社会的重点问题。教学方面的应用是最为广泛的应用。计算机多媒体技术的出现在一定程度上改变了教学模式,使原本沉闷的传统教学内容生动

---

[①] 胡晓宇. 电子技术与软件工程, 2017 年 2 期.
[②] 李镕合. 科学与财富, 2017 年 24 期.

形象[①]。多媒体技术为教学中的人才培养提供了有力的保证，不仅使老师减轻了传统板书带来的工作压力，也丰富了同学们的学习方式，提高了同学们的学习兴趣，也充分激发了学习的积极性，从而达到培养人才的教学目的。多媒体在教学上的应用为人才培养开辟了一条新的道路。

（3）多媒体技术在医疗中的应用。随着环境的不断被破坏，人们的身体也受到很大的影响，导致人们患病的形式更加复杂，使医院对病症的诊断与治疗的难度也在不断增加。而多媒体技术在医疗中的应用可以给病人更精确的诊断以及更好的治疗，实现对人体不同器官、组织的检查与诊断，通过医疗影像，医生可以更准确地分析患者的病情并提供精准的治疗，使医院的诊疗水平得到了很大的提升，多媒体技术的发展带动医疗行业的不断发展。

（4）多媒体技术在虚拟现实中的应用。VR 技术等虚拟现实手段在社会媒体中的应用不断增加，将来，计算机多媒体技术的发展方向也将向着更加集成化的角度发展。在虚拟现实手段不断发展的今天，VR 虚拟现实技术可广泛地应用于城市规划、室内设计、工业仿真、古迹复原、桥梁道路设计、房地产销售、旅游教学、水利电力、地质灾害等众多领域，为其提供切实可行的解决方案。对照虚拟现实技术的发展，未来会将有越来越多的行业领域中广泛应用这种多媒体技术，还原比较真实的现实环境，为行业领域的研究人员提供更加充分的信息需求，同时，这种虚拟现实技术的发展还能够为不同的行业领域进行进一步的研究提供支持和帮助，让整体的行业发展有所进步。以建筑设计行业为例，通过这种虚拟现实技术的运用，不仅能够带来逼真的现场感，同时对于现场的一些数据的采集使用，以及更加精准化的信息研究，都会提供更加可行的帮助。

（5）多谋体技术在网络课程教学中的应用。教学是计算机多媒体技术应用最广泛的一个行业，也是未来多媒体技术发展空间比较大的行业。网络课程也随着时代的发展日益火爆，人们通过网课学习知识，可以节约时间，随时随地地进行学习。这就需要多媒体技术的支持。多媒体技术在教学中起到非常重要的作用，在多媒体技术的大力支持下，网络课程行业也将会得到很好的发展。

（6）多媒体技术在移动数据终端中的应用。智能手机是实现互联网交互的一种方式，也是计算机技术行业的一次重大变革。目前，智能手机成为人们生活的一部分，在学习工作、日常娱乐、移动支付等方面带给人们很多便利。随着技术的发展，智能手机逐渐发展成为一款常用的多媒体终端设备，集合了文字、图片、声音、视频等信息的收录和输出功能。积极开发适应智能手机的计算机多媒体技术是非常必要的，该技术的开发将实现信息的及时交互，更好地发挥计算机多媒体技术的通信功能。计算机多媒体要适应移动智能终端的发展，需要积极开展

---

[①] 次仁德吉. 计算机多媒体技术的现状及发展研究[J]. 信息与电脑，2016.19（143）.

相应软件的开发。计算机网络通信技术的应用具有非凡的作用和意义。未来，随着科学技术的发展，计算机网络通信技术将表现出更大的优势和价值，并在实际应用中发挥更大的功效[①]。

## 8.2 媒体的分类

目前常见的媒体元素主要有文本、图形、图像、声音、动画和视频图像等。

### 8.2.1 文本（Text）

文本是由字符、符号组成的一个符号串，是以文字和各种专用符号表达的信息形式，它是现实生活中使用得最多的一种信息存储和传递方式。通常通过文字编辑软件生成文本文件。文本中如果只有文本信息，没有其他任何有关格式的信息，则称为非格式化文本文件或纯文本文件；而带有各种文本排版信息等格式信息的文本，称为格式化文本文件。Word 文档就是典型的格式化文本文件。

### 8.2.2 图形（Graphic）

图形是指经过计算机运算而形成的抽象化的产物，由具有方向和长度的矢量线段构成，如图 8-2 所示。图形使用坐标、运算关系以及颜色数据进行描述，因此通常把图形称为"矢量图"。图形的最大优点在于可以分别控制处理图中的各个部分，如在屏幕上移动、旋转、放大、缩小、扭曲而不失真，不同的物体还可以在屏幕上重叠并保持各自的特性，必要时仍可分开，图形的数据量很小，通常用于表现直线、曲线、复杂运算曲线以及由各种线段围成的图形，不适于描述色彩丰富、复杂的自然影像。

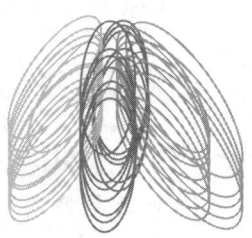

图 8-2　图形生成的曲线

### 8.2.3 图像（Image）

图像是指由输入设备捕捉的实际场景画面或以数字化形式存储的任意画面。计算机可以

---

① 覃卫兵．论计算机网络通信技术的应用[J]．通信技术，2016.03（23）．

处理各种不规则的静态图片，如扫描仪、数码相机或摄像机输入的彩色、黑白图片或照片等都是图像。图像由像点构成，是组成图像最基本的元素，每个像点用若干个二进制位进行描述，并与显示像素对应，这就是"位映射"关系，因此图像又有"位图"之称。图像记录着每个坐标位置上颜色像素点的值。所以图形的数据信息处理起来更灵活，而图像数据则与实际更加接近，但是它不能随意放大，放大后的效果如图 8-3 所示。

图 8-3 图像放大后的结果

图像文件的格式是图像处理的重要依据，对于同一幅数字图像，采用不同的文件格式保存时，其图像的数据量、色彩数量和表现力会有不同。图像处理软件能够识别大多数图像文件并对其进行处理，只有少数文件格式需要进行格式转换后才能处理。常用的数字化图像保存格式包括 BMP、JPEG 和 GIF。

图像文件数据量的单位是字节（Byte），数据量大是图像文件的显著特点，即使采用数据压缩算法进行处理，其数据量也是非常可观的。图像文件的数据量与图像所表现的内容无关，只与图像的画面尺寸、分辨率、颜色数量和文件格式有关。

在保证图像视觉效果的前提下，尽量减少数据量是制作多媒体产品的重要课题。适当降低颜色深度、减小画面尺寸、适当降低分辨率等都可以减少数据量。

把同一幅图像保存成不同的文件格式，其数据量存在很大差异，原因是不同的文件格式采用了不同的数据压缩算法。文件数据量最小的是 JPG 格式，其次是 GIF 格式，数据量最大的是 BMP 格式。不同的场合使用不同格式的图像文件,如国际互联网络传输的图像多采用 JPG 格式，该格式压缩比大，彩色还原比较好，数据量相对较小；在 Windows 环境中，BMP 格式的图像文件最适合制作桌面图案以及各种形式的图像。

### 8.2.4 音频（Audio）

计算机数据是以 0、1 的形式存取的，那么数字音频就是首先将音频文件转化，接着再将这些电平信号转化成二进制数据保存,播放的时候就把这些数据转换为模拟的电平信号再送到喇叭播出，数字声音和一般磁带、广播、电视中的声音就存储播放方式而言有着本质区别。相比而言，数字音频具有存储方便、存储成本低廉、存储和传输的过程中没有声音的失真、编辑和处理非常方便等特点。

常用的数字化声音文件类型有 WAV、MID 和 MP3。

（1）WAV。被称为"无损的音乐"，是微软公司开发的一种声音文件格式，用于保存 Windows 平台的音频信息资源，被 Windows 平台及其应用程序所支持。其特点有：采样频率高、音质好、数据量大。WAV 格式的声音文件质量和 CD 相差无几，是目前 PC 上广为流行的声音文件格式，几乎所有的音频编辑软件都能够读取 WAV 格式。WAV 文件的扩展名为.wav。

（2）MIDI。MIDI 是 Musical Instrument Digital Interface 的缩写，意为"乐器数字化接口"，是乐器与计算机结合的产物。它的最大用处是在计算机作曲领域。MIDI 格式文件可以用作曲软件写出，也可以通过声卡的 MIDI 接口把外接音序器演奏的乐曲输入计算机里，制成文件。MIDI 格式文件的扩展名为.mid。

（3）MP3。是当前使用最广泛的数字化声音格式。MP3 是指 MPEG 标准中的音频部分，也就是 MPEG 音频层。MPEG 音频文件的压缩是一种有损压缩，它基本保持低音频部分不失真，但是牺牲了声音文件中的高音频部分的质量。相同长度的音乐文件，用 MP3 格式来存储，一般只有 WAV 文件的 1/8，音质要次于 WAV 格式的声音文件。由于其文件尺寸小、音质好，因此 MP3 是当前主流的数字化声音保存格式，该格式文件的扩展名为.mp3。

### 8.2.5 动画（Animation）

动画，是运动的图画，实质上是一幅幅静态图像或图形的快速连续播放，是利用人的视觉暂留特性快速播放一系列连续运动变化的图形图像，包括画面的缩放、旋转、变换、淡入淡出等特殊效果。动画的连续播放，既指时间上的连续，也指图像内容上的连续，即播放的相邻两幅图像之间内容相差很小。通过动画，可以把抽象的内容形象化，使许多难以理解的教学内容变得生动有趣。

### 8.2.6 视频（Video）

视频，是一组连续图像画面信息的集合，与加载的同步声音共同呈现动态的视觉和听觉效果，若干有联系的图像数据连续播放便形成了视频。视频图像可来自录像带、摄像机等视频信号源的影像，如录像带、电影、电视节目、摄像等。视频和动画没有本质上的区别。

视频信息是连续变化的影像。视频信号有模拟信号和数字信号之分。视频模拟信号就是常见的电视信号和录像机信号，采用模拟方式对图像进行还原处理，这种图像称为"视频模拟图像"。视频模拟图像的处理需要使用专门的视频编辑设备，计算机不能进行处理。要想使计算机对视频模拟信号进行处理，必须把视频模拟图像转换成数字化的视频图像。

模拟视频的数字化过程首先需要通过采样将模拟视频的内容进行分解，得到每个像素点的色彩组成，然后采用固定采样率进行采样，并将色彩描述转换成 RGB 颜色模式，生成数字化视频。数字化视频和传统视频相同，由帧（Frame）的连续播放产生视频连续的效果，在大多数数字化视频格式中，播放速度为每秒 25 帧。

视频数字图像是用数字形式表示的，具有数字化带来的特点：

- 播放速度为 25f/s。
- 具有逆向性，可倒序播放。
- 保存时间长，无信号衰减，可无限复制，永远不失真。
- 可利用计算机视频编辑技术制作特殊效果，例如三维动画效果、变形动画效果等。
- 可以利用成本低、容量大的光盘存储介质存储信息。
- 可以把数字信号转换成模拟信号。

数字化视频的数据量巨大，通常采用特定的压缩算法对数据进行压缩，根据压缩算法的不同，保存数字化视频的常用格式包括 MPEG、AVI 和 RM。

（1）MPEG。MPEG（Moving Picture Experts Group）意为"动态图像专家组"，于 1988 年成立，专门负责为 CD 建立视频和音频标准，其成员均为视频、音频及系统领域的技术专家。MPEG 标准有 MPEG-1、MPEG-2、MPEG-4、MPEG-7 等版本，以满足不同带宽和数字影像质量的要求。MPEG 采用的编码算法简称 MPEG 算法，用该算法压缩的数据称为 MPEG 数据，由该数据产生的文件称为 MPEG 文件，文件扩展名是.mpg。

（2）AVI。AVI（Audio Video Interleave）意为"音频视频交互"，是一种音频视频交插记录的数字视频文件格式。该格式的文件是一种不需要专门的硬件支持就能实现音频和视频压缩处理、播放和存储的文件。AVI 格式的文件可以把视频信息和音频信息同时保存在其中，在播放时音频和视频同步播放。AVI 视频文件的扩展名是.avi。

（3）RM。RM 格式是 Real Networks 公司开发的一种新型流式视频文件格式，又称 Real Media，是目前 Internet 上最流行的跨平台的客户/服务器结构多媒体应用标准，其采用音频/视频流和同步回放技术实现了网上全带宽的多媒体回放。只要用户的线路允许，使用 RealPlayer 可以不必下载完音频/视频内容就能实现网络在线播放，更容易上网查找和收听、收看各种广播、电视。所以 RealPlayer 是在网上收听收看实时音频、视频和动画的最佳工具之一。

## 8.3 多媒体计算机系统的组成

### 8.3.1 多媒体计算机的硬件组成

为了处理多种媒体数据，在普通计算机系统的基础上，需要增加一些硬件设备构成多媒体个人计算机（简称 MPC）。MPC 由计算机传统硬件设备、光盘存储器、音频信号处理子系统、视频信号处理子系统构建而成，如图 8-4 所示，包括：

（1）新一代的处理器（CPU）。高性能的计算机主机 CPU 芯片（586 以上的 CPU 芯片）对于多媒体大量数据的处理是至关重要的，可以完成专业级水平的各种多媒体制作与播放，建立可制作或播出多媒体的主机环境。

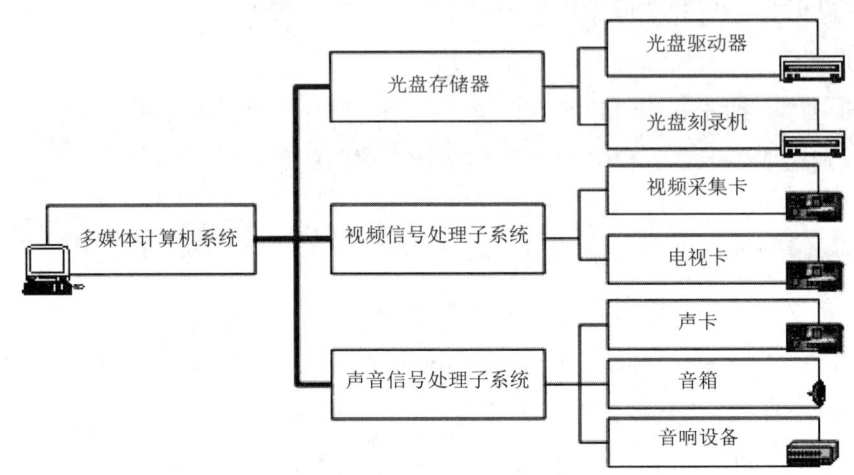

图 8-4 多媒体计算机配置示意图

（2）光盘存储器（CD-ROM、DVD-ROM）。多媒体信息的数据量庞大，仅靠硬盘存储空间是远远不够的，多媒体信息内容大多来自于 CD-ROM、DVD-ROM，因此大容量光盘存储器成为多媒体系统必备的标准部件之一。

（3）音频信号处理系统。包括声卡、麦克风、音箱、耳机等。其中，声卡是最为关键的设备，它含有可将模拟声音信号与数字声音信号互相转换（A/D 和 D/A）的器件，具有声音的采样与压缩编码、声音的合成与重放等功能，通过插入主板扩展槽与主机相连。

（4）视频信号处理子系统。它具有静态图像或影像的采集、压缩、编码、转换、显示、播放等功能，如图形加速卡、MPEG 图像压缩卡等。视频卡也是通过插入主板扩展槽与主机相连，通过卡上的输入/输出接口与录像机、摄像机、影碟机和电视机等连接，使之能采集来自这些设备的模拟信号信息，并以数字化的形式在计算机中进行编辑或处理。

（5）其他交互设备。如鼠标、游戏操作杆、手写笔、触摸屏等，这些设备有助于用户和多媒体系统交互信息，控制多媒体系统的执行等。

### 8.3.2 多媒体计算机的软件系统

常用的多媒体软件有以下几类：

（1）多媒体编辑工具。多媒体编辑工具包括文字处理软件、图形图像处理软件、声音处理软件、动画制作软件和视频处理软件等。

文字是使用频率最高的一种媒体形式，对文字的处理包括输入、文本格式化、文稿排版、添加特殊效果、在文稿中插入图形图像等。图形图像处理包括改变图形图像的大小、图形图像的合成、编辑图形图像、添加特殊效果、图形图像打印等。声音处理包括录音、剪辑、去除杂音、变音、混音、合成等。动画处理是利用人的视觉暂留特性，快速播放一系列连续运动变化的图形图像，产生效果逼真的场面，包括画面的缩放、旋转、变换、淡入淡出等特殊效果。视频处理是多媒体系统中主要的媒体形式之一。

（2）多媒体创作工具。多媒体创作工具指能够集成处理和统一管理文本、图形、静态图像、视频影像、动画、声音等多媒体信息，使之能够根据用户的需要生成多媒体应用软件的编辑工具。多媒体创作工具用来帮助应用开发人员提高开发工作效率，它们都是一些应用程序生成器，将各种媒体素材按照超文本节点和链接结构的形式进行组织，形成多媒体应用系统。Authorware、Director、Multimedia Tool Book 等都是比较有名的多媒体创作工具。

（3）多媒体应用软件。多媒体应用软件是根据多媒体系统终端用户要求而定制的应用软件或面向某一领域的应用软件系统，它是面向大规模用户的系统产品，如辅助教学软件、游戏软件、电子工具书、电子百科全书等。

## 8.4 多媒体技术的应用

### 8.4.1 数字媒体——声音

**1. 声音文件的播放（Windows Media Player 的使用）**

Windows 是一个多任务的操作系统，可以在计算机执行其他任务的同时，使用 Windows 中的 Windows Media Player 在计算机上播放本机内的音频文件，也可以播放本地计算机 CD 光盘上的音乐。

（1）本地 CD 音乐的播放。

1）将 CD 唱盘放到 CD-ROM 驱动器中。

2）单击"开始"→"所有程序"→Windows Media Player 命令启动 Windows Media Player，出现如图 8-5 所示的界面。

3）单击"播放"按钮，即可播放音乐。

4）要停止播放 CD，请单击"停止"按钮。

（2）本机音频文件的播放。

如果系统安装了 Windows Media Player，将鼠标放在要播放的音频文件上直接双击，即可打开音频文件进入播放状态。

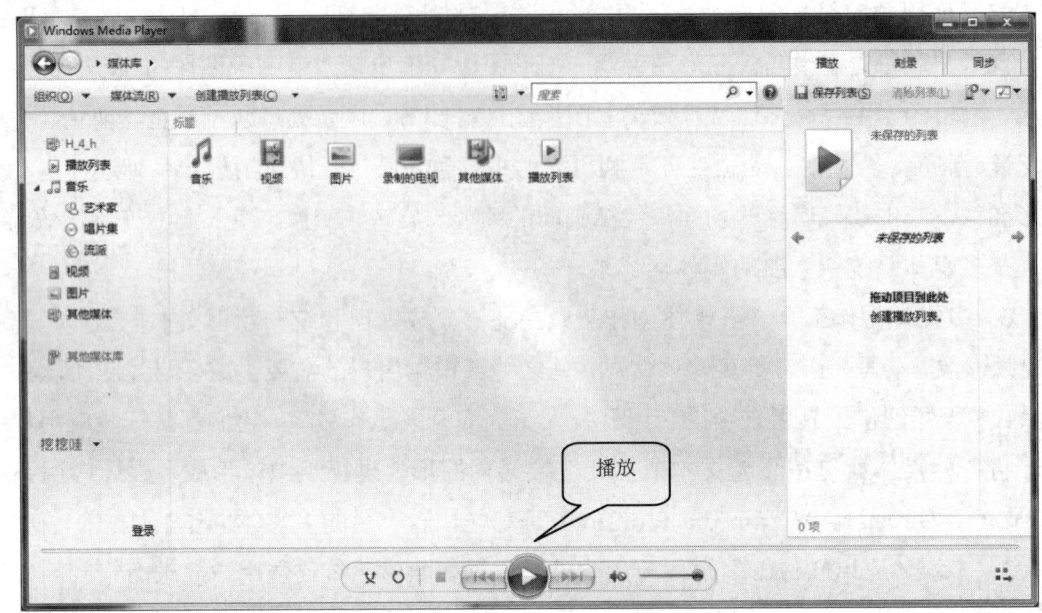

图 8-5　Windows Media Player 界面

2. 声音文件的录制

使用"录音机"可以录制、混合、播放和编辑声音，也可以将声音链接或插入到另一个声音文件中形成一个新的声音文件。

（1）录音的方法和步骤。

1）将麦克风插入机箱后面的 Mic 插口中。

2）单击"开始"→"所有程序"→"附件"→"录音机"命令启动录音机，出现如图 8-6 所示的界面。

图 8-6　Windows 7 录音机界面

3）要开始录音，单击红色圆点的"开始录制"按钮。

4）要停止录音，单击"停止录制"按钮，弹出"另存为"对话框，将所录的声音文件进行命名并保存，注意保存路径。

（2）播放录音文件的方法。

选中欲播放的录音文件，将鼠标放在该文件上并右击，在弹出的快捷菜单中选择"打开方式"→Windows Media Player，出现如图 8-7 所示的 Windows Media Player 音频播放界面。

图 8-7　Windows Media Player 音频播放界面

如果计算机中还安装了其他音频播放软件，如暴风影音、kuGou（酷狗音乐播放器）等，那么也可以选择其中一个来播放音频文件，如图 8-8 所示。

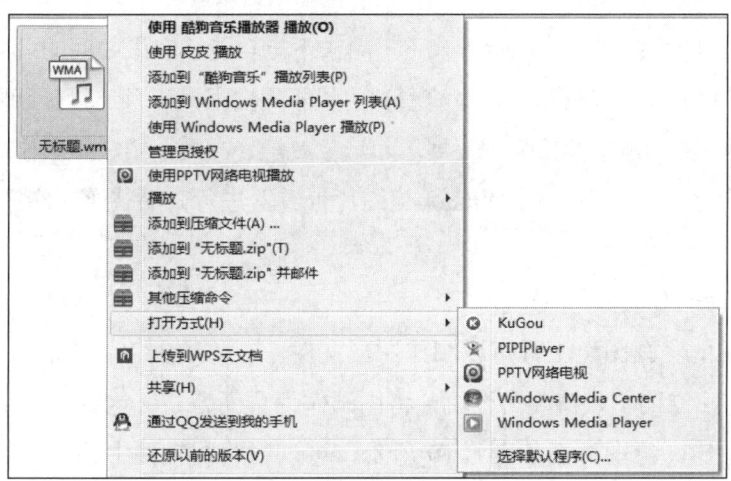

图 8-8　其他音频播放软件的选择

### 8.4.2　数字媒体——图像与图形

1. 图像文件的浏览

图像的浏览可以在图像处理软件中进行，也可以使用专门的图像浏览软件进行，但大多数情况下，我们使用 Windows 自带的 Windows 图片查看器浏览图像。在文件夹中，双击任意一张图片，即默认使用 Windows 图片查看器进入图片的浏览方式，如图 8-9 所示。

在图片浏览方式下可进行多种操作，如下：

（1）旋转图片。在下方的按钮中，两个旋转的箭头按钮可以用来顺时针或者逆时针旋转图片。

（2）删除图片。在下方的按钮中，红色 X 为删除按钮，单击它可以删除当前图像。

图 8-9　用 Windows 照片查看器查看图像文件

（3）连续观看图片。在图片显示方式下，单击下方功能按钮最中间的"放映幻灯片"按钮可以进行照片的自动播放。Windows 图片查看器可以不需要人为干预连续显示图片，如同放映幻灯片。连续显示图片的功能主要用于图片展示、形象教学、产品介绍、摄影作品欣赏等场合。

除了浏览图像之外，还可以用 Windows 图片查看器进行查看图像文件属性、打印、刻录等多种操作。

2. 图形文件的制作

利用系统自带的"画图"工具可以制作图形文件，还可以创建、查看、编辑、打印图片。可以通过"画图"建立简单、精美的图画，将图画作为桌面背景。这些绘图可以是黑白的或彩色的，可以打印输出。绘图界面如图 8-10 所示，可以用绘图软件中的工具绘制你需要或喜爱的图形，如图 8-11 所示。

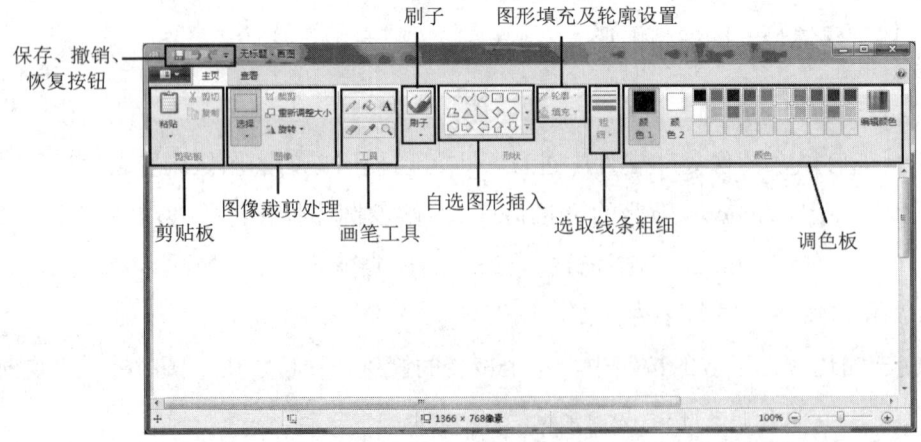

图 8-10　Windows 的画图软件界面

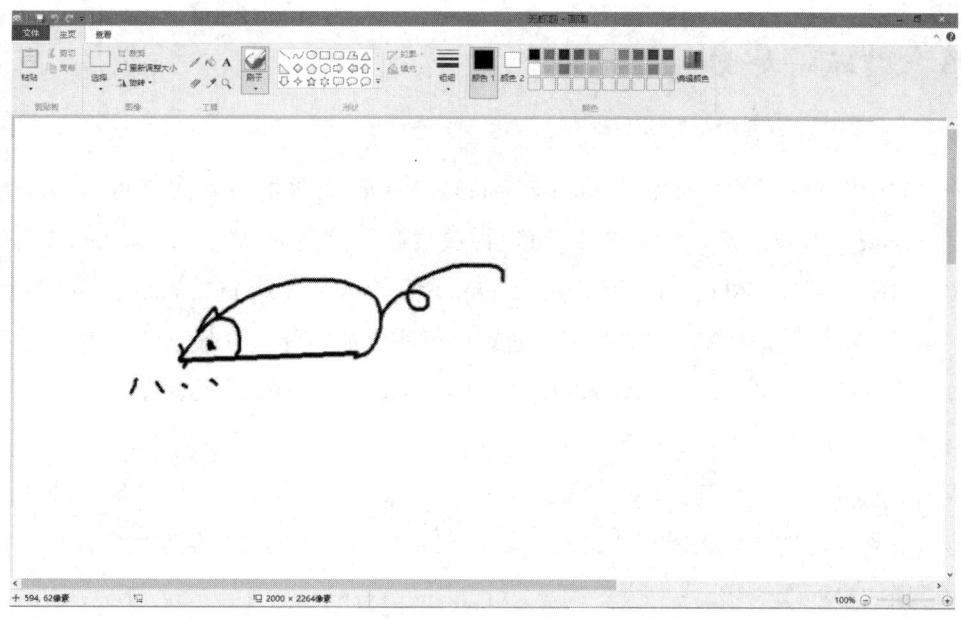

图 8-11 用画图软件绘制图形（矢量图）

还可以利用 Word 中的"绘图"工具制作图形文件。先建立一个 Word 文档，单击"插入"选项卡，再选择"形状"中的自选图形（如直线、箭头、方框、圆等）。利用自选图形绘制一幅你喜爱的矢量图。单击绘制的图画使之被选中，然后不断地拉大这个图画，如图 8-12 所示，看看它是否随着图片的放大而变模糊，从而体会图形（矢量图）的概念。

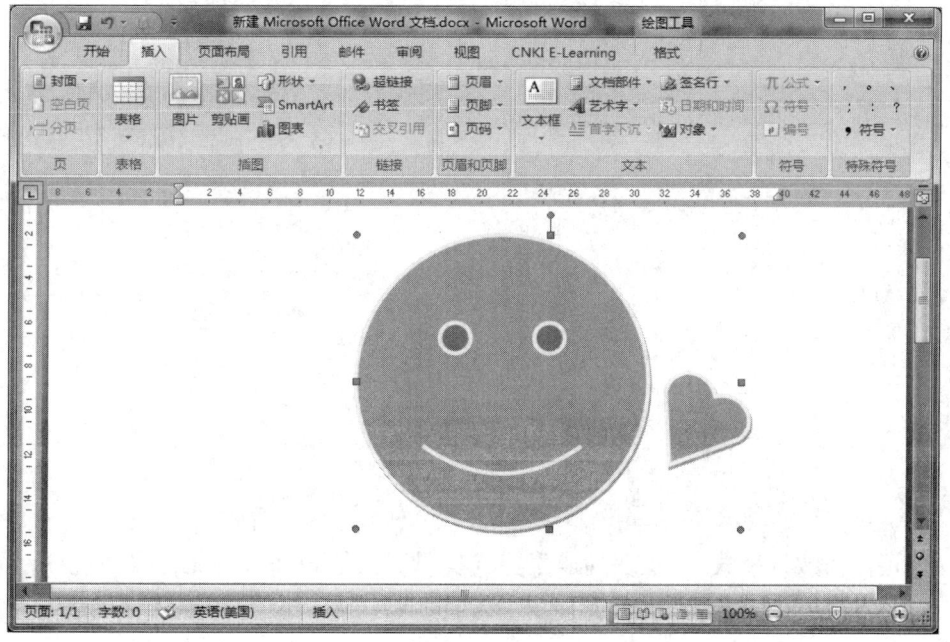

图 8-12 放大后的矢量图

### 8.4.3 数字媒体——视频

**1. 媒体播放器的功能**

Windows 操作系统附带提供了 Windows Media Player 播放器（简称 WMP），它是微软公司基于 DirectShow 开发的媒体播放软件，可以播放很多文件类型，如 ASF、MPEG-1、MPEG-2、WAV、AVI、MIDI、VOD、AU、MP3 和 QuickTime。使用 Windows Media Player 可以播放 CD、DVD 和 VCD，还具有从 CD 复制曲目、创建自己的播放媒体、收听电台广播、搜索和组织数字媒体文件等功能。除此之外，Windows Media Player 还新增了对 3GP、AAC、AVCHD、DivX、MOV 和 Xvid 的支持。

Windows Media Player 包含许多区域，某些区域还包含一些控件，用来执行某种操作。其他区域显示视频、可视化效果或有关信息（如正在欣赏的音乐的详细信息）。

（1）"播放机库"模式。

在"播放机库"模式下，可以全面控制播放机的大多数功能，控制界面如图 8-13 所示。

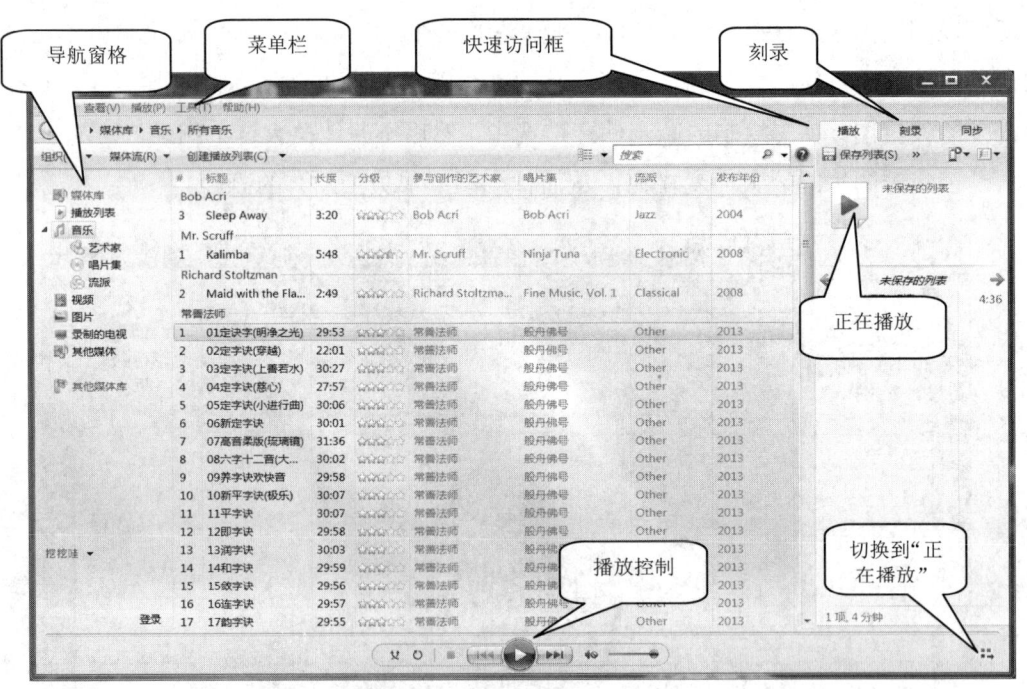

图 8-13 "播放机库"模式界面

（2）"正在播放"模式。"正在播放"模式提供了最适合播放的简化媒体视图，界面如图 8-14 所示。"正在播放"区域包含许多窗格，在这些窗格中可以观看视频、可视化效果、媒体信息、音频和视频控件、当前播放列表。

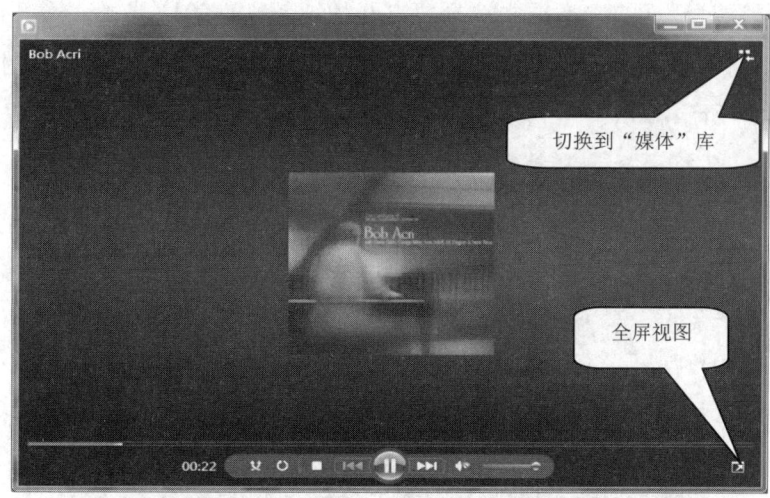

图 8-14 "正在播放"模式界面

（3）菜单栏。菜单栏包括文件、查看、播放、工具、帮助 5 个菜单项。
- 文件：打开、关闭媒体文件，也可以打开 URL 进行播放，创建播放列表、管理媒体库（组织计算机上的数字媒体文件或创建播放列表，列表中包含相关的音频和视频内容，以便可以快速播放这些列表中的音频或视频）。
- 查看：外观选择器（用于更改 Windows Media Player 的外观显示）、在线商店（查找和订阅音乐、视频、广播节目以及其他类型的内容）、插件（包含"选项"）、视频大小、统计信息（统计视频的详细数据）。
- 播放：用于管理视频播放操作。
- 工具：用于管理 Windows Media Player。
- 帮助：Windows Media Player 更新等。

（4）播放控件区域。播放控件显示在 Windows Media Player 的底部，控件按钮功能如图 8-15 所示。使用这些控件，可以调节音量以及控制基本的播放任务（如对音频和视频文件执行播放、暂停、停止、后退、快进等操作）。还有一些其他控件，可以将播放列表中的项目顺序调整为无序状态、更改播放机的颜色、将播放机切换为外观模式。

图 8-15 播放控件区域按钮

2．媒体播放器的使用

（1）播放视频文件。

1）单击"文件"菜单中的"打开"命令。

2）在"打开"对话框的文本框中选择要打开的视频文件的位置。

3）如果系统自带有 Windows Media Player，单击"确定"按钮后可自动打开视频文件进行观赏，如图 8-16 所示。

图 8-16　视频播放界面

（2）播放 DVD。

1）将 DVD 盘插入到光驱中。

2）选择"播放"菜单中的"DVD、VCD 或 CD 音频"命令，然后单击包含 DVD 的驱动器。

3）在播放列表窗格中单击适当的 DVD 标题或章节名。

**说明**：要弹出光盘，则选择"播放"菜单中的"弹出"命令；要重复播放 DVD 中选定的标题内容，则选择"播放"菜单中的"重复"命令。

（3）播放 CD 上的音乐。

当将音频 CD 或包含音乐文件的数据 CD（又称为媒体 CD）插入 CD-ROM 驱动器时，Windows Media Player 会自动播放该 CD，除非 Windows Media Player 正被使用或不是默认的 CD 播放机。CD-ROM 驱动器能够自动播放音频或数据 CD 的条件是：播放机未被使用或播放机是默认的音乐 CD 播放机或开始播放时显示"正在播放"功能。

（4）打开歌词字幕。选择"播放"菜单中的"歌词字幕"，在级联菜单中选择"打开"命令。

**说明**：要关闭字幕，选择"播放"菜单中的"歌词字幕"，在级联菜单中选择"关闭"命令。如果打开了字幕功能，则在播放包含字幕信息的 Windows Media 文件或 DVD 时将自动显示字幕。并不是所有 Windows Media 文件和 DVD 都包含字幕信息。

# 第 9 章  计算机发展新技术

**本章导读**

计算机及其相关技术的应用在社会经济等各个领域的发展中起着重要作用。随着网络时代的来临,各类应用需求快速增长,促进计算机及其相关技术进一步发展,以期产生更大价值。本章主要介绍计算机发展与应用的前沿技术,涵盖云计算、大数据、物联网和人工智能,内容包括其内涵、技术特点和应用领域等。

**本章要点**

- 云计算的特征与应用。
- 大数据的特征与技术。
- 物联网的技术与特点。
- 人工智能的发展及应用。

## 9.1  云计算

### 9.1.1  云计算的定义

云计算是在计算机网络的规模、速度、稳定性得到大力提升,以及相关服务需求急剧增长的基础之上,融合并行计算、网格计算、效用计算、分布式计算、虚拟化服务等技术而产生的。

云计算的出现,可以使得企业、公司、个人可以专注于解决本身的业务问题,而将存储、计算甚至是相关应用软件全部交予云端去解决,只需按量交付相关费用,将使用者从繁杂的软硬件配置、维护和管理中解脱出来。而且随着云计算的推广和不断壮大,所需支付的费用越来越低,使得中小企业甚至个人无需花费大量财力、物力和人力仍然可以享用云计算带来的超强计算能力。

2006 年,谷歌公司首席执行官埃里克·施密特在搜索引擎大会上首次提出"云计算"(Cloud Computing)的概念。谷歌"云端技术"源于谷歌工程师克里斯托弗·比希利亚所做的"谷歌 101"项目。

美国国家标准与技术研究院的定义：云计算是一种按使用量付费的模式，这种模式提供可用的、便捷的、按需的网络访问，进入可配置的计算资源共享池（资源包括网络、服务器、存储、应用软件、服务），这些资源能够被快速提供，只需投入很少的管理工作或与服务供应商进行很少的交互。

维基百科的定义：云计算是一种通过因特网以服务的方式提供动态可伸缩的虚拟化资源的计算模式。

### 9.1.2 云计算的特征

云计算对于解决问题求解过程中的计算问题和存储问题等在理念上发生了根本性的改变。传统的问题求解途径往往是依赖于本地计算机或者客户服务器方式的软硬件资源配置。这种方式虽然仍然被广泛使用，但是面临当前大数据量运算、基于网络的即时服务、快速搭建数据中心等需求快速增长的状况时，已经显得力不从心。通过网络将大量计算机系统连为一体，组成具有强大存储能力和计算能力的集群，通过共享和任务派分来实现高效运转，这是基于云计算的思维模式。云计算的主要特征如下：

（1）规模巨大。云计算是互联网应用的进一步延展，将相当数量的计算机服务器系统通过网络协议连接起来组建为一个庞大的服务体系。当前即使是一个小型的云计算平台包含的服务器数量也常常达到数百台，而大型的云计算平台中服务器的数量已达到几十万台至百万台这样的数量级。

（2）可靠性好。云计算平台需要具有较强的容错能力。相对普通用户而言，服务器资源的极其丰富、各计算单元之间的资源可互换、拥有更强的存储管理技术等使得对重要数据资源的备份和保护等更易于实现。

（3）虚拟服务。基于云计算的视角，虚拟化具体的存储实体和计算实体是一个重要的思想。通过互联网用户可以使用任意可接入终端使用云计算平台所提供的服务，而不需要了解和掌握具体的实施对象及其所处的具体位置。实际上，云计算平台中所提供的软件及硬件基础设施对于用户而言已被高度抽象。

（4）扩展能力强。云计算平台本身就是在互联网的基础之上发展起来的，使得其自然具有较好的动态特性和可扩展能力。而这种能力在应对越来越多的接入需求时是十分重要的。随着大数据时代的来临，各种各样的数据采集、分析、可视化等请求急速增长，处理和存储能力必须能够应对这种变化，因此云计算平台的规模必定越来越庞大。

（5）实用性好。云计算平台具有较好的实用性。具有不同类型的应用需求和使用不同类型系统的用户都可以非常容易地通过多种接口方式连接到云计算平台中，享用其带来的高效服务。这也是云计算平台在各行各业中都得到广泛认同和使用的重要原因之一。这种包容能力使得其极具吸引力。

（6）高性能。当前，网络通信速度和稳定性得到大力提升。组建云计算平台时采用的服务器性能越来越强，数量急速增长，响应时间越来越短，系统架构技术越发先进。这些都为云计算平台拥有超强的计算能力奠定了基础。

### 9.1.3 云计算的服务层次

目前，公认的云计算服务包含3个层次：IaaS（Infrastructure as a Service，基础设施即服务）、PaaS（Platform as a Service，平台即服务）和SaaS（Software as a Service，软件即服务）。

（1）IaaS。组建云必然包含大量的服务器、计算机、存储设备、网络连接设备和防火墙等基础设施。用户可以根据自身的需求、具备的技术力量和管理能力等通过支付相关费用的方式进行租用。根据需求的实际情况，在这些基础设施的基础上完成操作系统和相关应用软件的部署。

（2）PaaS。为用户提供应用程序的开发平台，包括软件开发过程中所需的系统编程环境和数据库等。这种类型的服务相对而言对用户的技术能力和管理能力要求比较高，目前被市场采用的规模比较小。但是，这种面向具有一定能力的使用者提供的服务模式极具潜力。

（3）SaaS。这种模式对于用户而言使用十分方便，根据实际的业务需求支付相关费用即可直接使用云端所提供的商用服务。用户直接通过网络连接使用云端提供的应用软件完成工作，就如同使用本地机上安装的应用软件一样，比较适合于需要快速搭建出业务系统的用户。

### 9.1.4 云计算的应用

从云计算理念的提出到云计算技术逐步应用于社会治理、企业运营、金融管理、环境保护、资源统筹和商业营销等各个领域，所经历的时间非常短暂。由此可见云计算所带来的效率提升和模式创新得到了各界的广泛认同。

（1）云计算的服务形式多样化。云计算所能提供的强大计算能力和服务性能有目共睹，必将吸引越来越多的机构、企业和公司等加入到云计算的行列以改善或改进它们的业务处理能力或者服务质量。目前，已有成功运用多年的公有云，通过支付相关费用即可享用相应的服务。但是，对于其中用户数据安全性的保护目前主要由平台的运营者来提供。面对这种情况，许多对用户数据安全性要求极高的行业如保险、金融等往往会搭建属于自己的私有云，来实现云计算平台的行业内部使用。另外有些机构或企业可能根据自身情况采用公有云和私有云相结合的方式，这就是混合云。这种服务形式多样化的情况是目前的使用现状。

（2）云计算改变业务模式。云计算的深入和广泛应用，可能会使得企业的业务模式发生较大程度的改变。例如,对于一些具有创新能力而业务需要依赖于大数据处理的中小企业而言,租用云计算平台即可提供优秀的计算性能,避免了它们耗费巨大的财力人力去自建底层系统,从而可以更为专注于本身的核心业务,迅速抓住市场机遇而及时响应,这对于一个快速成长的企业来说是非常关键的。另外,基于云计算平台,业务处理的方式、方法和流程等都可能发生很大的转变,必将带来管理效率和运营效率的提高,给企业带来更多的商业机会。

（3）云计算提升体验品质。云计算在工作和生活当中的深入应用有助于提升体验品质。云计算的强大运算和存储能力使得许多复杂繁琐的运算可以在云端以极快的速度完成,例如复杂图形的渲染和三维动态场景的仿真等。由此,原本需要在终端设备上通过高配置解决的问题,可以交付于云端来高效处理,这些可以提升在计算机、电视和手持智能设备端的用户体验。另外,现今已经被广泛使用的云存储已经在工作和生活中为用户带来了便利,使得用户随时随地移动数据成为可能。未来必将会在更多的方面带来实用价值。

我国对云计算技术在促进社会经济发展中的作用非常重视,制定并发布了《云计算综合标准化体系建设指南》,其中提出:为进一步推动我国云计算发展,需要运用综合标准化的系统性、目标性和配套性等思维方法和工作方法,以云计算相关技术和产品、云服务为标准化对象,按成套成体系制定整体协调的标准。云计算综合标准化工作的重点是从云计算发展实际出发,构建云计算综合标准化体系,用标准化手段优化资源配置,促进技术、产业、应用和安全协调发展。图9-1所示为建设指南中制定的云计算综合标准化体系框架。

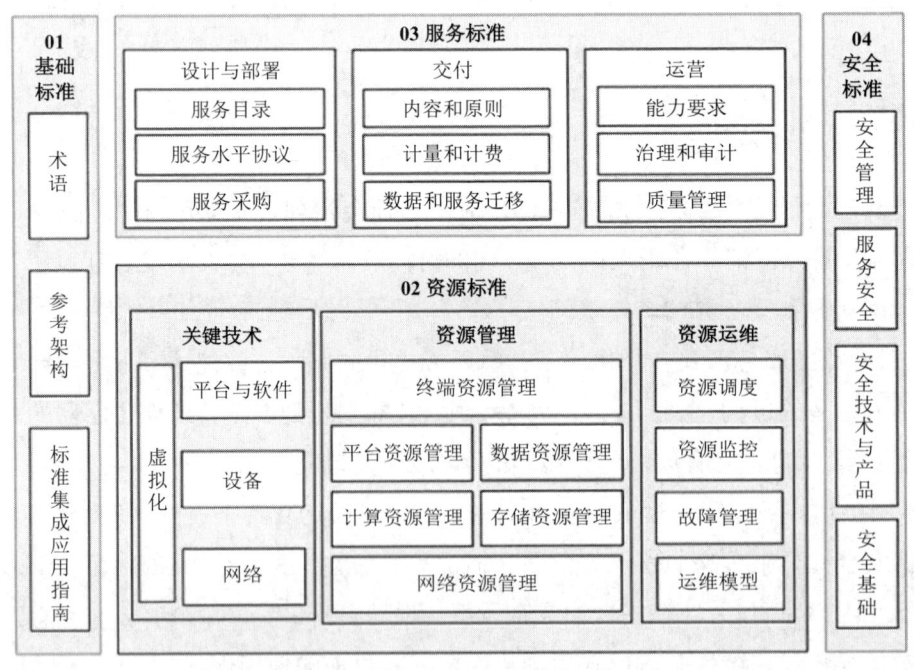

图9-1　云计算综合标准化体系框架

## 9.2 大数据

### 9.2.1 大数据的定义

社会发展进入到计算机时代和网络时代后,各种类型的信息每天都在以极快的速度增长,而且信息类型越发复杂,包含文字、数字、图片、声音和视频等不同类型,这些都对信息获取、精炼和处理提出了更高的要求。各类数据信息的爆发式增长必然需要以崭新的视角和观念来应对,并借助于对应的技术方法。

计算机及其相关技术已经深入且广泛地被应用于各个行业中,特别是随着互联网技术的高速发展,各计算节点之间的互联变得非常便捷,使得驻足于单个节点之中的数据可以更为容易地实现共享和统筹规划,而在诸多行业中如何获取和利用这些巨量的数据具有重要意义和应用价值。在此背景下,现今大数据及其相关技术在各行业中逐步获得青睐和重视,在此方向的研究和应用正方兴未艾。

什么是大数据?对于它的认知,人们总是在不断的探索和思索过程中逐步地深入和完善,下面是相关研究机构或研究者对其提出的定义。

**研究机构 Gartner**:大数据是需要新处理模式才能具有更强的决策力、洞察发现力和流程优化能力的海量、高增长率和多样化的信息资产。

**维基百科**:大数据是指无法在可承受的时间范围内用常规软件工具进行捕捉、管理和处理的数据集合。

**麦肯锡**:一种规模大到在获取、存储、管理、分析方面大大超出了传统数据库软件工具能力范围的数据集合,具有海量的数据规模、快速的数据流转、多样的数据类型和价值密度低四大特征。

**《著云台》的分析师团队**:大数据通常用来形容一个公司创造的大量非结构化数据和半结构化数据,这些数据在下载到关系型数据库中用于分析时会花费过多时间和金钱。大数据分析常和云计算联系到一起,因为实时的大型数据集分析需要像 MapReduce 一样的框架来向数十、数百甚至数千的计算机分配工作。

### 9.2.2 大数据的特征

大数据时代已经来临,如何在此过程中适应新的发展潮流和抓住历史机遇,让大数据及其相关技术在交通、医疗、社会保障、教育、科技和商业等社会发展的各个领域中发挥积极价值成为人们关心的主要问题,并为此投入大量财力、物力和人力资源。管理部门、研究机构、企业等已经意识到掌握大数据及其技术的重要性并积极实施。联合国在 2012 年发布了大数据政务白皮书，指出大数据对于联合国和各国政府来说是一个历史性的机遇，人们如今可以使用极为丰富的数据资源来对社会经济进行前所未有的实时分析，帮助政府更好地响应社会和经济运行。2015 年中国印发《促进大数据发展行动纲要》，对大数据的发展工作进行了系统部署，明确提出推动大数据发展和应用，在未来 5 至 10 年打造精准治理、多方协作的社会治理新模式，建立运行平稳、安全高效的经济运行新机制，构建以人为本、惠及全民的民生服务新体系，开启大众创业、万众创新的创新驱动新格局，培育高端智能、新兴繁荣的产业发展新生态。麦肯锡在一份名为《大数据，是下一轮创新、竞争和生产力的前沿》的专题研究报告中提出，"对于企业来说，海量数据的运用将成为未来竞争和增长的基础"。大数据的特征可以归纳为以下几点：

（1）容量（Volume）：通常大数据所提及的数据量达到 TB、PB 这样的级别，而且在不断地增长。

（2）种类（Variety）：大数据中数据的种类呈现出多样性。除了结构化数据以外，越来越多地包含半结构化和非结构化数据。

（3）速度（Velocity）：各种类型的数据生成、存储、收集和处理等的效率在急速变化，需要更高的动态响应能力。

（4）价值（Value）：在纷杂庞大的多类型数据中有效地获取真正有用的信息，并以更低的成本和有效的方法来予以实现。

### 9.2.3　大数据的相关技术

进入大数据时代后，面临数据量的急剧扩大，而且数据类型变得更为复杂，依赖传统的管理观念和技术手段已经难以应对。例如，半结构化和非结构化数据远远多于结构化数据，文本、图片、音频、视频、地图位置及各类异构数据纷杂庞大。另外，大数据涉足的领域越来越广泛，从科学技术、商业经济、公共事务管理到气象、基因组研究、环境治理和生物医学等。再者，基于传统的样本数据分析方式已经不完全适用于大数据时代，样本分析不利于对事物的多维度描述，容易出现偏差而导致对事物的分析不够全面。这些在大数据时代所面临的现状，必然需要以新的理念和技术方法来解决。

（1）在存储方式方面，需要云存储、分布式存储、集中式存储等方式的综合运用，特别是云存储和分布式存储应成为主流存储架构方式，即必须以优秀的可扩展能力来满足数据急剧增长的需求。而且在大数据时代对于存储概念的理解必须过渡到存储虚拟化，即对使用者而言，面向的是抽象的可用的存储资源，而不必拘泥是本地存储还是通过网络实现的其他存储方式。另外，数据存储和提取过程中的高效率必须得以保证，在此过程中就对存储系统的执行速度和可靠性提出了更高的要求。

（2）在处理技术方面，大数据时代需要处理的对象是超大数据集，需要通过网络方式协同成百上千的服务器来共同完成。而且，传统的数据库系统面临巨量的非结构化数据时显得力不从心，通过网络环境将大规模数据进行瞬时移动也并不现实，将其切割后进行分散处理是可行的途径，因此亟待添加新的解决方案来应对。例如，开源的分布式处理技术 Hadoop 在大数据处理方面得到广泛应用，尤其在针对非结构化数据处理时具有比较优秀的性能和可扩展能力，它是在分布式处理方法 MapReduce 的基础上架构的计算平台，提供在计算机集群上进行分布式处理的技术。其他还有数据仓储技术、NoSQL 数据库、NewSQL 数据库、自然语言处理技术和神经网络等都在其中发挥着重要作用。

（3）在理念模式方面，进入大数据时代，不仅要求具有新的技术架构体系和方法手段，而且对如何管理和使用这些巨量数据也要有新的思维视角。例如，随着计算机网络和大数据技术应用的普及，巨量信息的获取和统筹变得更容易实现，使得对事物的分析可以从总体的视角出发而并非局限于样本，从而使得对事物的理解更为全面。另外，从小数据量到大数据量的转变过程中，其中所包含的各类信息必然更为繁杂，面向的处理对象十分庞大，且在许多领域的大数据实际应用中追求绝对的精确度已经不是必选项，面向超级数据集时化繁为简往往在概率上更具优势。再者，大数据时代更为关心的是事物之间的相关关系，正是由于数据量的巨大使得这种分析往往不容易产生偏离，在用于预测事物的未来发展方向方面效果显著。

### 9.2.4 大数据的应用

自然与社会的发展进程中，每分每秒都在产生巨量的数据信息，在这些种类繁杂的信息浪潮中如何获得和提取具有实际价值的内容是关键，大数据时代的来临及其相关技术的不断发展使得人们以新的视角、思维方式来解决这些问题成为可能，并以此服务于社会管理事业、医疗卫生事业和商业营销等。

（1）在社会管理事业中，数据已经成为一种极为重要的资源，通过大数据的运用可以大大提高管理效率、响应能力，提升服务品质。例如，通过对一个大型城市的市民居住情况以及基本出勤情况的大数据调研，就能够合理地安排地铁或轨道交通的管线和站点的布局，从而以更小的资源配置实现更好的服务效果。现今，布满主要交通干道的路况采集装置，能够通过连续二十四小时不间断的拍摄来掌握城市交通状况。从数据处理的角度可以推测，整个城市范围内的视频采集量是非常庞大的，大数据技术在其中的应用就显得至关重要，有助于提高智能化管理的水平。再如，通过掌握全国范围内的人口数量、区域布局、婚姻状况、性别比例和不同年龄段分布等信息可以为社会治理、政策制定和决策支持等提供有力的帮助。公共事务涵盖非常广泛，地域范围可以从单个城市跨越到全省、从全省跨越到省份之间或整个国家或世界，涉足领域可以包含铁路建设、高速公路建设、电力电网智能化、通信网络建设和社会保障服务等，在这些方面大数据及其技术的深入应用都可以发挥积极作用。

（2）在医疗卫生事业中，大数据常用于建立健全公民的医疗卫生数据，通过对健康体检、普通门诊和住院治疗等数据的整理分析，可以建立更为完善合理的医疗保障体系，合理地安排医疗软硬件资源，提升医疗服务的质量。例如，通过对这些数据的分析，可以推理或预测哪些地区容易出现某种类型的慢性疾病，并以此为基础研究此疾病与地理位置、气候、饮食习惯和生活习惯等方面的相关关系，从而更有针对性地提出更为有效的健康建议和保健指导。利用大数据及其技术对一些季节性流行病的预测分析也已经初见成效，通过对人们购买相关药品、咨询相关医疗问题的频率进行大数据分析，往往可以在疾病大规模流行之前做到具有一定准确度的预测，从而为相关卫生部门和个人提前做好预防赢得宝贵的时间，减少由此带来的损失和伤害。大数据分析与基因技术的结合也具有广泛的应用前景，例如可以通过对基因的大数据分析来预测人类生理机能未来的发展方向等。

（3）在商业营销中，大数据及其技术的应用已经较为广泛。对消费者消费行为和消费意愿的理解程度越深，商家就越有可能提出对于消费者而言更为有效的促销方案，从而吸引消费者付费购买所需的商品，从中商家实现更大的利润收益。例如，将口香糖等低售额常用消费品摆放在超市的收银处，绝不是商家的心血来潮之举，而是源于对人们消费心理的深入理解。如何来分析和理解消费者的消费心理和习惯呢？大数据及其技术在此方面的应用效果显著。在许多实体店超级市场，管理者们根据长期以来对众多消费者购物时间、选购时长、消费金额和购买商品种类的分析，已经总结出一些行之有效的促销手段，从不同类型商品摆放位置的选择到打折商品的推出时段，甚至背景音乐的播放种类和音量大小等。进入网络时代以后，通过计算机和手机、平板电脑等移动终端进行网上购物变得十分便利，大数据的应用更是如火如荼。通过对消费者网上购物消费情况的分析，商家已经可以做到对个体消费者消费习惯和行为的深入理解，从而更为准确地推出各种商品广告。

## 9.3 物联网

### 9.3.1 物联网的定义

物联网是继互联网之后信息产业发展中的新秀，它是在互联网技术、传感器技术、射频识别技术等不断发展和完善的基础上发展起来的，通过这些技术的综合运用实现物与物的互联。从本质上来说，互联网仍然是物联网得以实现的根本基础，将互联网时代中实现的计算机之间的互联扩展到物与物之间，并由此拓宽了网络连接的对象、范围和作用。

自麻省理工学院的 Kevin Ash-ton 首次提出物联网的概念以来，越来越多的机构、企业投入到其研究和建设之中，物联网本身的内涵也在不断地变化和拓展。许多国家已经将其列入到国家经济发展战略的层面，纷纷推出各自的研究和发展计划。

那么，什么是物联网呢？国际电信联盟对物联网的定义是，通过二维码识读设备、射频识别装置、红外感应器、全球定位系统和激光扫描器等信息传感设备，按约定的协议，把任何物品与互联网相连接，进行信息交换和通信，以实现智能化识别、定位、跟踪、监控和管理的一种网络。这其中所提的各种设备归根结底是获取物体中所承载的信息，使之通过网络实现物与物之间、人与物之间、以及人与人之间的交互，从而便于管理并发挥效益。

我国也将物联网列为国家新兴战略性产业之一，受到社会各行各业的极大关注，并投入大量的财力、物力和人力推动其建设和发展。物联网也正在促进社会经济发展中贡献自己的力量，《2014－2018 年中国物联网行业应用领域市场需求与投资预测分析报告》数据表明，2010 年物联网在安防、交通、电力和物流领域的市场规模分别为 600 亿元、300 亿元、280 亿元和 150 亿元。2011 年中国物联网产业市场规模达到 2600 多亿元。我国《物联网"十二五"发展规划》明确，将加大财税支持力度，增加物联网发展专项资金规模，加大产业化专项等对物联网的投入比重，鼓励民资、外资投入物联网领域。到 2015 年已初步完成产业体系构建的目标：形成较为完善的物联网产业链，培育和发展 10 个产业聚集区、100 家以上骨干企业、一批"专、精、特、新"的中小企业，建设一批覆盖面广、支撑力强的公共服务平台。"十二五"期间，物联网实施了五大重点工程：关键技术创新工程、标准化推进工程、"十区百企"产业发展工程、重点领域应用示范工程、公共服务平台建设工程。其中，重点领域主要涉及智能工业、智能农业、智能物流、智能交通、智能电网、智能环保、智能安防、智能医疗和智能家居等。

### 9.3.2 物联网的主要技术与特点

1. 物联网的主要技术

（1）射频识别。是在物联网中采用的一种通信技术，通过无线电信号来识别对应的目标并获取其中包含的数据信息，通常无需与对应的目标之间产生直接的接触。由于采用无线电信号，因此具有很强的适用性，使得其在相对恶劣的使用环境中仍然可以识别，而且所需的时间极短。不仅如此，它还具有体积小巧而容量较大的优点。这种技术已经被广泛地应用于身份识别、门禁系统、物流运输和药品管理等。

（2）传感器。是能感受被测量并按照一定的规律转换成可用输出信号的器件或装置。物联网中实现的是物与物的互联，关键是它们之间信息的交互或共享，而传感器就是在其中获取信息的重要器件。它利用物理效应、化学效应和生物效应等把被测的物理量、化学量和生物量等转换成符合需要的电量,最终进行模数转换交予计算机进行处理。它在工业自动化测量、医疗诊断、自动控制和航空航天等领域被广泛使用。

(3) 嵌入式系统。是根据对象的具体需求而开发的该对象的专用计算机系统,通常规模和体积较小,可靠性较好,成本和功耗较低,其软硬件规模可以根据实际情况进行裁剪。由于嵌入式系统本身已经非常精简,因此非常适用于控制任务并不十分复杂的场景。装载有嵌入式系统的对象可以看作是一个智能化的终端。嵌入式系统已被广泛应用于工业生产、交通管理、信息家电、环境保护和智能电网等诸多领域。

2. 物联网的主要特点

(1) 全面感知。在一个物与物相互连接的网络中,其本质是实现物与物之间信息的交互从而进一步实现高效化的管理与控制。首先要解决的就是如何实现对物体中所含信息的采集任务,而通过传感器技术和射频识别技术的深入应用,如同给每一个接入物联网中的物体开启了一个信息的窗口,使得其所处的位置、状态和环境等信息可以被快速且便利地获取。

(2) 可靠传输。物联网是在互联网的基础上发展起来的,是互联网的延伸和发展,因此从本质上说互联网是物联网的重要基础,实现物与物之间的快速互联与交互必须依赖于信息的传输来实现。物联网中连接的实体种类繁多,数据信息量极为庞大,而且为了保证物联网的高效运转往往对实时响应的要求比较高,所以保证数据传输的速度和质量非常重要。

(3) 智能处理。物联网实现的不仅是物与物的相互连接,而且能够根据所获取的数据信息进行智能处理并相应地反馈到物体终端对其完成实时控制。在此过程中,云计算技术、大数据分析等在互联网时代中广为应用的先进技术方法必然在物联网中发挥重要作用。而连接到物联网中的终端也往往是智能化的单元,能够自动地执行收到的指令。

### 9.3.3 物联网的应用

物联网的应用领域十分广泛,从商业物流、智能农业、交通管理到智能城市、智能家居和智能电网等。

(1) 商业物流。物联网在商业物流管理中的应用已经较为深入。不管是商家、购物平台还是消费者都能够通过计算机、平板电脑和智能手机等设备方便地接入网络,并实时地获取商品目前的运输状况、运达地点、到货时间等重要信息,从而准确地掌控商品目前所处的状态。未来还将进一步在优化仓储管理、商品派发方式和提高商品运输效率等方面发挥价值。

(2) 智能农业。在农业生产中,物联网的应用可以优化农作物的生产和管理方式。通过安装在生产场所的各类传感器设备,监控气温、湿度、风力、土壤酸碱度、病虫害状况和突发气候变化等重要的实时信息,并传送到管理中心进行数据处理以帮助做出合理决策和快速的应急响应,全面协助现代化农业生产的实施和完善。

（3）交通管理。在建立健全智能化的交通管理系统中物联网必将发挥重要作用。无论是海运、航运、铁路运输还是公路运输，各类数据的收集、归纳和分析有利于实现对整体交通状况的掌握并进行合理布局。例如，目前在公路运输中已在使用的车联网就是物联网在该行业中的一种应用，通过该系统和技术可以获取车辆的准确位置信息和行驶状况，如遇故障还能够在线地获取汽车生产厂家的技术支持和指导。

（4）智能城市。物联网的应用能够帮助提升城市的智能化管理效率。城市中各种基础设施和公共服务的维护和管理任务十分繁杂，需要投入大量的财力、物力和人力。如城市的自来水供应、天然气供应、公共卫生设施维护、道路照明系统管理和公共交通服务等，在这些设备中配置智能化终端，通过物联网实施监控和管理将有效地提高服务质量，进一步促进城市的现代化建设。

（5）智能家居。将物联网技术应用到每个家庭中，则可以实现家居生活的智能化。通过嵌入在冰箱、电视、机顶盒、路由器、洗衣机、微波炉、电饭煲和空调等各种家用电器中的控制系统，借助于网络就可以方便地实现远程控制，全面提升家居生活体验。例如，在人们回到家中的时候，温控系统根据当天的气温和湿度情况自动调节好室内环境是完全可以实现的。

（6）智能电网。电力是一项非常重要和紧缺的社会资源，应该得到高效的利用和科学的配置。通过物联网可以获取工业生产、企业和家庭的实时用电状况和运行状态，掌握用电高峰期等实时信息，有利于帮助有关部门实现电力设施的维护、扩容、检修等工作的合理安排，提高电力供应的安全性和稳定性，提升电力资源的利用效率。

### 9.3.4 物联网的发展前景

（1）物联网将在促进产业升级中发挥重要作用。物联网带来的不仅是技术的更新，而且使得许多行业的管理方式和盈利模式发生较大的改变。物与物互联的实现改变信息获取的方式，提高了信息获取的效率。与此同时，用户的体验及服务需求在不断的提升。这些都要求相关产业能调整思维方式，以更为长远的眼光抓住市场契机，及时更新商业模式以适应快速变化的市场需求，促进行业跟进物联网时代的步伐。

（2）物联网推动行业之间的协作。建设和应用物联网需要众多行业的共同参与，在此过程中各行业之间是互惠互利的关系。物联网是一个极具潜力的新兴产业，未来连接到物联网的终端将会越来越多，涵盖的行业将会越来越广泛，这将进一步促进行业之间的协作和共同努力。而这些行业的进步和完善又将使得物联网建设和发展进入一个更高的阶段。

（3）物联网促进人与社会和自然之间的和谐关系。物联网的推广和应用，不仅会在工业生产和商业经济中发挥价值，而且有利于进一步提升社会管理效率和公共服务质量，这些都将给人们的工作和生活带来更大的便利。随着物联网技术的快速发展和运用的深入，使得人们具有更先进的方法、更多的途径来了解大自然，及时掌握气候、环境和资源的状况，促进人与自然的和谐关系。

## 9.4 人工智能

### 9.4.1 人工智能的定义

人工智能（Artificial Intelligence，AI）是隶属于计算机科学的一个前沿学科，但其实际上还包含心理学、数学、哲学、生物学、信息论和控制论等多个领域的知识融合，是一门复杂的技术科学。1956年麦卡锡、西蒙、罗切斯特、纽厄尔、香农、明斯基、塞尔夫利奇、莫尔和卡纳奇等十多名来自不同领域的科学家举行会议，探讨如何使计算机具有人类智能行为，首次提出了人工智能。随后的研究和发展过程中，许多的科学工作者投入到其中，对人工智能的理解也在逐步深入，不断地扩展其内涵，借助于相关的理论、技术和方法，分别从各自的研究领域提出了对人工智能的见解。

费根鲍姆：人工智能是计算机科学中的一个分支，涉及智能计算机系统的设计，该系统显示人类行为中与智能有关的某些特征。

M.Boden：人工智能是利用计算机程序和程序设计技术来认识普通的智能原理和具体的人类思想。

M.Minsky：人工智能就是让机器完成那些如果由人来做则需要智能的事情的科学。

尼尔逊：人工智能是关于知识的学科——怎样表示知识以及怎样获得知识并使用知识的科学。

温斯顿：人工智能就是研究如何使计算机去做过去只有人才能做的智能工作。

绍特里夫：人工智能是计算机科学中的一个分支，它研究问题求解的符号方法和非算法方法。

人工智能是一个极具潜力的研究领域，通过综合人类在自然科学和社会科学中的各类研究所得，探索如何让计算机具有人类一样的逻辑思维、形象思维和灵感思维能力，甚至更进一步具有创造能力。如今，在诸多方面人工智能已经取得非常大的进步，可以比人类更为迅速更为完美地完成相关任务，且已被应用到工业生产、医疗服务和环境治理等领域，为促进人类社会的发展发挥重要价值。

### 9.4.2 人工智能的发展历程

人工智能的发展凝结了人类在数学、逻辑学、心理学、哲学、生物学和计算机科学等多个领域的探索和努力。自 1956 年人工智能的概念在达特茅斯会议上被提出以来，这一跨越自然科学和社会科学研究的新兴领域吸引了来自不同领域的科学家投入其中，并不断地在努力中取得进展。纽厄尔和西蒙在 1956 年研制成功了逻辑理论机，使得计算机可以处理符号而不仅仅是数字，是人工智能定理证明的早期尝试。1956 年麦卡锡提出了表处理语言 LISP，是人工智能程序设计语言的重要里程碑。1965 年费根鲍姆等研制出人工智能专家系统，成为第一套有效运行的该类系统。1971 年维诺格拉德开发了 SHRDLU 系统，开始尝试使机器理解部分语言，对人工智能进行自然语言处理的研究起到了促进作用。1974 年框架理论被提出，它是表示知识的一种方法，帮助人工智能更好地理解视觉、自然语言和其他复杂行为。1976 年主观贝叶斯理论被提出，为非精确性推论理论做出开创性工作。1982 年霍普菲尔德提出一种联想记忆能力的新型的神经网络。1995 年可以用来进行模式识别和分类分析的支持向量机算法被提出。1997 年采用人工智能技术的 DEEP BLUE 战胜人类国际象棋大师。2016 年采用人工智能技术的 AlphaGo 战胜人类围棋大师。现今，人工智能正在以更快的速度发展，将在更多的领域取得进步。

### 9.4.3 人工智能的研究范畴

人工智能研究涉足的方面非常广泛，包括自然语言处理、机器学习、知识表示、计算机视觉、人工神经网络、智能机器人、遗传算法和模式识别等，下面对其中的几项内容进行介绍。

（1）自然语言处理。语言的出现是人类发展历史上的一个重要阶段，人工智能要实现以人类的方式进行思考，实现与人类的语言交互，应该解决对人类语言的识别和理解问题。人类的语言包含形、音、义等几个方面，对语言信息的识别、加工、处理和理解要通过计算机程序设计和算法来实现。其中对于语义的解析是相对比较困难的，需要对语境和场景的理解达到较深的层次。相对应地，人工智能还必须具有生成人类可以正确理解的语言的能力。这些都是复杂而系统的工作。

（2）机器学习。人类之所以具有很强的适应能力和创造力，与人类具备学习这种重要的智能行为是分不开的。学习使得人类能够在各种实践活动中不断地总结经验，并使得自身能力得到不断的提高，从而在以后完成这种任务时实现工作效率的提高并取得更好的效果，学习是人类不断进步的驱动力。使得机器逐步具备学习能力是其实现智能化的必经之路，而前提是必须对人类是如何具备学习能力的有深入的理解。在此过程中包含认知科学、心理学、逻辑学、生物学和神经学等多学科知识的综合运用。

（3）知识表示。即对知识内容对象的一种描述，将其表达为计算机可以理解和进行处理的数据结构。把研究对象的属性、关系和动态行为进行抽象并反映在结构中，不仅包含对象的静态特征，而且包含其变化发展的动态过程和因果关系等。在此过程中包括对知识内容进行符号化、形式化和模型化等技术方法的综合应用。常用的知识表示方式有语义网络、逻辑表示、框架式表示和面向对象表示等。

（4）计算机视觉。计算机通过视频设备获取物体的静态和动态图像信息并进行图形处理，使其具有人类视觉系统的相关功能，获得感知周围环境的能力。视觉能力包括对物体纹理、颜色、形态等的几何处理、推理和建模等，被广泛应用在制造、诊断和管理等各个领域当中。对图像的分析不限于实现对图像自身的描述，而且应该从更深的层次理解图像所表示的内容。这需要物理学、应用数学、信号处理、神经科学和认知科学等的综合运用。

（5）人工神经网络。是根据人类大脑神经系统对所接收信息的记忆和处理方式，通过抽象并建立模型，将大量处理单元互联形成的自适应信息处理系统。相比其他方法而言，在处理直觉和非结构化信息方面具有比较明显的优势，即具有自适应、自组织和学习能力强的特点。非线性、非局限性、非常定性和非凸性是人工神经网络的主要特征。它在模式识别、优化组合、智能控制、自动导航和医学诊疗等方面被广泛应用。

（6）智能机器人。是具有一定程度的智能能力，可以接受人类的指令，能够按照程序设置自动执行任务的机械装置，常常被应用到自动化生产、海洋开发、炼钢炼铁、地质勘探和社会服务等领域。智能机器人一般由电子装置、驱动装置、传感器、控制系统和复杂机械等组成。它是人工智能、机械工程、控制理论、材料学和仿生学技术的综合应用。机器人的智能化水平在不断提高，具有越来越强的感知、思维和行动能力。

### 9.4.4 人工智能的应用

（1）人工智能在医疗卫生事业中的应用有助于提升医疗服务的质量。医学诊断本身就是一项非常复杂和系统性的工作。根据患者的症状望闻问切，化验身体的各项机能指标，以及通过超声波和光学影像技术进行综合分析是常用的诊断方法。而医生个人的经验水平在整个诊疗过程中也起着重要的作用。这些宝贵的经验和总结是医生在长期的从业过程中积累起来的，具有非常重要的价值，应该将其不断传承和发扬，并在更广的范围内发挥作用服务于社会。而人工智能在此方面正能发挥所长，建立名医的人工智能专家诊疗系统，将其诊疗方法和长期积累的宝贵经验组建为疾病知识库，并建立相对应的诊疗过程机制，由此在诊断过程中给出建设性的方案。

（2）人工智能在商业领域的应用正在广泛开展。互联网的高速发展给许多的行业带来了快速的变化。在线购物成为一种成长速度极快的消费模式，这种模式不仅仅改变了消费者的消费习惯，而且改变了商家的服务方式。传统的面对面销售方式改变为网络在线互动模式，而商品在提交订单以后通过物流交付给消费者。特别是对于大型电商而言，每天销售商品的种类和数量都十分庞大，其仓储和物流系统的任务十分繁重，人工智能技术的应用可以极大地提高仓储和物流的效率。人工智能还可以根据消费者的消费习惯提供高质量的智能导购服务，提升消费者的购物满意度。另外，在许多的服务行业，人工智能技术常常被应用于其客户服务系统中，给客户带来舒适温馨的服务体验。

（3）人工智能在人们的日常生活当中正在发挥越来越重要的作用。例如，人工智能的指纹识别、虹膜识别、掌纹识别和人脸识别等技术已经广泛应用于社区安全、智能在线支付、手持终端智能设备管理和智能家居等许多方面。另外，语音识别技术在智能手机中的应用已经十分普遍，提供了一种非常便利和快捷的录入方式，很大程度上提升了用户的使用体验。而正在如火如荼开展的汽车自动驾驶研究也是人工智能技术应用的具体体现。通过安装在汽车各个部位的各种类型的传感器设备，将其所获取的各种信息传递给汽车自动驾驶人工智能系统，使其具有人类驾驶员一样的观察能力，并根据实际的路况信息做出正确的驾驶判断。虽然目前还处于研究和实验阶段，但在不久的将来，人们将会体验到汽车自动驾驶技术带来的便利。

# 参考文献

[1] 陈炼，陶俊才. 大学计算机应用基础与上机实验指导[M]. 北京：北京邮电大学出版社，2011.

[2] 陈炼，陶俊才. 大学计算机基础与应用[M]. 北京：科学出版社，2008.

[3] 嵩天，礼欣，黄天羽. Python 语言程序设计基础[M]. 2版. 北京：机械工业出版社，2017.

[4] 江红，余青松. Python 程序设计与算法基础教程[M]. 北京：清华大学出版社，2017.

[5] 戴伟辉，孙海，黄丽华. 信息系统分析与设计[M]. 北京：高等教育出版社，2004.

[6] 梁昌勇. 信息系统分析、设计与开发方法[M]. 北京：清华大学出版社，2011.

[7] 张海蕃. 软件工程[M]. 北京：清华大学出版社，2009.

[8] 熊婷，梅毅. 大学计算机应用基础教程[M]. 北京：北京邮电大学出版社，2015.

[9] 董付国. Python 程序设计基础[M]. 2版. 北京：清华大学出版社，2018.

[10] 李暾，毛晓光，刘万伟，等. 大学计算机基础[M]. 3版. 北京：清华大学出版社，2018.

[11] 王桂玲，王强，赵卓峰，等. 物联网大数据处理技术与实践[M]. 北京：电子工业出版社，2017.

[12] 黄东军. 物联网技术导论[M]. 2版. 北京：电子工业出版社，2017.

[13] 李暾，毛晓光，陈跃新，等. 大学计算机基础[M]. 3版. 北京：清华大学出版社，2018.

[14] 教育部考试中心. 公共基础知识（2014年版）[M]. 北京：高等教育出版社，2014.

[15] 黄纯国，习海旭，殷常鸿，等. 多媒体技术与应用[M]. 2版. 北京：清华大学出版社，2016.

[16] 林福宗. 多媒体技术基础[M]. 4版. 北京：清华大学出版社，2017.

[17] 王正才，董晓娜. 大学计算机基础实训教程（Windows 7+Office 2010）[M]. 北京：中国水利水电出版社，2014.